의용기초전자

medical supplies basics electronic

저자 채 용 웅

계명대학교출판부

머리말

IT 융복합사업은 대경권 선도산업의 하나로서 IT 융복합 의료기기 글로벌 경쟁력 강화사업과 실용로봇 상용화 기반 강화산업의 두 개의 프로젝트로 구성되어 있다. 금번에 계명대학교는 교육과학기술부에 의해 IT 융복합 의료기기 분야에 집중 육성대상자로 선정되었으며, 이에 계명대학교는 "광역선도 IT융복합의료기기 실무형인재양성사업"이라는 큰 주제를 설정하고 이를 위한 각종 사업을 전개하고 있다.

본 교재는 이러한 사업의 일환으로 IT융복합 의료기기를 다루는 "의용전자기초" 교과목의 교재로서 집필되었다. 따라서 본 교재는 의료기기를 전반적으로 다룰 수 있는 실무형 인재를 양성한다는 취지를 기반으로 집필되었다고 할 수 있다. 이에 본 교재에서는 의료기기와 관련된 전자공학에서 다루고 있는 기본 IT요소들이 소개되어지며, 특히 본 교재는 전자공학이 전공이 아닌 비전공학생들이 IT요소들에 의해 설계된 의료기기에 대한 이해를 높이는 것을 목적으로 집필되었다. 이것은 계명대학교 선도센터에서 운용되는 "의용전자기초" 교과목을 수강하는 학생들이 비전자공학 학생들을 대상으로 하고있기 때문이다. 따라서 본 교재에서 다루어지는 IT분야의 내용은 상당히 그 범위가 넓으며, 반면에 비전공학생들을 대상으로 하는 만큼 전자공학 이론 등의 기술에 있어서는 그 내용을 최소화하려고 노력하였다. 따라서 교재의 내용도 의료기기의 설계나 의료기기의 운용시에 고려할 수 있는 최소한의 IT기술이나 정보로 한정하였다. 또한 의료기기에 관련된 정보를 포함시키기 위해 절 중간에 의료분야와 관련된 전자 관련 지식을 절후반에 포함시켰다.

교재의 전반부에서는 본 강의를 수행하기 위해 필수적인 장비들에 대한 간략한 소개가 있으며, 그 전후반에서는 전기의 기초적인 지식을 습득할 수 있도록 수동소자들의 물리적, 전기적 특징이 소개되었고, 그에 따른 실험과정이 기술되었다. 의료계측기들의 대부분은 생체의 미세한 전기적 신호를 계측하여 환자의 상태를 의사에게 제공해야 한다. 따라서 일반적인 전자장치에 대해 쉽게 다가설수 있는 학습이 필요하다고 할 수 있다. 이러한 취지에서 전자장비에 대한 이해가 비전공자들에게는 매우 중요한 과정이므로 본 교과과정에서 사용되는 계측장비의 소개 부분은 비교적 상세히 다루었다. 후반부에서는 능동소자를 기반으로 하는 트랜지스터 단위소자에서 부터 연산증폭기를 이용한 A/D 혹은 D/A변환기와 같은 시스템까지 소개되어 지고, 상기 모듈을 이용한 각종 실험과정이 기술되었다.

본 교재가 비전공자들을 대상으로 하기 때문에 비교적 쉽게 이론적 배경이 기술되었다고는 하지만, 아직도 교재의 내용중에는 비전공학생들에게는 다소 어렵게 느껴질 수 있는 부분이 많이 포함되어졌다. 그러나 이러한 내용은 의료기기 설계와 관련된 보다 심도있는 학습을 필요로 하는 학생들에게 유익한 정보를 제공한다는 측면에서 불가피했다. 그러나 본 교재가 비전공자를 대상으로 하는 만큼, 가능한 많은 분야가 다루어지도록 기술되었기 때문에, 본 교재의 구성 및 실험 내용의 각 절은 제한된 4시간의 실험 시간내에 마칠 수 있도록 편성되었다.

본 교재는 광역경제권 선도산업 인재양성사업에 의해 지원을 받아 이루어졌으며 향후 지속적인 지원을 통해 본 교재에서 다루지 못한 디지털부분을 포함하여 미흡했던 부분에 대한 교정이 이루어지기를 바란다.

본 교재가 나오기까지 물심양면으로 도와주신 선도사업 센타장을 위시한 관계자들에게도 감사드린다.

목 차

1. 장비소개 7
2. OHM의 법칙(OHM'S LAW) 59
3. 저항의 직렬연결과 병렬연결 회로 (SERIES/PARALLEL) 64
4. 키르히호프의 법칙(KIRCHHOFF'S LAW) 77
5. 휘스톤 브리지 회로 (WHEATSTONE BRIDGE) 83
6. 전압계 및 전압 측정(DC VOLT-METER) 85
7. 전류계 및 전류 측정 (DC AMPERE METER) 89
8. 저항계 및 저항 측정(OHM-METER) 94
9. 커패시턴스 회로(CAPACITANCE) 98
10. 인덕턴스 회로(INDUCTANCE) 106
11. RC & RL CIRCUIT 115
12. LC 공진회로(LC RESONANCE) 122
13. FILTER CIRCUIT 130
14. MUTUAL INDUCTANCE 137
15. 변환 비율 (TRANSFORMER TURN RATIO) 140
16. 변압기 부하(Transformer Load) 144
17. 단권변압기(STEP UP/DOWN TRANS) 147
18. 다이오드 특성 (DIODE CHARACTERISTICS) 149
19. 제너다이오드의 특성(ZENER Diode) 153
20. 트랜지스터(NPN/PNP TRANSISTOR) 158
21. FET(J-FET/MOS-FET) 167
22. SCR 특성(SCR CHARACTERISTIC) 175
23. AMPLIFIER BIASING 179
24. COMMON EMITTER AMP 183
25. DARLINGTON AMP 188
26. COMPLEMENTARY AMP 191
27. DIFFERENTIAL AMP 195
28. 반전 증폭기(INVERTING AMP) 204
29. 직류 OFFSET(DC OFFSET) 211
30. 비반전 증폭기(NON-INVERTING AMP) 216
31. 차동 증폭기(DIFFERENTIAL AMP.) 222
32. 가산 증폭기(SUMMING AMP) 225
33. 저역통과 여파기(LOW-PASS FILTER) 230
34. 고역통과 여파기(HIGH PASS FILTER) 234
35. 대역통과 여파기(BAND PASS FILTER) 241
36. 정류기(HALF/FULL RECTIFIER) 249
37. 브리지 정류기 및 평활회로(BRIDGE RECTIFIER & SMOOTHING CKT) 254
38. FIXED VOLTAGE REGULATOR 262
39. RC 발진기(RHASE SHIFT OSC) 264
40. 윈브리지 발진기(WIEN BRIDGE OSC) 267
41. 콜피츠 발진기(COLPITTS OSC) 269
42. 하틀레이 발진기(HARTLEY OSC) 271
43. 수정 발진기(CRYSTAL OSC) 274
44. 진폭 변조 및 복조회로(AMPLITUDE MODULATION AND DEMODULATION) 276
45. 주파수 변조회로 (FREQUENCY MODULATION) 278
46. 주파수 복조회로 (FREQUENCY DEMODULATION) 279
47. 클리핑 회로(CLIPPER) 281
48. 슈미트 트리거 회로 (SCHMITT TRIGGER) 287
49. 쌍안정 멀티바이브레이터 회로 (BISTABLE MULTIVIBRATOR) 291
50. 단안정 멀티바이브레이터 회로 (MONOSTABLE MULTIVIBRATOR) 294
51. 아날로그-디지털 변환기 (A/D CONVERTER) 297
52. 디지털-아날로그 변환기 (D/A CONVERTER) 306
53. 주파수-전압 변환기(F/V CONVERTER) 311

1. 장비소개

(1) 멀티미터

전면 패널 살펴보기

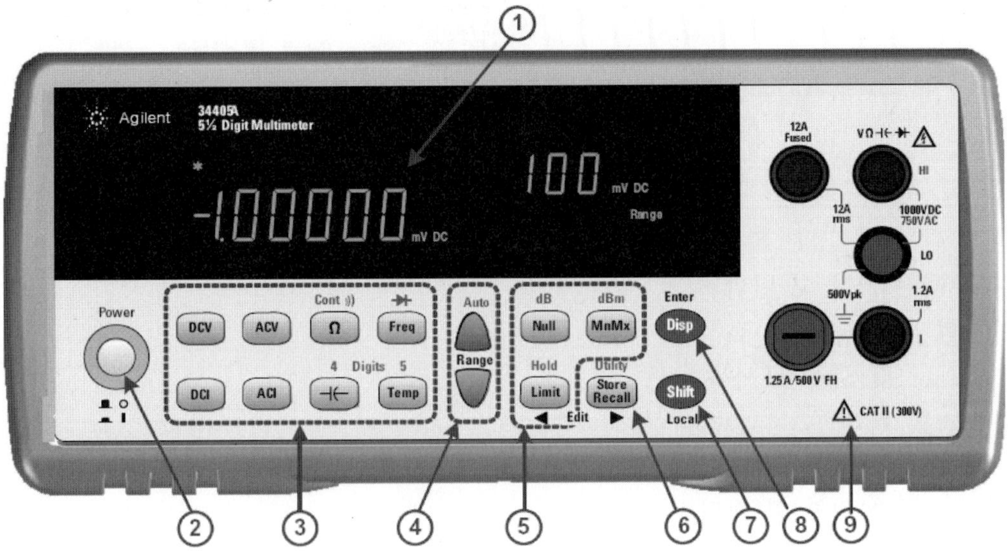

① 디스플레이
② On/Off 스위치
③ 측정 기능 및 분해능 키
④ 자동 범위 및 수동 범위
⑤ 수학 연산 및 편집
⑥ 상태 저장/불러오기
⑦ Shift(파란색 범례로 표시된 키 선택) 및 로컬 키
⑧ 보조 디스플레이 키
⑨ 입력 터미널 및 전류 퓨즈

디스플레이 살펴보기

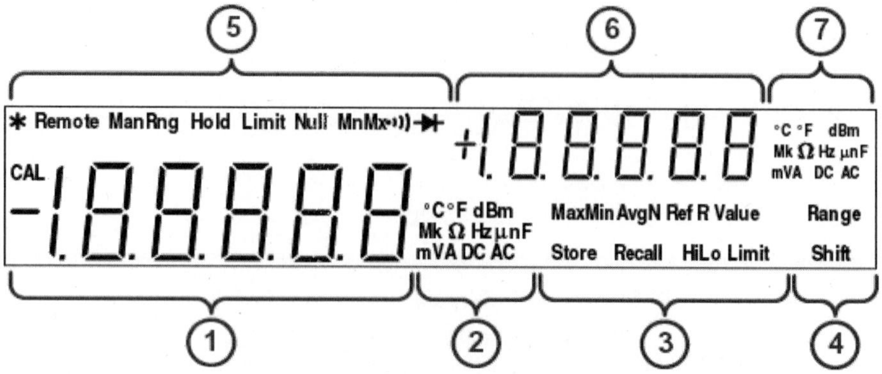

① 주 측정 및 CAL 표시부
② 주 측정 기능 및 단위
③ 수학 및 상태 저장 표시부
④ Range 및 Shift 표시부
⑤ 시스템 표시부
⑥ 보조 디스플레이.
⑦ 보조 측정 기능 및 단위

1. 전원 코드 연결

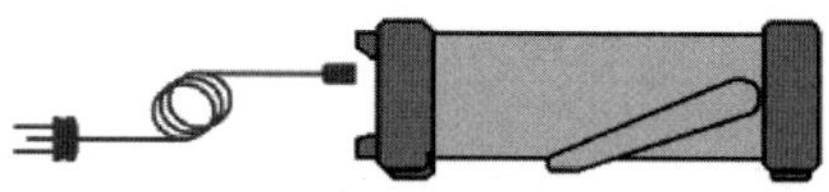

라인 전압 스위치 및 퓨즈는 공장에서 해당 국가에 맞게 설정 되었습니다.

2. 운반 손잡이 고정

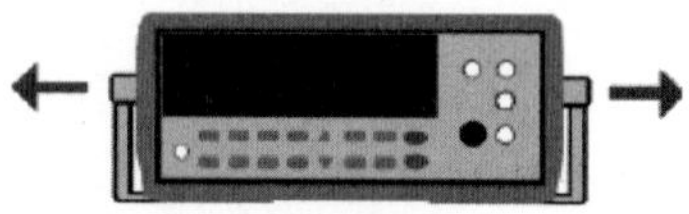

손잡이 옆면을 잡고 바깥쪽으로 잡아 당깁니다.

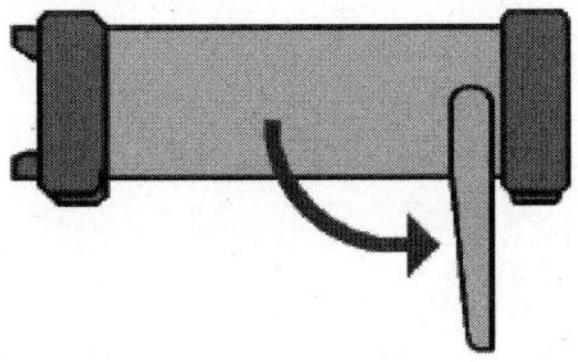

그런 다음 원하는 위치에 손잡이를 맞춥니다.

3. 입력 터미널에 테스트 리드 연결

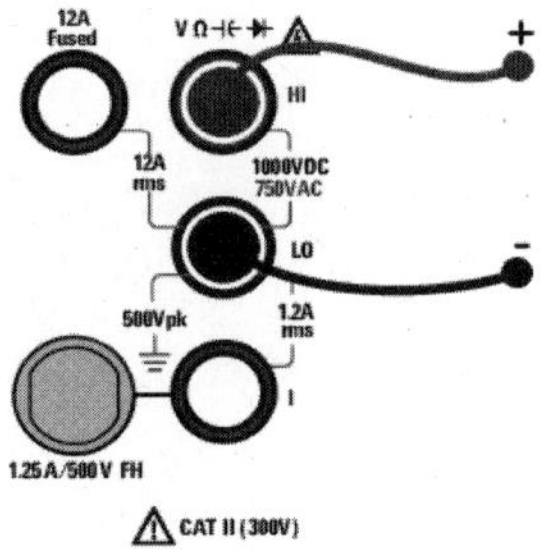

AC 또는 DC전압, 캐패시턴스, 연속, 다이오드 테스트, 주파수, 저항 또는 온도 측정

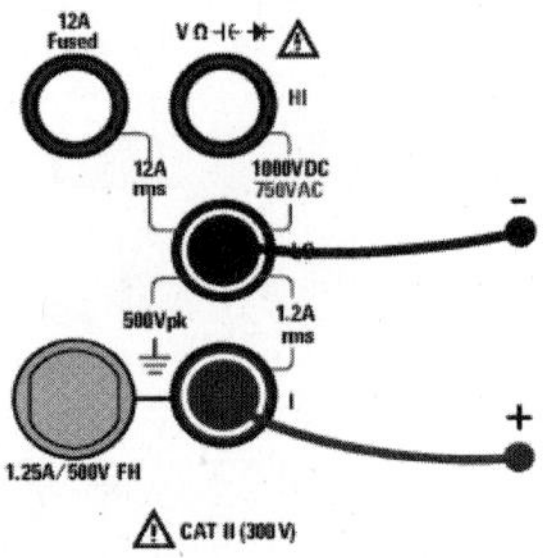

최대 1.2A rms의 AC 또는 DC 전류

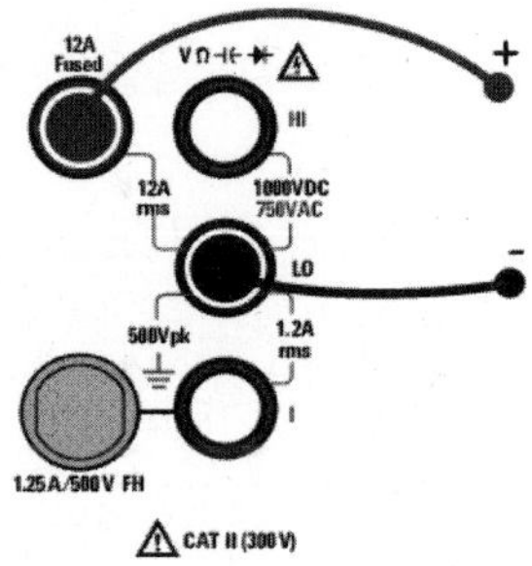

최대 12A rms의 AC 또는 DC 전류

4. 멀티미터 켜기

Power (on/off) 스위치를 누릅니다.

멀티미터가 Power-on 자체 테스트를 실행하는 동안 전면 패널 디스플레이에 불이 들어옵니다. 자체 테스트가 끝나면 멀티미터는 기본적으로 DC 전압 측정 모드가 됩니다.

일반적으로 다음과 같이 표시됩니다.

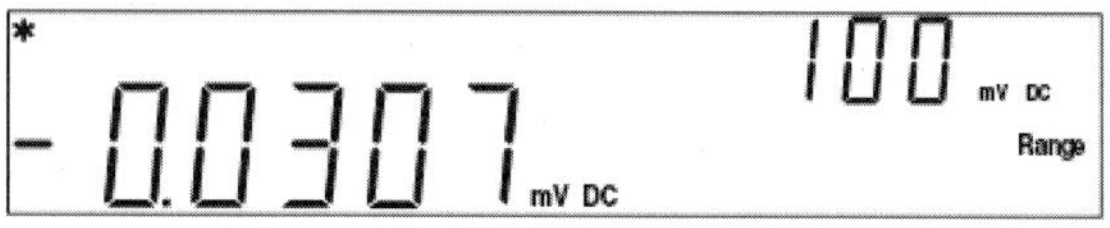

주 디스플레이(좌측 하단)에 측정 결과가 표시되며 보조 디스플레이(우측 상단)에 측정 범위가 표시됩니다.

- 전원이 켜질 때 멀티미터를 전원이 마지막으로 꺼졌을 때의 상태로 돌아가도록 설정할 수 있습니다. 자세한 내용은 34405A 사용 및 서비스 설명서를 참조하십시오.

5. 기능 선택

다음 중 해당 키를 눌러 측정 기능을 선택합니다.

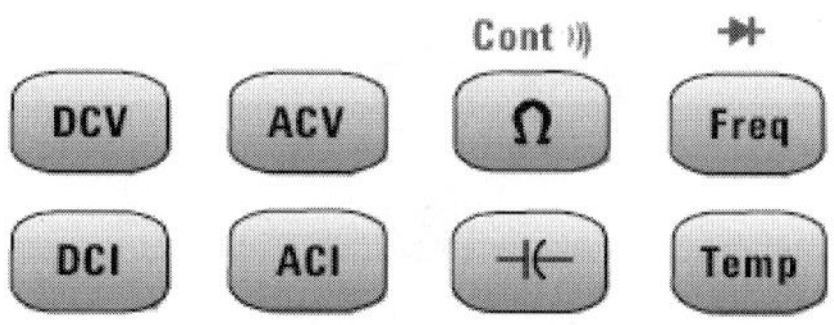

연속 및 다이오드 테스트 기능은 Shift 키를 통해 변환 됩니다.(파란색 으로 표시).

예를 들어 연속을 선택하려면 다음을 누릅니다.

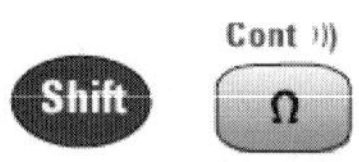

DC 전압 기능으로 돌아오려면 DCV를 누릅니다.

6. 범위 설정

대부분의 측정 기능에 대해 자동 범위를 사용하여 멀티미터가 자동으로 범위를 선택하도록 하거나 수동범위를 사용하여 고정된 범위를 선택할 수 있습니다. 수동 범위 모드에서는 **ManRng** 표시부가 켜집니다.

더 높은 범위를 선택하며 자동범위를 비활성화 합니다.

더 낮은 범위를 선택하며 자동범위를 비활성화 합니다.

수동 범위를 비활성화하고 자동 범위로 돌아가려면 을 누릅니다.

7. 분해능 설정

대부분의 측정 기능에 대해 4 1/2디지트 또는 5 1/2디지트 분해능을 선택할 수 있습니다. 5 1/2디지트 판독은 최고 정확도와 노이즈 제거를 제공합니다. 4 1/2디지트는 빠른 판독을 제공합니다.

4 1/2 디지트 모드를 선택합니다.

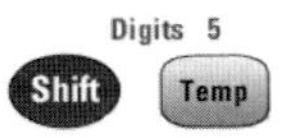

5 1/2 디지트 모드를 선택합니다.

참고 : 연속 및 다이오드 테스트 기능은 고정된 4 1/2 디지트 디스플레이를 사용합니다. 캐패시턴스 및 온도는 고정된 3 1/2 디지트 디스플레이를 사용합니다.

8. 보조 디스플레이 사용

측정 수행 시(대부분의 측정 기능에 대해) 보조 디스플레이를 통해 측정 범위를 보거나 사전에 정의된 보조 측정 기능을 선택할 수 있습니다. 측정 기능을 변경할 때 이미 보조 디스플레이에 자동 범위를 의미하는 Auto 가 표시된 것을 볼 수 있습니다.

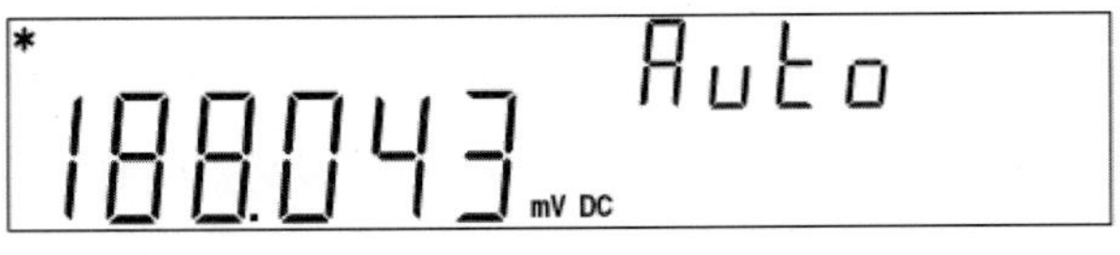

보조 디스플레이는 선택된 주 측정 기능과 다음 키를 누른 횟수에 따라 달라집니다.

아래 표는 모든 측정 기능에 대한 보조 디스플레이 기능을 보여줍니다.

주 및 보조 디스플레이 기능

주 디스플레이	보조 디스플레이		
	기본 보조 디스플레이	Disp 1회 누름	Disp 2회 누름
DCV	DCV 범위	ACV	꺼짐
DCI	DCI 범위	ACI	꺼짐
저항	저항 범위	꺼짐	저항 범위
ACV	ACV 범위	주파수	꺼짐
ACI	ACI 범위	주파수	꺼짐
주파수	AC 전압 범위	ACV	꺼짐
캐패시턴스	캐패시턴스 범위	꺼짐	캐패시턴스 범위
온도	꺼짐	꺼짐	꺼짐
연속	꺼짐	꺼짐	꺼짐
다이오드테스트	꺼짐	꺼짐	꺼짐

9. 수학 함수 사용

34405A에는 Null, dBm, dB, Min/Max, Limit 및 Hold의 수학 함수가 있습니다.

예를 들어 Null은 측정으로 인한 테스트 리드의 영향을 없애기 위해 흔히 사용됩니다. 테스트 리드를 함께 HI 및 LO 입력 터미널에 연결합니다.

다음 키를 눌러 저항 측정을 선택합니다.

디스플레이에 측정된 테스트 리드 저항이 표시됩니다. 일반적으로 다음과 같이 표시됩니다.

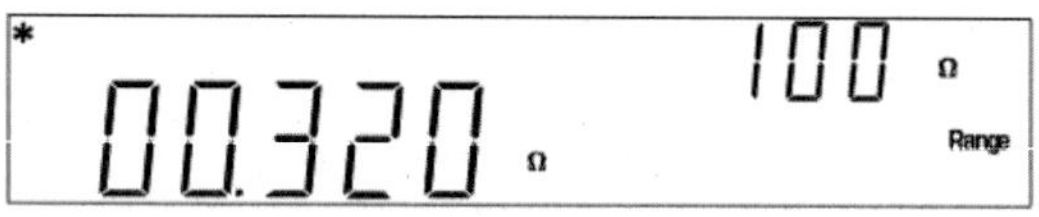

수학 Null 함수를 선택하려면 Null 을 누릅니다.

Null 값이 측정되며 주 측정 디스플레이의 모든 저항 판독값에서 이 값을 뺍니다. Null 값이 보조 디스플레이에 표시되며 Null 및 Ref Value 표시부가 켜집니다. 일반적으로 다음과 같이 표시됩니다.

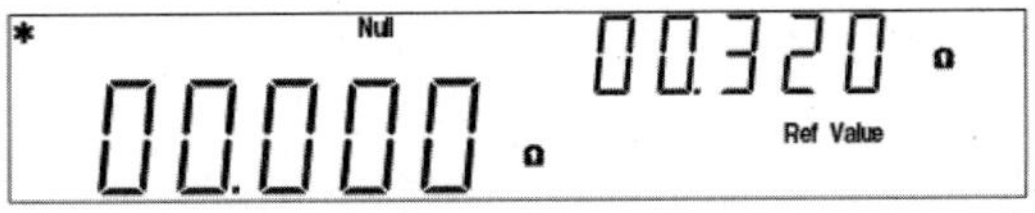

다시 동일한 수학 키를 누르면 해당하는 수학 함수가 꺼집니다.

10. 보조 디스플레이의 값 편집

Null, Limit, dB 또는 dBm 수학 함수에 사용되는 값을 편집할 수 있습니다.

편집할 값 선택

수학 함수가 활성화된 상태에서 편집하기 원하는 참조값, 참조 저항값, 상한또는 하한이 보조 디스플레이에 표시될 때까지 를 누릅니다.

편집 모드를 선택하려면 를 누릅니다.

보조 디스플레이에 Edit가 잠시 표시되어 편집 모드에 있음을 나타냅니다.

값 편집

다음 키를 사용하여 커서를 편집할 디지트에 놓습니다.

커서를 왼쪽으로 움직입니다. 커서를 오른쪽으로 움직입니다.

커서가 디지트에 놓이면 다음 키를 사용하여 값을 편집합니다.

디지트 증가 디지트 감소

편집이 완료되면 를 눌러 새 값을 저장합니다.

11. 이후에 살펴볼 내용들

Agilent 34405A 사용 및 서비스 설명서에는 전면 패널, 수학 함수 및 유틸리티 메뉴(계측기 설정을 맞춤화하도록 해줌)에 대한 보다 자세한 정보가 포함되어 있습니다.

또한 제품 사양, 랙 장착 지침, 교정 절차 및 교체 부품도 포함되어 있습니다.

SCPI 프로그래밍에 대한 정보는 Agilent 34405A Programmer's Reference Online help를 참조하십시오.

제품 참조 CD-ROM. 모든 제품 설명서, 소프트웨어 및 예제가 Agilent 34405A Product Reference CD-ROM에 들어있습니다.

(2) 함수 발생기

전면 패널 살펴보기

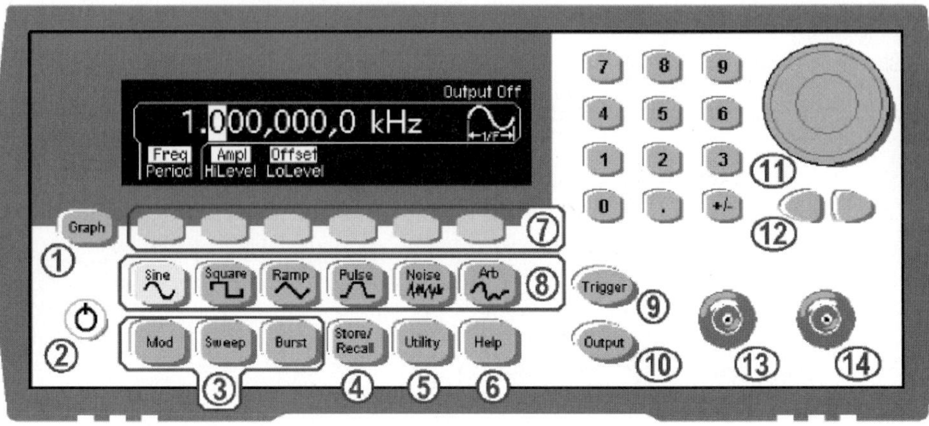

불이 들어온 키는 활성 키 및 기능을 나타냅니다.(예를 들어 위의 ).

<전면 패널 주요 키>

① 그래프 모드 키	⑧ 파형 선택 키
② 켜짐 / 꺼짐 스위치.	⑨ 수동 트리거 키(스위프 및 버스트만)
③ 변조/스위프/버스트 키	⑩ 출력 사용/해제 키
④ 상태 저장 메뉴 키	⑪ 손잡이
⑤ 유틸리티 메뉴 키	⑫ 커서 키
⑥ 도움말 메뉴 키	⑬ 동기화 커넥터
⑦ 메뉴 조작 소프트 키	⑭ 출력 커넥터

키에 관한 도움말 얻기

기능 키나 소프트키를 누르고 있으면 해당 키나 기능에 대한 도움말 항목이 표시됩니다. 예를 들어, 키를 누르고 있으면

또는  를 누르면 도움말 메뉴가 표시 됩니다.

유용한 정보

1. 불이 들어온 키는 현재 활성인 파형과 같이 활성 키나 기능을 나타냅니다.(예, Sine). 대부분의 키는 **On**(점등) 또는 **Off** 사이에서 전환됩니다.

2. Output 키에 불이 들어오지 않으면 신호가 출력되지 않습니다.

3. 전면 패널에서 **DC 전압**을 선택 하려면 Utility 를 누르고 **DC On** 소프트키를 선택합니다.

4. Graph 키는 그래프모드(점등)와 메뉴 모드 사이를 전환합니다.

5. 디스플레이 하단의 소프트키 메뉴에서처럼 메뉴 모드에서 6개의 소프트키를 사용하여 파라미터 및 기능을 선택할 수 있습니다. 일부 소프트키는 관련 파라미터 사이를 전환합니다.
   예를 들어, 왼쪽 소프트키는 아래의 **Freq**와 **period** 사이를 전환합니다.

6. 그래프 모드에서의 소프트키는 각 키에 대해 하나의 레이블만 표시된다는 점을 제외하

고 메뉴 모드에서처럼 작동합니다. 마찬가지로 관련 파라이터 사이를 전환할 수 있습니다. (예. **Freq**와 **Period**).

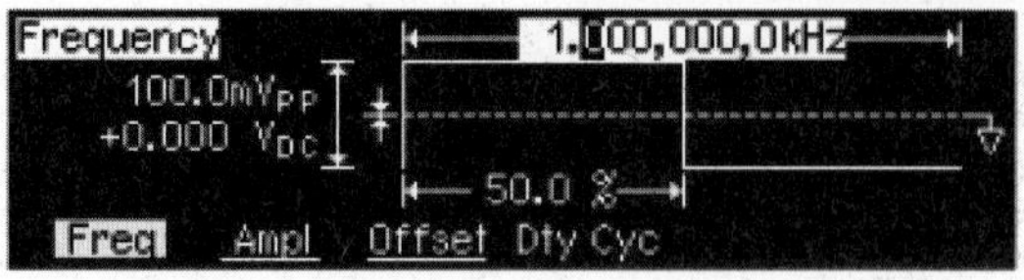

7. 진폭 및 오프셋으로 또는 **Hi Level** 및 **Lo Level** 값을 설정하여 신호를 지정할 수 있습니다. 자세한 내용은 사용설명서 1장을 참조하십시오.

8. 변조, 스위프 또는 버스트 기능을 여러 파형 유형과 연결하여 사용할 수 있습니다. 예를 들어, 스위프 사각파 경우에는 [Square] 및 [Sweep]를 누릅니다. 두 키 모두 불이 들어오고 마지막으로 누른 키에 대한 메뉴가 표시됩니다.

9. **Agilent 33210A**는 **PC 연결**에 **GPIB, USB** 또는 **LAN연결**을 선택할 수 있습니다. 자세한 내용은 사용설명서 3장 "원격 인터페이스 구성"을 참조하십시오.

10. **옵션 002**가 설치되어 있는 경우, PC에서 임의 파형을 생성한 다음 기기와 함께 제공된 **Agilent IntuiLink** 소프트웨어를 사용하여 **Agilent 33210A**로 파형을 다운로드할 수 있습니다.

Agilent 33210A
10MHz 펑션/임의 파형 발생기
기본 기능을 빠르게 익히는 8단계

1. 사용 준비

콘센트에 전원선 연결
반대쪽을 기기에 연결합니다.

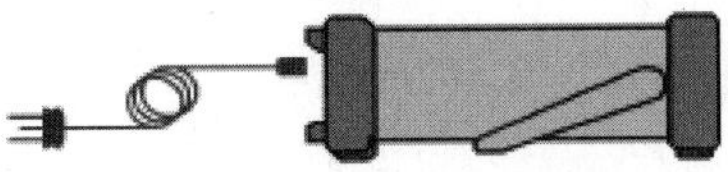

***참고 걱정하지 말고 그냥 꽂으십시오!**
Agilent 33210A는 표준 전원 라인 전압을 자동으로 감지합니다. 스위치를 설정하거나 퓨즈를 교체할 필요가 없습니다.

이동 손잡이 조정
손잡이 양쪽 옆을 잡고 바깥쪽으로 잡아 당깁니다.

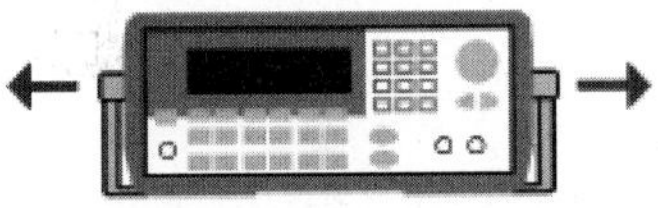

그런 다음 원하는 위치에 손잡이를 맞춥니다.

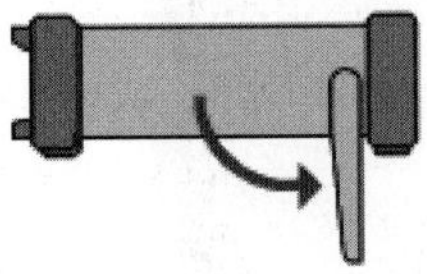

출력 연결(옵션)
BNC 케이블을 출력 커넥터에 연결합니다. 반대쪽 케이블을 해당 테스트 시스템이나 오실로스코프에 연결합니다.

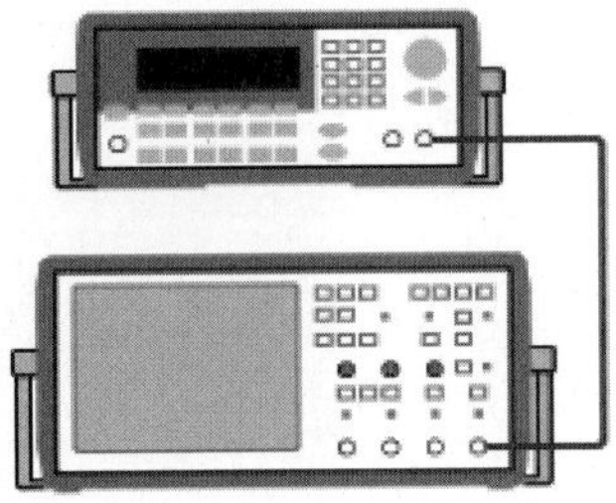

2. 기기 켜기

켜짐/꺼짐 스위치 를 누릅니다.
몇 초 동안 자체 테스트가 실행되고 사인파 함수가 선택된 메뉴 모드가 기본으로 나타납니다.

참고: 기기를 보호하기 위해 Output 키를 누를 때까지(점등) 신호가 출력되지 않습니다.

3. 파형 선택

파형을 선택 하려면 해당 키를 누릅니다. 예를 들어, 사각 파를 선택 하려면 Square 키를 누릅니다. 직접 해보십시오!

사각파 메뉴가 표시 됩니다.

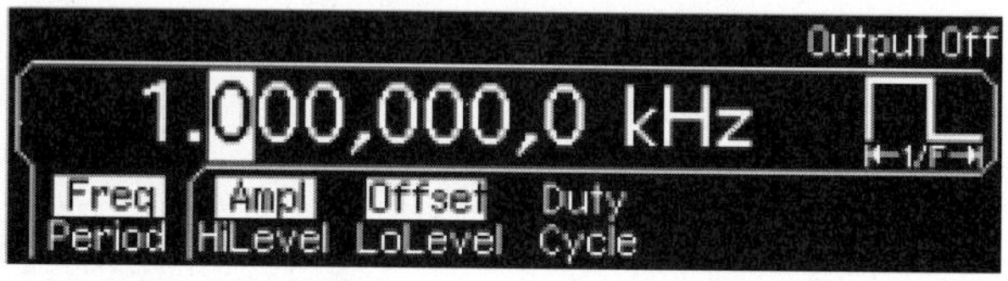

4. 파형 파라미터 변경 (손잡이)

6개의 소프트기를 사용하여 파라미터를 선택합니다. 일부 소프트키는 관련 파라미터 사이를 전환합니다.(예, **Freq** 및 **Period**)

예를 들어, **Ampl** 소프트 키를 눌러 진폭을 선택합니다.

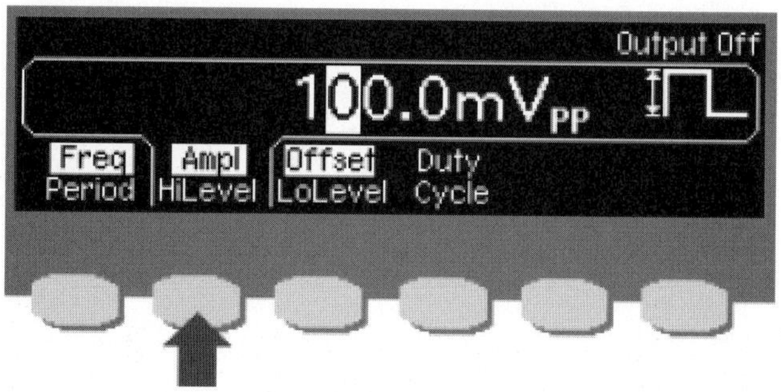

이제 손잡이를 사용하여 값을 변경해 보겠습니다. 우선 커서 키 ()를 사용하여 첫 번째 자릿수를 선택합니다. 직접 해보십시오!

이제 손잡이를 사용하여 값을 변경합니다. (시계 방향으로 돌리면 값 증가) **500mVpp**로 설정합니다.

> ***참고***
> **신호 레벨을 설정하는 다른 방법**
> Hi Level 및 Lo Level 값을 설정하여 신호를 지정할 수 있습니다.

이제 **offset**를 눌러 해당 파라미터를 선택합니다.

손잡이를 사용하여 오프셋을 **-1.1Vdc**로 설정합니다.

- 왼쪽으로 돌려 0을 지나면 음의 값이 됩니다.
- 커서 키를 사용하여 자릿수를 선택합니다.

5. 파형 파라미터 변경(키패드)

이제 숫자 키패드를 사용하여 Period를 설정해 보겠습니다.
왼쪽 소프트키를 한 번 Freq를 선택합니다.

그런 다음 한 번 더 눌러 Period를 선택합니다.

키패드로 값을 입력합니다. 표시 내용이 변경됩니다. 예를 들어, 1.5를 입력합니다. 직접 해보십시오.

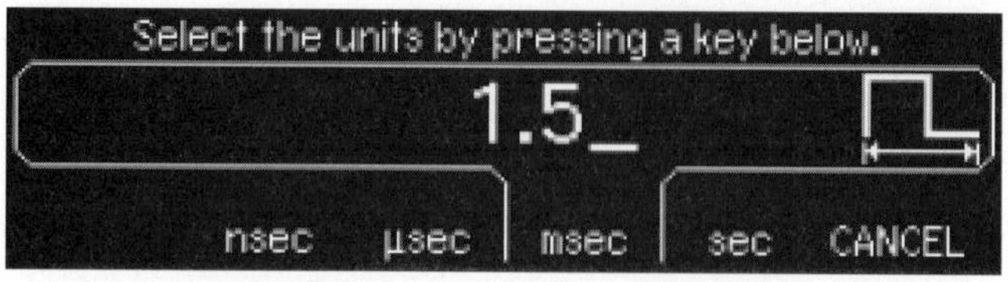

원하는 단위에 대한 소프트키(예, msec)를 눌러 값을 입력합니다.

6. 그래프 모드 선택

Graph (전면 패널의 왼쪽)를 눌러 파형을 표시하는 그래프 모드를 선택합니다.

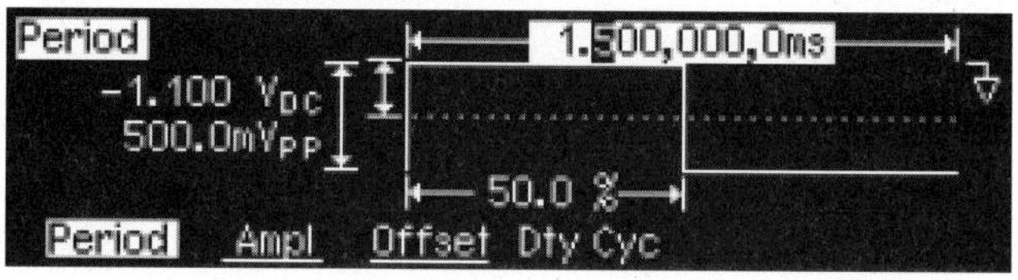

참고: [Graph] 키는 그래프 모드와 메뉴 모드 사이를 전환합니다. 그래프 모드에서 키에 불이 들어옵니다.

이제 듀티 사이클을 변경해보겠습니다. 우선 **Dty Cye** 소프트키를 누릅니다.

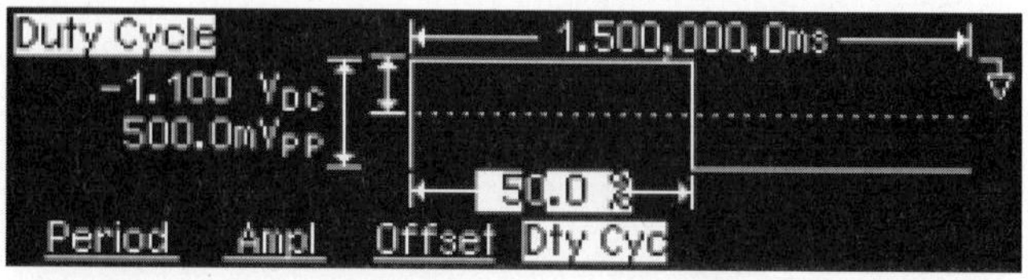

손잡이나 키패드를 사용하여 값을 35%로 변경합니다.

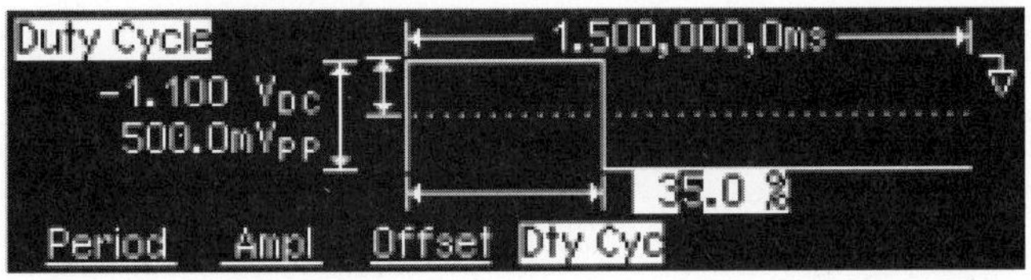

7. 파형 출력

오실로스코프가 연결되어 있으면 언제라도 파형을 볼 수 있습니다. [Output]을 눌러 커넥터를 활성화 합니다.

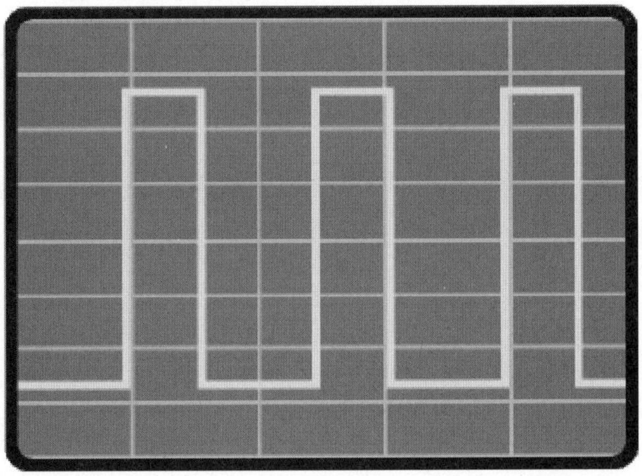

8. 추가 정보

자세한 내용은 다음을 참조하십시오.

1) 카드 뒷면 :
- “전면 패널 살펴보기”
- “유용한 정보”

2) Agilent 33210A 내장 도움말:
- 키를 누르고 있으면 해당 키에 대한 상황별 도움말이 표시됩니다.
- [Help]를 눌러 도움말 메뉴를 표시합니다.

3) Agilent 33210A 펑션/임의 파형 발생기 사용 설명서.

(3) 오실로스코프

1. 시작하기

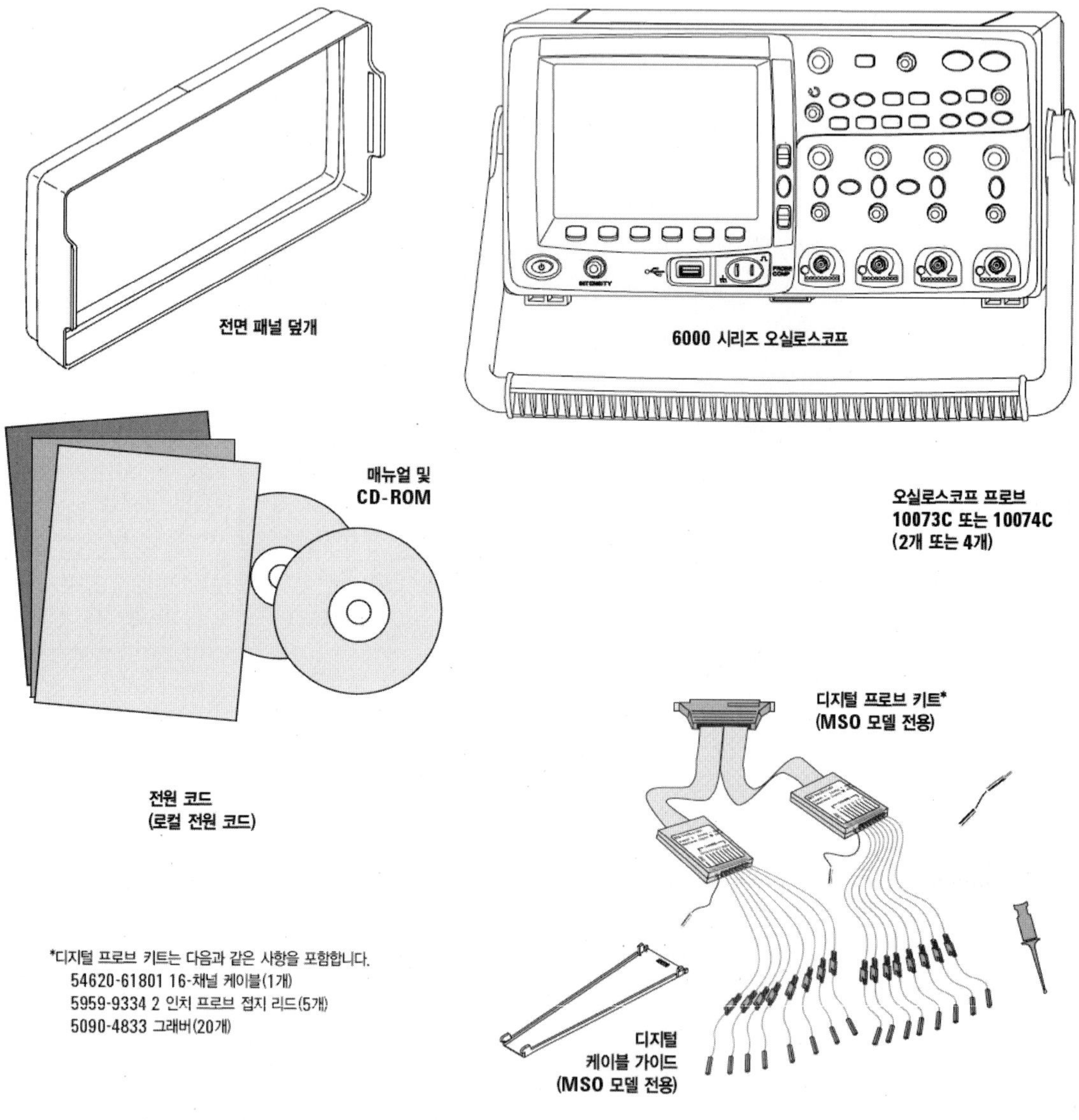

6000 시리즈 오실로스코프의 포장 내용

〈표 1〉 액세서리

모 델	설 명
N2918A	6000시리즈 오실로스코프 평가 키트
1180CZ	테스트모빌 오실로스코프 카트(N2919A 어댑터 키트 필요)
N2919A	테스트모빌 어댑터 키트
54684-44101	전면 패널 덮게
N2605A-097	USB 케이블
10833A	GPIB 케이블, 1m 길이
10073C	패시브 프로브, 10:1, 500MHz, 1.5m
10074C	패시브 프로브, 10:1, 100MHz 1.5m
54620-68701	디지털 프로브 키트
54684-42301	디지털 프로브 케이블 가이드(케이블 트레이)
Pomona4119-50	50옴 피드스루(feedthrough-애질런트테크놀로지스에서 구입할 수 없음)
1130A	InfiniiMax 1.5GHz InfiniiMax 차동 프로브 엠프
1141A	InfiniiMax 200MHz 차동 프로브(1142A 전원공급기 포함)
1144A	800MHz 액티브 프로브(1142A 전원공급기 포함)
1145A	750MHz 2채널 액티브 프로브(1142A 전원 공급기 포함)
1156A	1.5GHz 액티브 프로브
01650-61607	16:16 로직 케이블 및 터미네이터(대상 시스템의 헤더와 함께 사용)
54620-68701	16:2*8 로직 입력 프로브 어셈플리(MSO 모델에 기본 탑재)
1146A	100kHz 전류 프로브, AC/DC
10070C	1:1 패시브 프로브
10072A	핀 간격이 좁은 프로브 키트
10075C	0.5mm IC 클립 키트
10076A	100:1, 4kV 250MHz 프로브
E2613B	0.5mm 웨지 프로브 어댑터, 3핀, 2개
E2614A	0.5mm 웨지 프로브 어댑터, 8핀, 1개
E2615B	0.65mm 웨지 프로브 어댑터, 3핀, 2개
E2616A	0.65mm 웨지 프로브 어댑터, 8핀, 1개
E2643A	0.5mm 웨지 프로브 어댑터, 16핀, 1개
E2644A	0.65mm 웨지 프로브 어댑터, 16핀, 1개
N2772A	20MHz 차동 프로브
N2773A	N2772A용 전원 공급기
N2774A	50MHz 전류 프로브 AC/DC
N2775A	N2774A용 전원 공급기

오실로스코프 프로브 연결

100MHz 오실로스코프의 아날로그 입력 임피던스는 **1MΩ**으로 고정되어 있습니다. **1MΩ** 모드는 많은 패시브 프로브와 범용 측정에 필요한 모드입니다. 고임피던스는 테스트 대상 회로의 오실로스코프에 대한 부하 효과를 최소화합니다. **50Ω** 입력 임피던스가 필요하면 **Pomona4119-50**과 같은 50Ω 피드스루 터미네이터를 오실로스코프의 채널 입력 BNC 커넥터에 부착합니다.

300MHz, 500MHz 및 1GHz 오실로스코프의 아날로그 입력 임피던스는 50Ω 또는 1MΩ으로 설정할 수 있습니다. 50Ω 모드는 50Ω 케이블과 고주파 측정에 널리 사용하는 일부 액티브 프로브를 정합시킵니다. 이임피던스 정합은 신호 경로에서의 반사를 최소화하기 때문에 가장 정확한 측정을 제공합니다.

1. 제공된 오실로스코프 프로브를 오실로스코프 전면 패널의 채널 BNC 커넥터에 연결합니다.
2. 프로브 후크 팁을 원하는 회로 지점에 연결합니다. 프로브 접지를 반드시 회로의 접지점에 연결해야 합니다.

주의

애질런트 6000시리즈 오실로스코프의 50Ω 모드에서는 채널 BNC의 5Vrms를 초과하지 않도록 해야합니다. 입력 보호는 50Ω 모드에서 활성화되며 5Vrms 보다 큰 신호가 감지되면 50Ω 부하가 분리됩니다. 그러나 신호의 시정수에 따라 입력이 원활하지 못할 수도 있습니다. 애질런트 6000시리즈 오실로스코프의 50Ω 입력 보호 모드는 오실로스코프 전원이 켜져 있을 경우에만 작동합니다.

주의

프로브 접지 리드는 오실로스코프 섀시와 전원 코드의 접지선에 연결됩니다. 두 개의 활성화된 포인트를 측정해야 할 경우에는 차동 프로브를 사용하십시오. 오실로스코프를 접지에서 3선 전원 케이블의 보호기능을 분리하지 마십시오. 오실로스코프는 안전을 위해 전원 코드를 통해서 접지되어 있어야 합니다.

주의

아날로그 입력의 최대 입력 전압 :

CAT I 300Vrms, 400Vpk; 과전압 1.6kVpk

CAT II 100Vrms, 400Vpk

10073C 또는 10074C 10:1 프로브 사용 시: CAT I 500Vpk, CAT II 400Vpk

기본적인 오실로스코프 작동 확인

1. 전면 패널의 **Save/recall** 키를 누른 다음 **Default Setup** 소프트키를 누릅니다. 소프트키는 전면 패널의 디스플레이 바로 아래 있습니다. 오실로스코프는 이제 기본 설정 상태가 되었습니다.
2. 오실로스코프 프로브를 1 채널에 연결하고 전면 패널의 **Prove Comp** 신호 단자에 프로브 후크를 연결합니다.
3. 프로브의 접지 단자를 **Probe Comp** 단자 옆에 있는 접지 단자에 연결합니다.
4. **Autoscale**을 누릅니다.
5. 오실로스코프 디스플레이의 파형이 다음과 같아야 합니다.

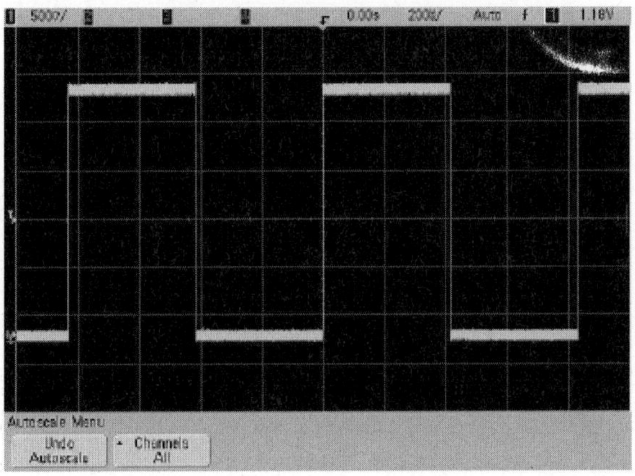

파형이 보이지만 구형파의 모양이 위 그림과 같이 정확하지 않으면 "**오실로스코프 프로브 교정(Calibration)**" 절차를 수행하십시오.

파형이 보이지 않으면 전원이 적절한지, 오실로스코프 전원을 제대로 공급했는지, 프로브를 전면 패널 오실로스코프 채널 **BNC** 및 **Probe Comp** 단자에 단단히 연결했는지 확인하십시오.

오실로스코프 프로브 교정

오실로스코프 프로브의 특성을 오실로스코프의 채널에 일치시키기 위해서는 프로브를 교정(Calibration)해야 합니다. 잘못 교정된 프로브를 사용하면 측정 오류가 발생할 수 있습니다.

1. "**기본적인 오실로스코프 작동 확인**" 절차를 수행합니다.
2. 비금속 도구를 사용하여 펄스가 최대한 평탄해지도록 프로브의 트리머 콘덴서를 조정합니다. 트리머 콘덴서는 프로브 BNC 커넥터상에 있습니다.

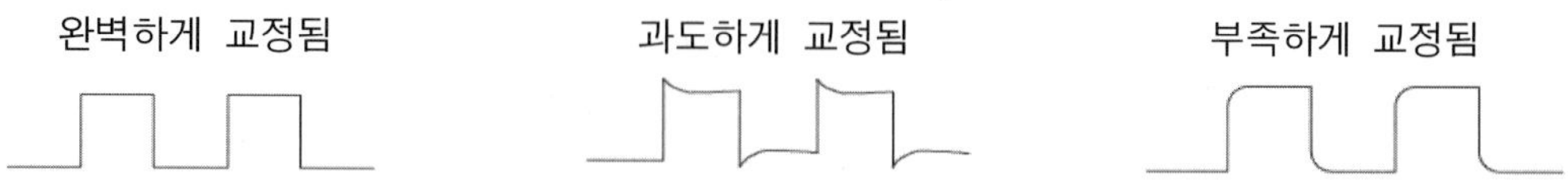

3. 프로브를 모든 다른 오실로스코프 채널(2채널 오실로스코프 또는 4채널 오실로스코프의 2, 3채널 및 4)에 연결합니다. 위의 절차를 각 채널에 적용시킵니다. 이렇게 해서 각 프로브를 각 채널에 일치시킵니다.
   프로브 교정 절차는 오실로스코프가 작동하는지 확인하기 위한 기본 테스트 역할을 합니다.

프로브 교정

아날로그 오실로스코프 채널을 **InfiniiMax** 프로브와 같은 특정 액티브 프로브에 맞춰 정확하게 교정할 수 있습니다. 10073C 및 10074C 프로브 등의 다른 프로브는 교정하지 않아도 됩니다. 연결된 프로브의 교정이 필요하지 않은 경우에는 Calibration Probe 소프트키가 비활성화 됩니다.(흐린 텍스트로 표시됨)

InfiniiMax 프로브와 같이 교정할 수 있는 프로브를 연결하면 채널 메뉴의 **Calibrate Probe** 소프트키가 활성화됩니다. 프로브를 **Probe Comp** 단자에 연결하고 프로브 접지를 **Probe Comp** 접지 단자에 연결합니다 **Calibrate Probe** 소프트키를 누르고 디스플레이에 나타나는 지침대로 진행합니다.

NOTE

차동 프로브를 교정할 경우에는 +리드를 **Probe Comp** 단자에 연결하고 -리드를 **Probe Comp** 접지 단자에 연결합니다. 차동 프로브가 **Probe Comp** 테스트 포인트와 접지 사이에 걸쳐질 수 있도록 악어 클립을 접지 돌출부에 연결해야 할 수 있습니다. 접지 연결을 잘 해야 정확한 프로브 교정이 가능해 집니다.

오실로스코프 프로브 교정

다음과 같은 패시브 프로브를 6000시리즈 오실로스코프에 사용할 수 있습니다. 패시브 프로브를 두 개 이상 결합하여 사용할 수도 있습니다.

패시브 프로브	지원되는 수량
10070C	4
10073C	4
10074C	4
10076C	4
모든 Infiniium 패시브 프로브	4

지원되는 액티브 프로브

300MHz, 500MHz 및 1GHz 대역폭 모델

자체의 외부 전원 공급기가 없는 액티브 프로브는 **AutoProbe** 인터페이스에서 충분한 전원을 공급해야 합니다. **AutoProbe** 인터페이스는 300MHz, 500MHz 및 1GHz 대역폭 모델이 있습니다 "지원되는 수량은 오실로스포크에 연결할 수 있는 각 액티브 프로브 유형의 최대 수를 말합니다.

AutoProbe 인터페이스에서 너무 많은 전류를 인가하면 **AutoProbe** 인터페이스를 재설정하기 위해 일시적으로 모든 프로브를 분리해야 한다는 오류 메시지가 나타납니다.

300MHz, 500MHz 및 1GHz 대역폭 모델용 액티브 프로브

액티브 프로브	지원되는 수량
1130A	2
1131A	2
1132A	2
1134A	2
1141A	4
1144A	4
1145A	2
1147A	2
1156A	4
1157A	4
1158A	4

100MHz 대역폭 모델

다음 액티브 프로브는 자체의 전원 공급기를 사용하므로, **100MHz** 대역폭 모델을 포함한 모든 6000시리즈 오실로스코프에서 사용할 수 있습니다.

많은 액티브 프로브는 **50Ω**의 입력 임피던스를 가지고 있습니다. 6000시리즈 **100MHz** 대역폭 모델의 입력 임피던스는 **1MΩ**으로 고정되어 있습니다. 이 프로브를 6000시리즈 **100MHz** 대역폭 모델에 연결할 경우에는 **4119-50**과 같은 **50Ω** 피드스루 터미네이터가 필요합니다.

모든 6000시리즈를 위한 오실로스코프용 액티브 프로브

액티브 프로브	지원되는 수량
1141A, 1142 전원 공급기 포함	4
1144A, 1142 전원 공급기 포함	4
1145A, 1142 전원 공급기 포함	2
N2772A, N2773A 전원 공급기 포함	4
N2774A, N2775A 전원 공급기 포함	4

빠르고 쉬운 도움말

이 오실로스코프에는 각 전면 패널 키와 소프트키에 대한 가이드를 제공하는 빠르고 쉬운 도움말 시스템이 있습니다.

빠른 도움말 정보를 보려면

1. 도움말을 보려는 키 또는 소프트키를 누르고 있습니다.

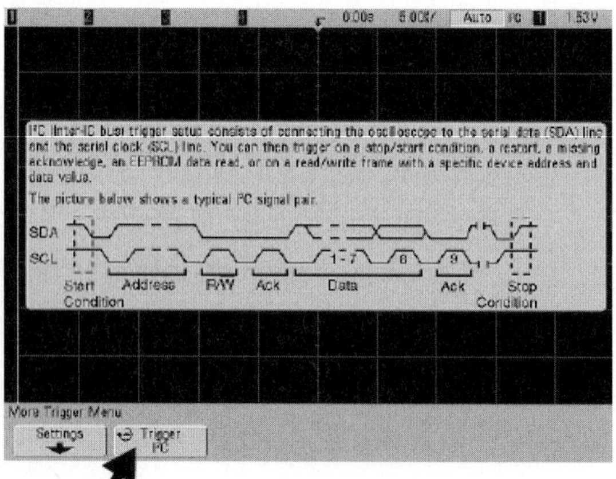

누르고 있던 키를 놓을 때, 도움말이 닫히도록 (이것은 기본모드입니다.), 또는 다른 키를 누르거나 노브를 돌릴 때까지 도움말이 디스플레이에 남아 있도록 설정할 수 있습니다. 이모드를 선택하려면 **Utility** 키를 누른 다음 **Language** 소프트키를 누릅니다. 그 후에 **Help Remain / Help Close** 소프트키를 차례로 누릅니다.

빠르고 쉬운 도움말

본 사용자 설명서 발행할 당시에 빠른 도움말은 영어, 중국어, 일본어, 독일어, 프랑스어 및 러시아어로 제공되었습니다.

오실로스코프에서 빠른 도움말 언어 선택 :

1. **Utility**를 누른 다음 **Language** 소프트키를 누릅니다.
2. 원하는 언어가 선택될 때까지 다음 **Language** 소프트키를 누르고 있습니다.

빠른 도움말 업데이트가 출시되면 업데이트 된 빠른 도움말 언어 파일을 다운로드 하십시오. 오실로스코프에 로드할 수 있습니다.

6000시리즈 오실로스코프 빠른 도움말 언어 지원 파일 :

1. 웹 브라우저에서 www.agilent.com/fine/mso6000 사이트로 이동합니다.
2. 이 때 나타나는 페이지에서 Technical Support, Software Downloads & Utilities를 차례로 선택합니다.

4채널 6000 시리즈 오실로스코프 전면 패널

다음 그림은 6000 시르즈 4채널 오실로스코프 전면 패널을 나타냅니다. 2채널 오실로스코프 제어판도 매우 유사합니다.

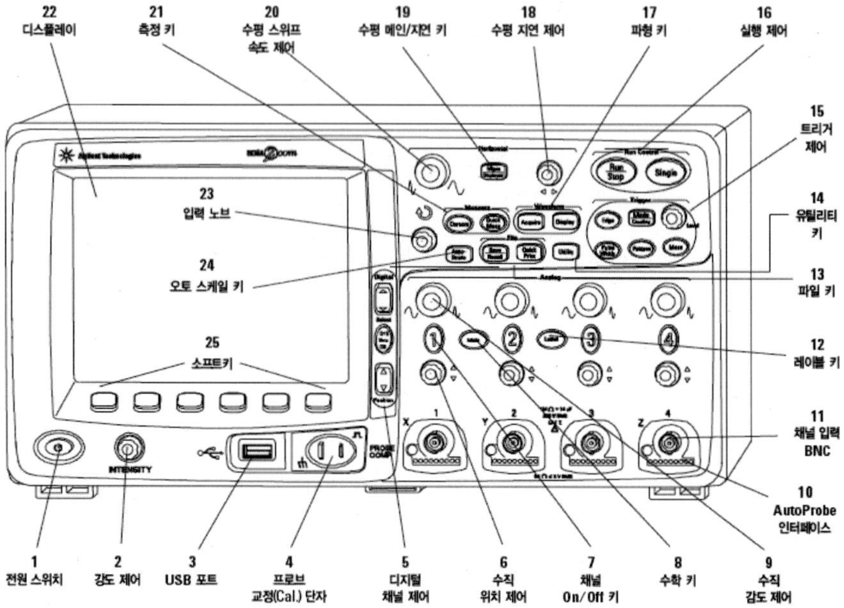

다음 그림은 7000시리즈 4채널 오실로 스코프의 전면 패널을 나타냅니다. 6000시리즈의 각 버튼들과 기능은 유사합니다.

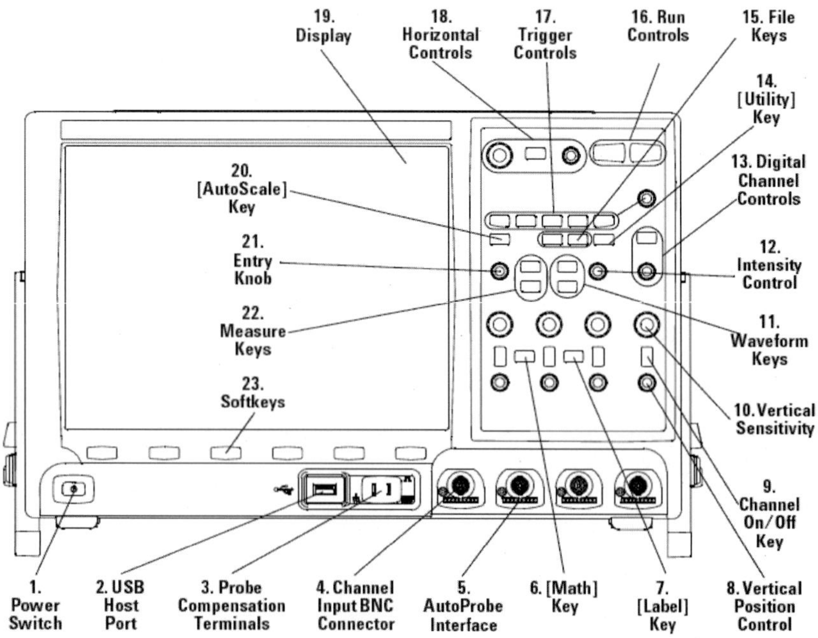

전면 패널 제어(6000시리즈를 기본)

① **전원 스위치** 한 번 누르면 전원이 켜지고 다시 한 번 누르면 전원이 꺼집니다.

② **강도 제어** 시계 방향으로 돌리면 아날로그 파형의 강도가 높아지고 시계 반대 방향으로 돌리면 감수합니다. 강도를 변화시켜 아날로그 오실로스코프와 같은 신호 세부를 뚜렷이 나타낼 수 있습니다. 디지털 채널 파형 강도는 조정할 수 없습니다.

③ **USB포트** 오실로스코프 설정 파일 또는 파형을 저장하거나 호출하려면 USB 호환 대용량 저장 장치를 연결합니다. 또한 업데이트가 출시된 경우 USB포트를 사용하여 오실로스코프의 시스템 소프트웨어나 빠른 도움말 언어 파일을 업데이트할 수도 있습니다. 오실로스코프에서 USB대용량 저장장치를 분리하기 전에는 각별한 주의 사항이 요구되지 않습니다. 파일 작업이 완료되었을 때 오실로스코프에서 USB 대용량 저장장치를 뽑기만 하면 됩니다.

④ **프로브 교정 단자** 프로브의 특성을 프로브가 연결될 오실로스코프 채널에 일치시키려면 이 단자의 신호를 사용합니다.

⑤ **디지털 채널 제어** 디지털 채널을 켜거나 끌 때 사용하면, 디스플레이에서의 위치 변경을 위해 디지털 채널을 선택하기 위해 사용할 수 있습니다. **D15~D0** 키를 눌러 소프트키 위에 **Digital Channel** 메뉴를 나타낼 수 있습니다.

⑥ **수직 위치 제어** 디스플레이에서 채널의 수직 위치를 변경합니다. Vertical Position 제어는 각 채널마다 한 개씩 있습니다.

⑦ **채널 On/Off키** 채널을 켜거나 끌때나, 소프트키에서 채널의 메뉴를 열 때 사용합니다. **Channel On/Off**키는 각 채널마다 하나씩 있습니다.

⑧ **함수 키** FFT(Fast Fourier Transform), 곱셈, 뺄셈, 미분 및 적분 함수에 엑세스할 수 있습니다.

⑨ **수직 감도** 채널의 수직 강도(gain)를 변경합니다.

⑩ **AutoProbe 인터페이스** 100MHz 대역폭모델에는 제공되지 않습니다. 프로브를 오실로스코프에 연결하면 **AutoProbe** 인터페이스가 프로브 유형을 결정하고 Probe메뉴의 해당 매개변수를 그에 따라 설정합니다.(참고: **100MHz** 모델에는 **AutoProbe** 인터페이스가 없지만 BNC 커넥터 둘레에 프로브 감지 링이 있습니다. 그러므로 **10073C** 또는 **10074C**와 같은 호환 프로브를 연결하면 프로브 감쇠 계수가 자동으로 설정됩니다.

⑪ **채널입력 BNC 커넥터** 오실로스코프 또는 **BNC 케이블**을 **BNC 커넥터**에 연결합니다. 이 커넥터는 채널의 입력 커넥터입니다.

⑫ **레이블 키** 이키를 누르면 레이블을 입력하여 오실로스코프 디스플레이의 각 트레이스를 식별할 수 있는 Label 메뉴가 열립니다.

⑬ **파일 키** 파형또는 설정 저장이나 호출과 같은 파일 기능을 이용하려면 파일 키를 누릅

니다. 또는 디스플레이의 파형을 인쇄하려면 Quick Print키를 누릅니다.

⑭ **유틸리티 키** 이 키를 누르면 오실로스코프의 **I/O설정, 프린터 환경 설정, 파일 탐색기, 서비스 메뉴 및 기타 옵션**을 구성할 수 있는 Utility 메뉴가 열립니다.

⑮ **트리거 제어** 오실로스코프에서 데이터 캡처를 트리거하는 방법을 결정합니다.

⑯ **실행 제어** Run/Stop 키는 트리거 모드가 "Normal"로 설정되면 녹색으로 켜지며, 트리거가 발견될 때까지는 디스플레이가 새로 고쳐지지 않습니다. 트리거 모드를 "Auto"로 설정하면 오실로스코프가 트리거를 찾으며, 트리거를 찾지 못하면 자동으로 트리거되기 때문에 입력 신호가 디스플레이에 즉시 나타납니다. 이 경우 디스플레이 상단에 있는 Auto 표시등의 배경이 깜박이며, 이는 오실로스코프가 자동으로 트리거 하고 있음을 나타냅니다.

이때 Run/Stop을 다시 누르면 데이터 수집이 정지하며, 키가 적색으로 켜집니다. 이제 수집된 데이터를 이동하거나 확대할 수 있습니다.

Single을 누르면 데이터를 하나씩 수집합니다. 이키는 오실로스코프가 트리거할 때까지 노란색으로 켜집니다.

⑰ **파형 키** Acquire키를 이용하면 Normal, Peak Detect, Averaging 또는 High Resolution 모드로 수집할 수 있도록 오실로스코프를 설정할 수 있으며, **실시간 샘플링**(Realtime sampling)을 켜거나 끌 수 있습니다. Display 키로는 무한 지속성을 선택하고, 벡터를 켜거나 끄고, 디스플레이 **격자**(graticule)**강도**를 조정할 수 있는 메뉴를 열 수 있습니다.

⑱ **수평 지연 제어** 오실로스코프가 실행중일 때 이 제어를 통해 트리거 지점을 기준으로 한 수집 범위를 설정할 수 있습니다. 오실로스코프가 정지하면 이 노브를 돌려서 데이터를 수평으로 이동할 수 있습니다. 이기능을 이용하여 **트리거 전**(노브를 시계 방향으로 돌림)또는 **트리거 후**(노브를 시계 반대 방향으로 돌림) 포착된 파형을 볼 수 있습니다.

⑲ **수평 메인/지연 키** 오실로스코프 디스플레이를 메인 섹션과 지연 섹션으로 분할하거나 XY 및 Roll 모드를 선택할 수 있는 메뉴를 엽니다. 또한 이 메뉴에서 수평 시간/눈금 버니어 및 트리거 시간 기준점을 선택할 수 있습니다.

⑳ **수평 스위프 속도 제어** 이 노브를 돌려 스위프 속도를 조정합니다. 즉, 디스플레이의 수평 격자 당 시간을 변경합니다. 파형이 포착되고 오실로스코프가 정지한 후에 조정하면 파형이 수평으로 확장되거나 축소됩니다.

㉑ **측정 키** 측정하는 데 사용할 수 있는 커서를 켜려면 Cursors 키를 누릅니다. 사전 정의된 측정 세트를 열려면 Quick Meas 키를 누릅니다.

㉒ **디스플레이** 디스플레이에는 캡처된 파형이 각 채널에 서로 다른 색을 사용하여 표시됩니다.

㉓ **입력 노브** 메뉴에서 항목을 선택하고 값을 변경합니다. 이 노브 기능은 표시된 메뉴에 따라 변경됩니다. 입력 노브 위의 굽은 화살표 기호는 입력 노브를 사용하여 값을 선택할 때마다 켜집니다. 입력 노브를 사용하여 소프트키에 표시된 항목을 선택합니다.

㉔ **오토 스케일 키** Autoscale 키를 누르면 오실로스코프가 활동이 있는 채널을 신속하게 확인하고 이채널을 켠 다음 입력 신호를 표시할 수 있도록 배율을 조정합니다.

㉕ **소프트키** 이 키 기능은 키 바로 위의 디스플레이에 나타난 메뉴에 따라 바뀝니다.

디스플레이 판독

오실로스코프 디스플레이에는 채널 수집, 설정 정보, 측정 결과 및 매개변수 설정을 위한 소프트키가 있습니다.

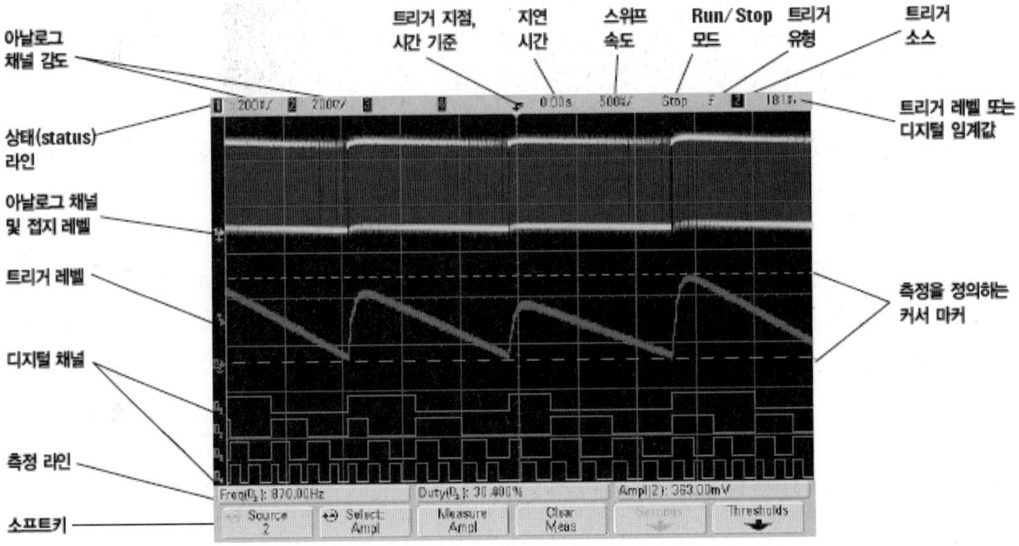

- **상태(status)라인** 디스플레이 윗줄에는 수직, 수평 및 트리거 설정 정보가 표시됩니다.
- **디스플레이 영역** 디스플레이 영역에는 파형 수집, 채널 ID 및 아날로그 트리거, 접지 레벨 표시 등이 있습니다. 각 아날로그 채널 정보는 서로 다른 색으로 나타납니다.
- **측정 라인** 일반적으로 이 라인은 자동 측정 및 커서 결과를 포함하고 있지만 고급 트리거 설정 데이터나 메뉴 정보를 표시합니다.
- **소프트 키** 소프트키로 선택된 모드나 메뉴에 대한 추가 매개변수를 설정할 수 있습니다.

전면 패널 조작

이 섹션에서는 전면 패널 제어의 작동을 간략하게 설명합니다. 자세한 오실로스코프 작동 지침은 안내서의 뒷부분에서 설명합니다.

디지털 채널 6000시리즈의 모든 오실로스코프에는 아날로그 채널이 있기 때문에 이 안내서의 아날로그 채널 항목은 모든 계측기에 적용됩니다. 디지털 채널을 설명하는 정보는 MSO(Mixed-Signal Oscilloscope) 또는 MSO로 업그레이드한 DSO모델에만 적용됩니다.

파형 강도 조정

파형 강도 조절 노브는 전원 스위치 근처인 왼쪽 아래에 있습니다.

- 파형의 강도를 낮추려면 Intensity 제어를 시계 반대 방향으로 돌립니다.
- 파형의 강도를 높이려면 Intensity 제어를 시계 방향으로 돌립니다.

강도 제어는 디지털 채널의 강도에는 영향을 주지 않습니다.

디지털 채널 강도는 고정되어 있습니다.

디스플레이 격자(graticule) 강도 조정

1. **Display** 키를 누릅니다.
2. 입력 노브를 돌려 표시된 격자의 강도를 변경합니다. 강도 레벨은 **Grid** 소프트키에 나타나며 **0~100%**로 조정할 수 있습니다.
   격자의 각 주요 수직 눈금은 디스플레이 상단의 상태(status) 라인에 나타난 수직 감도에 해당합니다. 격자의 각 주요 수평 눈금은 디스플레이 상단의 상태(status) 라인에 나타난 스위프 속도 및 시간에 해당합니다.

Note : 아날로그 파형 강도를 변경하려면 전면 패널 왼쪽 아래의 강도 노브를 돌립니다. 디지털 파형 강도는 조정할 수 없습니다.

수집 시작 및 정지

- **Run/Stop** 키를 누르면 키가 녹색으로 켜지고 오실로스코프가 연속 실행 모드로 전환합니다.
  이때 오실로스코프에서 각 프로브의 입력 전압을 검토하고 트리거 조건이 만족될 때마다 디스플레이를 새로 고칩니다. 트리거 처리 및 디스플레이의 새로 고침 속도는 오실로스코프 설정에 따라 최적화 됩니다. 오실로스코프는 아날로그 오실로스코프에서 파형을 표시하는 방법과 유사하게 같은 신호에 대한 다수의 수집 결과를 표시합니다.

- **Run/Stop** 키를 다시 누르면 키가 적색으로 켜지고 오실로스코프가 정지합니다.
  디스플레이 상단의 상태(status) 라인에는 트리거 모드 위치에 "Stop"이 표시됩니다. 이때 수평 및 수직 조절 노브를 돌려 저장된 파형을 이동하거나 확대/축소할 수 있습니다.
- 오실로스코프가 실행중일 때 **Run/Stop** 키를 누르면 현재 수집이 완료될 때까지 키가 깜박입니다. 수집이 즉지 완료된 경우 **Run/Stop** 키가 깜박이지 않습니다.
- 스위프 속도가 느릴수록 수집이 완료될 때까지 기다리지 말고 **Run/Stop**을 다시 누르는 것이 좋습니다. 그러면 수집이 즉시 중지되고 부분적인 파형이 표시됩니다.
  무한 지속성을 사용하여 여러 수집의 결과를 표시할 수 있습니다.

메모리 용량/기록시간

Run/Stop 대 Single

오실로스코프가 실행중일 때 트리거 처리 및 업데이트 속도는 메모리 용량에 대하 최적화됩니다.

Single

Single 수집에서는 항상 사용 가능한 최대 메모리를 사용합니다. 이 메모리 용량은 Run 모드에서 캡처하여 수집에 사용되는 메모리의 최소 2배이며, 이때 최소 2배의 샘플이 오실로스코프에 저장됩니다. 느린 스위프 속도에서는 Single을 사용하여 수집을 캡처할 경우 사용 가능한 메모리가 증가하기 때문에 오실로스코프가 더 높은 샘플링 속도로 작동하게 됩니다 가능하면 가장 긴 기록 시간으로 데이터를 수집하려면 **Single** 키를 누릅니다.

실행 중(Running)

실행중일 때에는 단일 수집과 달리 메모리가 절반으로 나누어집니다. 따라서 수집 시스템은 이전 수집을 처리하는 동안 하나의 기록을 수집할 수 있기 때문에 오실로스코프가 처리하는 초 당 파형 수가 획기적으로 개선될 수 있습니다. 실행 중에 디스플레이에 파형이 표시되는 속도를 최대로 높이면 가장 좋은 입력 신호의 화실을 얻습니다.

단일 수집 작업

Single 키를 누르면 키가 노란색으로 켜지며, 오실로스코프가 수집 시스템을 시작하여 트리거 조건을 검색합니다. 트리거 조선이 만족되면 캡처된 파형이 표시되고 **Single** 키가 꺼지며, **Run/stop** 키가 적색으로 켜집니다.

Single 키를 사용하면 다음 파형 데이터를 디스플레이어 덮어쓰지 않고 단발성 이벤트를 볼 수 있습니다.

그러므로 패닝 및 줌을 위해 최대의 샘플링 속도와 최대의 메모리 용량을 원할 경우 **Single** 키를 사용합니다.

1. 트리거 모드를 **Normal**로 설정합니다.
   이와같이 설정하면 오실로스코프가 자동으로 트리거되지 않습니다.
2. 아날로그 채널 이벤트에 대해 트리거할 경우 **Trigger Level** 노브를 돌려서 트리거 임계값을 파형이 교차하는 레벨로 맞출 수 있습니다.
3. 단일 수집을 시작하려면 **Single** 키를 누릅니다.
   Single 키를 누르면 디스플레이가 지워지고, 트리거 회로가 작동하며, **Single** 키가 노란색으로 켜집니다. 오실로스코프가 파형을 표시하기 전에 트리거 조건이 발생할 때까지 기다립니다. 오실로스코프가 트리거되면 단일 수집이 표시되고 오실로스코프가 정지합니다.(Run/Stop 키가 적색으로 켜짐)
4. 다른 파형을 수집하려면 **Single** 키를 다시 누릅니다.

Auto Single

Single 키를 누른후 사전에 결정된 시간(약40ns)동안 트리거가 발견되지 않으면 자동 트리거 기능에 의해 트리거가 생성됩니다. 수집의 트리거에 별다른 관심이 없고(예: DC레벨을 프로빙 하는 경우) 단일 수집을 원할 경우에는 트리거 모드를 **Auto**로 설정하고 **Single** 키를 누릅니다. 트리거 조건이 발생하면 해당 트리거가 사용되며, 트리거가 발생하지 않으면 트리거 되지 않은 수집이 수행됩니다.

패닝 및 줌

수집 시스템이 정지했을 때에도 파형을 이동하거나 확대할 수 있습니다.

1. **Run/Stop** 키를 눌러 수집을 정지하거나 **Single** 키를 누르고 오실로스코프가 파형을 수집하여 정지할 때까지 기다립니다. 오실로스코프가 정지하면 **Run/Stop** 키가 적색으로 켜집니다.
2. 스위프 속도 조절 노브를 돌려 수평으로 줌하거나 v/div 노브를 돌려 수직으로 줌합니다. 디스플레이 상단의 ▽기호는 확대/축소의 기준이 되는 시간을 나타냅니다.
3. **Delay Time** 노브(◀▶)를 돌려 수평으로 패닝하고 채널의 수직 위치 노브를 돌려 수직으로 패닝 합니다.

정지된 디스플레이에는 참고가 될 만한 여러 트리거가 있을 수 있지만 패닝 및 줌에는 마지막 트리거 수집만 사용할 수 있습니다.

자동트리거 모드 또는 일반 트리거 모드 선택(Auto Trigger/Normal Trigger)

자동트리거 모드에서는 **Run**을 누르면 오실로스코프가 자동으로 트리거하고 파형을 캡처합니다.

오실로스코프가 일반 트리거 모드일 때 **Run**을 누르면 트리거를 감지해야만 수집을 완료할 수 있습니다.

트리거된 디스플레이는 신호레벨 또는 작동을 확인할 필요가 없습니다. 이러한 용도에서는 자동 트리거모드(기본설정)를 사용하십시오. 트리거 설정으로 지정된 특정 이벤트의 수집만 원할 경우에는 일반 트리거 모드를 사용하십시오.

Mode/Coupling 키, **Mode** 소프트키를 차례로 눌러 트리거모드를 선택할 수 있습니다.

오토 스케일 사용

오실로스크프를 빨리 구성하려면 **Autoscale** 키를 눌러 활성화된 연결 신호를 표시합니다.

오토스케일의 효과를 취소하려면 다른 키를 누르기 전에 **Undo Autoscale** 소프트키를 누릅니다.

오토 스케일에 선택된 설정을 원하지 않고 이전 설정으로 되돌아가고자 할 경우에 이 방법을 사용 합니다.

예 1채널과 2에 적합한 오실로스코프 프로브를 본 제품 전면 패널의 **Probe Comp** 출력에 연결합니다. **Probe Comp** 출력 옆의 접지부에 프로브 접지 리드를 연결해야 합니다.

Save/Recall 키와 **Default Setup** 소프트키를 차례로 눌러 본 제품을 출하 할 때 기본 구성으로 설정합니다. 그런 다음 **Autoscale** 키를 누릅니다. **Autoscale** 키를 누르면 아래와 같은 디스플레이가 나타납니다.

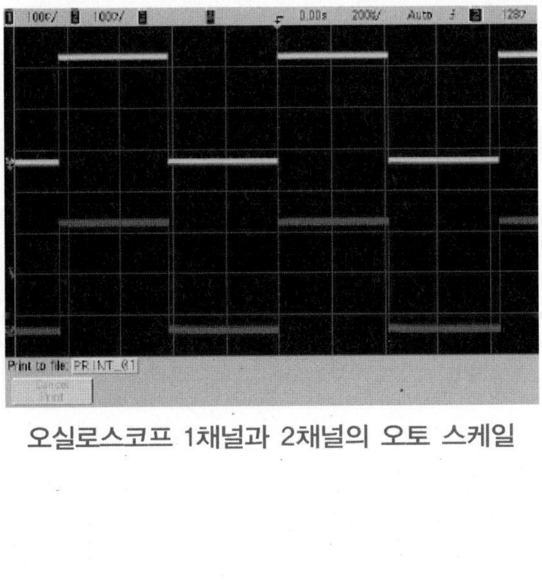

오실로스코프 1채널과 2채널의 오토 스케일

프로브 감쇠 계수 설정

• 패시브 프로브

100MHz 모델을 포함한 모든 6000시리즈 오실로스코프는 10073C 및 10074C와 같은 패시브 프로브를 인식합니다. 이 프로브에는 오실로스코프의 BNC 커넥터 둘레의 링에 연결하는 커넥터 핀이 있습니다. 그러므로 오실로스코프는 애질런트 패시브 프로브에 대한 감쇠 계수를 자동으로 설정합니다.

BNC 커넥터 둘레의 링에 연결하는 핀이 없는 패시브 프로브는 오실로스코프에서 인식되지 않기 때문에 프로브 감쇠 계수를 수동으로 설정해야 합니다.

• 액티브 프로브

100MHz 대역폭 모델(MSO/DSO6012 및 MSO/DSO6014A)을 제외한 모든 6000시리즈 오실로 스코프에는 AutoProbe 인터페이스가 있습니다. 대부분의 애질런트 액티브 프로브는 AutoProbe 인터페이스와 호환됩니다. AutoProbe 인터페이스는 채널 BNC커넥터 바로 아래에 있는 일련의 접점을 사용하여 오실로스코프와 프로브 간에 정보를 전송합니다. 호환되는 프로브를 오실로스코프에 연결하면 AutoProbe 인터페이스가 프로브 유형을 결정하고 오실로스코프의 매개변수(단위, 오프셋, 감쇠, 커플링 및 임피던스)를 이에 따라 설정합니다.

수동으로 프로브 감쇠 계수 설정

오실로스코프에서 자동으로 식별되지 않는 프로브를 연결한 경우에는 다음과 같이 감쇠 계수를 설정할 수 있습니다.

1. 채널키를 누릅니다.
2. Probe 소프트키를 누릅니다.
3. 입력 노브를 돌려 연결된 프로브의 감쇠 계수를 설정합니다.
   감쇠 계수는 1-2-5의 순서로 0.1:1에서 1000:1까지 설정할 수 있습니다. 정확한 측정을 하려면 프로브 감쇠 계수를 적절하게 설정해야 합니다.

아날로그 채널 사용

1채널과 2채널에 연결한 오실로스코프 프로브를 본 제품 전면 패널의 Probe Comp 출력에 연결합니다.

1. 오실로스코프 전면 패널의 아날로그 섹션에서 1 키를 눌러 Channel 1 메뉴를 표시합니다.

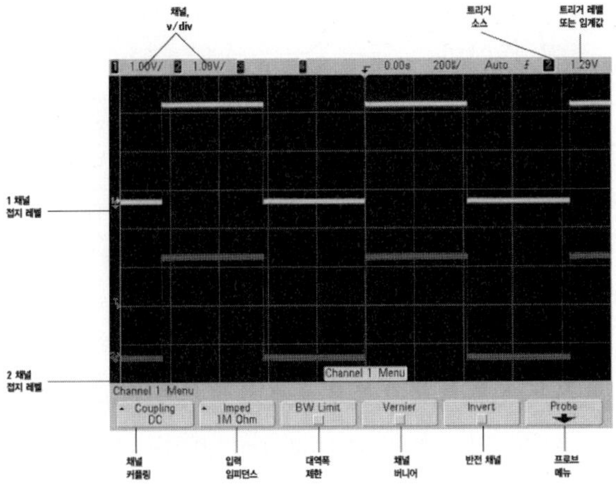

아날로그 채널 키를 누르면 채널의 메뉴가 표시되고 채널의 디스플레이가 켜지거나 꺼집니다. 채널은 키가 켜져 있을 때 표시됩니다.

채널 끄기

채널 메뉴가 표시되어 있어야만 채널을 끌 수 있습니다. 예를 들어 1채널과 2가 켜져 있고 2채널의 메뉴가 표시된 상태(status)에서 1채널을 끄려면 1을 눌러 1채널 메뉴를 표시한 다음 1을 다시 눌러 1채널을 꺼야합니다.

수직감도 채널 키 위의 큰 노브를 돌려 채널의 감도(v/div)를 설정합니다. 수직 감도 노브를 사용하여 아날로그 채널 감도를 1-2-5단계의 순서로(1:1프로브가 연결된 경우) 아날로그 채널 감도를 변경합니다. 아날로그 채널 **v/div** 값이 상태(status)라인에 표시됩니다.

Vernier Vernier 소프트키를 눌러 선택한 채널의 버니어를 켭니다. **Vernier**를 선택하면 채널의 수직 감도를 더 작은 증분으로 변경할 수 있습니다. **Vernier**를 켜면 채널 감도가 완전히 교정된 상태(status)로 유지 됩니다. 버니어 값은 디스플레이 상단의 상태(status)라인에 표시됩니다.

Vernier가 꺼진 경우 **v/div** 노브를 돌리면 채널 감도가 1-2-5단계의 순서로 바뀝니다.

수직확장 V/div 노브를 돌릴 때 신호를 확장하기 위한 기본 모드는 채널의 접지 레벨을 기준으로 한 수직 확장입니다. 확장 모드를 기본값 대신 디스플레이 중앙을 중심으로 확장하도록 설정하려면 **Utility-> Options->Preferences->Expand** 메뉴의 **Expand**를 누르고 **Center**를 선택합니다.

접지레벨 표시된 각 아날로그 채널에 대한 신호의 접지 레벨은 디스플레이 맨 왼쪽에 있는 ⯈ 아이콘 위치에 의해 식별 됩니다.

수직위치 작은 수직 위치 노브를 돌려서 채널의 파형을 디스플레이 위 또는 아래로 이동합니다. 디스플레이 오른쪽 상단에 잠깐 표시되는 전압 값은 디스플레이와 접지 레벨(⯈)아이콘의 수직 중심의 전압차를 나타냅니다. 또한 이 값은 수직 확장의 접지레벨을 중심으로 설정된 경우 디스플레이의 수직 중심의 전압을 나타냅니다.

측정힌트

채널이 DC 결합 방식인 경우에는 접지 기호에서의 거리만 확인하면 신호의 DC 성분을 빨리 측정할 수 있습니다.

채널이 AC 결합 방식인 경우에는 더 높은 강도를 사용하여 신호의 AC 성분을 표시할 수 있도록 신호의 DC 성분을 제거합니다.

2. 채널의 켜기/끄기 스위치를 누른 다음 **Coupling** 소프트키를 눌러 입력 채널 커플링을 선택합니다. **Coupling**을 누르면 채널의 입력 커플링이 **AC(교류)**또는 **DC(직류)**로 바뀝니다.

AC커플링은 파형에서 DC오프셋 전압을 모두 제거한 입력 파형과 함께 일련의 3.5Hz 고역 통과 필터를 연달아 배치합니다. AC를 선택하면 전면 패널의 채널위치 노브 옆에 “AC”가 켜집니다.

- DC커플링은 큰 DC 오프셋이 없는 0Hz 만큼 낮은 주파수의 파형을 표시할 때 유용합니다.
- AC커플링은 DC 오프셋이 큰 파형을 표시할 때 유용합니다. AC 커플링을 선택한 경우에는 50Ω모드를 선택할 수 없습니다. 이것은 오실로스코프 손상을 방지하기 위한 기능입니다.

3. **Imped**(임피던스) 소프트키를 누릅니다.

Note

MSO/DSO6012A 및 MSO/DSO6014A(100MHz 대역폭) 오실로스코프의 입력 임피던스는 1MΩ으로 고정되어 있습니다. 그러므로 이모드에서는 임피던스를 선택할 수 없습니다.

AutoProbe, 자기 감지 프로브 또는 호환 **InfiniiMax** 프로브를 연결하면 오실로스코프는 정확한 임피던스를 사용하도록 자동으로 구성됩니다.

아날로그 채널 입력 임피던스는 Imped 소프트키를 눌러 1M Ohm 또는 50 Ohm 으로 설정할 수 있습니다.

- **50 Ohm**모드는 고주파 측정에 널리 사용되는 50Ω 케이블을 50Ω 액티브 프로브와 매칭 시킵니다. 이 임피던스 매칭은 신호 경로에서의 반사를 최소화하기 때문에 가장 정확한 측정 결과를 제공합니다. **50 Ohm**을 선택하면 전면 패널의 채널 위치 노브 옆에 "50Ω"이 켜집니다. AC 커플링을 선택한 경우, 오실로스코프에서 손상을 방지하기 위해 **1M Ohm** 모드로 자동 전환합니다.
- **1 M Ohm** 모드는 많은 패시브 프로브와 범용 측정에 사용하기 위한 모드입니다. 임피던스가 더 높으면 테스트 대상 회로의 오실로스코프에 대한 부하 효과가 최소화 됩니다.

4. **BW Limit** 소프트키를 눌러 대역폭 제한을 켭니다.

BW Limit 소프트키를 누르면 선택된 채널에 대한 대역폭 제한을 켜거나 끌 수 있습니다. 대역폭 제한을 켜면 채널의 최대 대역폭은 **300Mhz, 500Mhz** 및 **1GHz** 대역폭 오실로스코프 모델에서 대략 **25MHz, 100MHz** 대역폭 오실로스코프 모델에서는 **20MHz**입니다. 이보다 낮은 주파수의 파형에 대해 대역폭 제한을 켜면 파형에서 원하지 않는 고주파 노이즈가 제거 됩니다. 또한 대역폭 제한은 **BW Limit**를 켠 채널의 트리거 신호 경로를 제한합니다.

BW Limit를 선택하면 전면 패널의 채널 위치 노브 옆에 "**BW**"가 켜집니다.

5. 선택한 채널을 반전하려면 **Invert** 소프트키를 누릅니다.

Invert를 선택하면 표시된 파형의 전압 값이 반전됩니다. **Invert**는 채널이 표시되는 방법에 영향을 줄 뿐, 트리거링에는 아무 지장이 없습니다. 오실로스코프가 상승 에지에서 트리거하도록 설정된 경우, 채널이 반전된 후에도 같은 에지에 트리거(파형의 동일한 지점에서 트리거) 하도록 유지됩니다.

채널을 반전하면 **Math** 메뉴나 측정에서 선택한 기능의 결과도 변경됩니다.

6. 채널 프로브 메뉴를 표시하려면 **Probe** 소프트키를 누릅니다.

이 메뉴에서 연결된 프로브의 감소 계수 및 측정 단위와 같은 추가 프로브 매개변수를 선택할 수 있습니다.

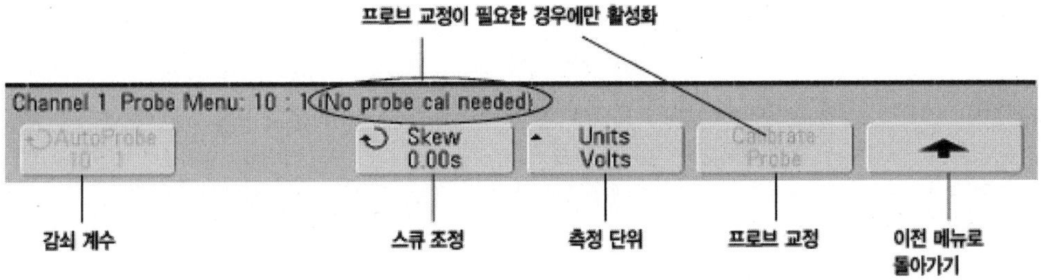

• **프로브 감쇠**- “프로브 감쇠계수 설정” 참조

• **Skew**-ns 범위의 시간 간격을 측정할 때에는 케이블 길이의 작은 차이도 측정에 영향을 줄 수 있습니다. 두 채널 사이의 케이블 지연 오류를 제거하려면 **Skew**를 사용합니다.

두프로브 모두 같은 지점을 가리킵니다. **Skew**를 누른 다음 입력 노브를 돌려 채널 사이의 스큐양을 입력합니다. 각 아날로그 채널은 10ps씩 ±100ns 범위로 총 200ns의 차이를 조정할 수 있습니다.

스큐 설정은 **Save/Recall->Default Setup**을 누르면 0으로 재설정됩니다.

• **프로브 단위** - 연결된 프로브에 맞는 측정 단위를 선택하려면 Units 소프트키를 누릅니다. 전압 프로브인 경우 Volts, 전류 프로브인 경우 Amps를 선택합니다. 선택한 측정 단위는 채널 감도, 트리거 레벨, 측정 결과 및 수학 함수에 반영 됩니다.

• **프로브 교정** - “프로브 교정” 참조

수평 타임 베이스 설정

1. 전면 패널의 **Horizontal** 섹션에 있는 **메인/지연** 키를 누릅니다.

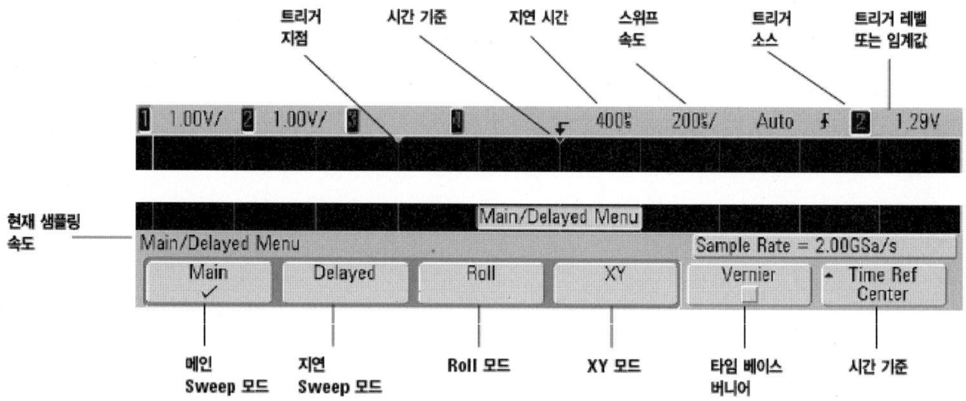

메인/지연 메뉴에서 **수평 모드(메인, 지연, Roll 또는 XY)**를 선택하거나 타임 베이스 버니어 및 시간 기준을 설정할 수 있습니다.

현재 샘플링 속도는 **Vernier** 및 **Time Ref** 소프트키 위에 표시됩니다.

메인 모드

1. 메인 소프트키를 눌러 메인 수평 모드를 선택합니다.
   메인 수평 모드는 오실로스코프의 일반 표시 모드입니다. 오실로스코프가 정지하면 **Horizontal** 노브를 사용하여 파형을 패닝 및 줌할 수 있습니다.
2. **Horizontal** 섹션의 **큰 노브(t/div)**를 돌리면서 상태(status) 라인의 변화를 관찰합니다.
   오실로스코프가 메인모드로 실행중일 때 큰 **Horizontal** 노브를 돌려 스위프 속도를 변경하고 작은노브를 돌려 지연 시간을 설정합니다. 오실로스코프가 정지하면 이 노브를 사용하여 파형을 패닝 및 줌 할 수 있씁니다. 이때 스위프(s/div)값이 상태(status) 라인에 나타납니다.
3. **Vernier** 소프트키를 눌러 타임 베이스 버니어를 켭니다.
   Vernier 소프트키를 이용하면 t/div 노브로 스위프 속도를 더 세밀하게 변경할 수 있습니다. **Vernier**를 켜면 스위프 속도가 완전히 교정된 상태(status)로 유지됩니다. 이 값은 디스플레이 상단의 상태(status) 라인에 표시됩니다.
   Vernier가 꺼진 경우 **Horizontal** 스위프 속도 노브를 돌리면 타임 베이스 스위프 속도가 1-2-5 단계의 순서로 바뀝니다.
4. **Time Ref**(시간 기준) 소프트키의 설정을 관찰합니다.
   시간 기준은 지연 시간을 위한 디스플레이상의 기준점입니다. 시간 기준은 디스플레이 왼쪽 또는 오른쪽부터 또는 디스플레이 중심에 대해 주 눈금 단위로 설정할 수 있습니다. 디스플레이 모눈금 상단에 있는 속이 빈 작은 삼각형(▽)은 시간 기준의 위치를 나타냅니다. 지연 시간을 0으로 설정하면 트리거 지점 표시기(▼)가 시간 기준 표시기에 겹쳐집니다.
   Horizontal 스위프 노브를 돌리면 시간 기준 지점(▽)을 중심으로 파형이 확장 또는 축소됩니다. 메인 모드에서 수평지연 시간 (◀▶)노브를 돌리면 트리거 지점 표시기(▼)가 시간 기준 지점(▽)의 왼쪽 또는 오른쪽으로 이동합니다.
   시간 기준 위치는 지연이 0으로 설정된 상태(status)에서 수집 메모리 및 디스플레이에 트리거 이벤트의 초기 위치를 설정합니다. 지연 설정은 시간 기준 위치를 기준으로 트리거 이벤트의 특정 위치를 설정합니다. 시간 기준 설정은 위에서 설명한 지연 스위프에 다음과 같은 방법으로 영향을 줍니다.
   - 수평 모드를 메인으로 설정한 경우, 지연 노브를 사용하여 트리거르르 기준으로 한 주요 스위프의 위치를 결정합니다. 이 지연은 고정된 값입니다. 이 지연 값을 변경해도 스위프 속도에는 아무 영향이 없습니다.
   - 수평 모드를 지연으로 설정한 경우, 지연 노브로 주요 스위프 디스플레이에서 지연 스위프 창의 위치를 제어합니다. 이 지연 값은 샘플링 간격이나 스위프와 무관합니다. 이 지연 값을 변경해도 주 창의 위치에는 아무 영향이 없습니다.

5. **지연 노브**(◀▶)를 돌리면서 상태(status) 라인에 값이 표시되는지 관찰합니다.
   지연 노브는 주요 스위프를 수평으로 이동하며 기계적 멈춤쇠처럼 0.00s에서 멈춥니다. 지연 시간을 변경하면 주사가 수평으로 이동하며 시간 기준 지점(속이 빈 역삼각형▽)에서 트리거 지점(속이 찬 역삼각형 ▼)까지의 거리를 나타냅니다. 이 기준 지점은 디스플레이 모눈금의 상단을 따라서 나타납니다. 앞 그림은 지연 시간을 400us 로 설정한 트리거 지점을 나타 냅니다. 지연 시간 값은 시간 기준 지점이 트리거 지점에서 얼마나 떨어졌는지를 나타냅니다. 지연 시간을 0으로 설정하면 지연 시간 표시기가 시간 기준 표시기에 겹쳐집니다.
   트리거 지점 왼쪽에 표시된 모든 이벤트는 트리거가 발생하기 전에 일어난 이벤트이기 때문에 트리거 이전 정보라 할 수 있습ㅂ니다. 이 기능은 이제 트리거 지점까지 일어난 이벤트를 볼 수 있기 때문에 매우 유용합니다. 트리거 지점 오른쪽의 모든 내용을 트리거 후 정보라 합니다. 사용할 수 있는 지연 범위(트리거 이전 및 트리거 이후 정보)의 양은 선택한 스위프와 메모리 용량에 따라 달라집니다.

지연 모드

지연 스위프는 주요 스위프의 확장판입니다. 지연 모드를 선택하면 디스플레이가 절반으로 나누어지고 지연 스위프 아이콘⊟이 디스플레이 상단 라인의 중앙에 나타납니다. 디스플레이의 상반부는 주요 스위프를 나타내고 하반부는 지연 스위프를 나타냅니다. 지연 스위프는 주요 스위프의 확대된 부분입니다. 지연 쉬위프를 사용하면 더 자세한(더 높은 해상도) 신호 분석을 위해 주요 스위프를 찾아서 수평으로 확장할 수 있습니다.

다음 단계는 지연 스위프를 사용하는 방법을 설명합니다. 이 단계가 아날로그 오실로스코프의 지연 스위프와 매우 유사하게 작동한다는 것을 알 수 있습니다.

1. 오실로스코프에 신호를 연결하고 안정된 디스플레이를 얻습니다.
2. 메인/지연 키를 누릅니다.
3. 지연 소프트키를 누릅니다.

지연 스위프 창의 스위프를 변경하려면 쉬위프 노브를 돌립니다. 노브를 돌릴 때 상태(status) 라인의 파형 영역 위에 스위프가 강조표시 됩니다.

주 디스플레이에서 확장된 부분은 밝게 표시되며 양 끝에 수직 마커가 나타납니다. 이 마커는 주요 스위프에서 하반부의 확장된 부분을 나타냅니다. **Horizontal** 노브로 지연 스위프의 크기와 위치를 제어합니다. 지연시간(◀▶)노브를 돌리면 디스플레이 오른쪽 상단에 지연 값이 잠시 나타납니다.

주요 스위프 창의 스위프를 변경하려면 메인 소프트키를 누른 다음 스위프 노브를 돌립니다.

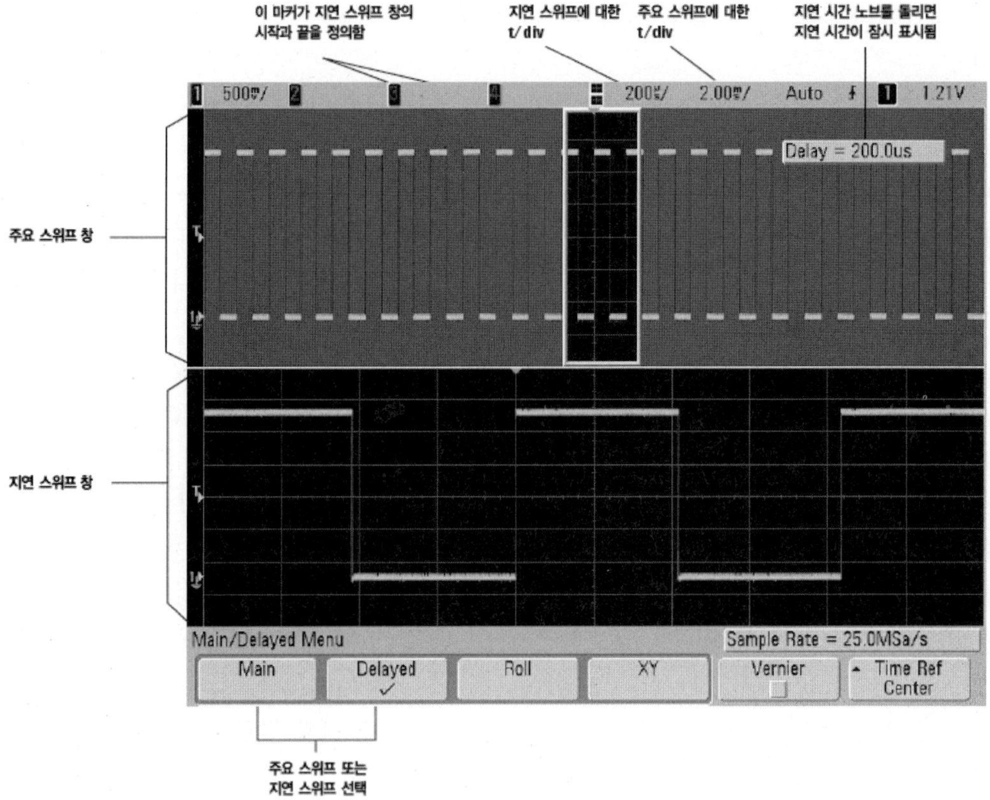

주 디스플레이에서 확장된 부분은 밝게 표시되며 양 끝에 수직 마커가 나타납니다. 이 마커는 주요 스위프에서 하반부의 확장된 부분을 나타냅니다. Horizontal 노브로 지연 스위프의 크기와 위치를 제어합니다. 지연시간(◀▶) 노브를 돌리면 디스플레이 오른쪽 상단에 지연 값이 잠시동안 나타납니다.

지연 스위프 창의 스위프 속도를 변경하려면 스위프 속도 노브를 돌립니다. 노브를 돌릴 때 상태(status) 라인의 파형 영역 위에 스위프가 강조표시 됩니다.

시간 기준 위치는 지연이 0으로 설정된 상태(status)에서 수집 메모리 및 디스플레이에 트리거 이벤트의 초기 위치를 설정합니다. 지연 설정은 시간 기준 위치를 기준으로 트리거 이벤트의 특정 위치를 설정합니다. 시간 기준 설정은 지연 스위프에 다음과 같은 방법으로 영향을 줍니다.

수평 모드를 메인으로 설정한 경우, 지연은 트리거를 기준으로 한 주요 스위프의 위치를 결정합니다. 이 지연은 고정된 값입니다. 이 지연 값을 변경해도 스위프 속도에는 아무 영향이 없습니다. 수평 모드를 지연으로 설정한 경우, 지연을 통해 주요 스위프 디스플레이에서 지연 스위프 창의 위치를 제어 합니다. 이 지연 값은 샘플링 간격이나 스위프 속도와는 무관합니다.

주요 스위프 창의 스위프 속도를 변경하려면 **메인** 소프트키를 누른 다음 스위프 노브를 돌립니다.

Roll 모드

- **메인/지연** 키를 누른 다음 **Roll** 소프트키를 누릅니다.
- **Roll** 모드에서는 파형이 디스플레이 오른쪽에서 왼쪽으로 천천히 이동합니다.
  이 모드는 500ms/div 눈금 이하의 타임 베이스 설정에서만 작동합니다. 현재 타임 베이스 설정이 500ms/div 눈금 한계보다 더 빠르면 Roll 모드로 전환할 때 500ms/div 눈금으로 설정 됩니다.
- **Normal** 수평 모드에서는 트리거 이전에 발생한 신호 이벤트가 트리거 지점(t) 왼쪽에 표시되고 트리거 이후의 신호 이벤트는 트리거 지점 오른쪽에 표시됩니다.
- Roll 모드에서는 트리거가 없습니다. 디스플레이으 1고정된 기준 지점은 디스플레이의 오른쪽 가장자리이며 시간상으로 볼 때현재 순간을 가리킵니다. 발생한 이벤트는 기준점 왼쪽으로 스코를 됩니다. 트리거가 없으므로 트리거 이전 정보는 없습니다.
  Roll 모드에서 디스플레이를 멈추려면 Single 키를 누릅니다. 디스플레이를 지우고 Roll 모드에서 수집을 다시 시작하려면 **Single** 키를 다시 누릅니다.
  저주파 파형에 대해 **Roll** 모드를 사용하면 도표 기록기와 같은 디스플레이가 표시됩니다. 즉, 디스플레이를 좌우로 돌아가는 파형을 표시할 수 있습니다.

XY모드

- **XY 모드**는 디스플레이를 전압 대 시간 표시에서 전압 대 전압 표시로 변경합니다. 이때 타임 베이스는 꺼져 있습니다. 1 채널 진폭은 X 축에 표시되고 2채널 진폭은 Y 축에 표시됩니다.
- XY 모드를 사용하면 두 신호 간의 주파수 및 위상 관계를 비교할 수 있습니다. 또한 XY 모드를 트랜스듀서와 함께 사용하면 변형대 변위, 흐름 대 입력, 전압 대 전류 또는 전압 대 주파수를 표시할 수 있습니다.
- 커서를 사용하여 XY모드 파형에 대한 측정을 합니다.
- 측정에서 XY 모드를 사용하는 방법은 “XY수평 모드 사용”을 참조하십시오.

XY디스플레이 모드에서의 Z축 입력(Blanking)

XY 디스플레이 모드를 선택하면 타임 베이스가 꺼집니다. 1채널은 X축 입력, 2채널은 Y축 입력, 4채널(또는 2채널 모델의 외부트리거)는 Z축 입력입니다. Y 대 X 디스플레이의 일부만 보려면 Z축 입력을 사용합니다. Z축은 트레이스를 켜거나 끕니다.(이 기능은 빔을 켜거나 끄기 때문에 아날로그 오실로스코프에서는 이 기능을 Z 축 블랭킹이라 합니다) Z가 낮으면(<1.4V) Y 대 X 가 표시되며 Z가 높으면(>1.4V) 트레이스가 꺼집니다.

커서측정

커서를 사용하여 오실로스코프 신호에 대한 사용자 정의 전압 또는 시간 측정 및 디지털 채널에 대한 타이밍 측정을 할 수 있습니다.

1. 오실로스코프에 신호를 연결하고 안정된 디스플레이를 얻습니다.
2. **Cursors** 키를 누릅니다. 소프트키 메뉴에서 커서 기능을 표시합니다.
   - **모드** - 전압과 시간(Normal)을 측정하거나 표시된 파형의 2진 또는 16진 로직 값을 표시하도록 커서를 설정합니다.
   - **Source** - 커서 측정을 위한 채널 또는 수학 함수를 선택합니다.
   - **XY** - 입력 노브로 조정할 X 커서 또는 Y 커서를 선택합니다.
   - **X1 및 X2** - 수평 측정 시간을 조정합니다.
   - **Y1 및 Y2** - 수직 측정 전압을 조정합니다.
   - **X1X2 및 Y1Y2** - 입력 노브를 돌릴 때 두 개의 커서가 함께 이동합니다.

Note

메모리에서 호출한 트레이스에 대해 커서 측정을 하려면 설정과 트레이스를 모두 호출해야 합니다.

자동 측정

채널 소스 또는 실행 중인 수학 함수에 대해 자동 측정을 사용할 수 있습니다. 커서가 켜지고 최근 선택한 측정(디스플레이에서 소프트키 위의 측정 라인에서 맨 오른쪽)에 초점이 맞춰집니다.

1. **Quick Meas** 키를 눌러 자동 측정 메뉴를 표시합니다.
2. **Source** 소프트키를 눌러 측정할 채널 또는 실행 중인 수항 함수를 선택합니다.
   표시된 채널 또는 수학 함수만 측정할 수 있습니다. 측정에 맞지 않은 소스 채널을 선택하면 목록에서 유효한 소스에 가장 가까운 소스를 선택합니다.
   측정에 필요한 파형의 일부가 표시되지 않거나 측정을 하는 데 충분한 해상도로 표시되지 않은 경우 측정 결과를 신뢰할 수 없다는 의미의 - '값이 더 크다, 값이 더 작다, 에지가 부족하다, 진폭이 충분하지 않다, 불완전하다, 파형이 클리핑 된다' 와 같은 메시지가 결과와 함께 표시됩니다.
3. **Select** 소프트키를 눌러 측정 유형을 선택한 다음 입력 노브를 돌려 팝업 목록에서 원하는 측정을 선택합니다.
4. 선택한 측정을 수행 하려면 **Measure** 소프트키를 누릅니다.
5. 측정을 정지하고 소프트키 위의 측정 라인에서 측정 결과를 지우려면 **Clear Meas** 소프트키를 누릅니다.

레이블 사용

레이블을 정의하고 각 아날로그 입력 채널에 할당하거나 레이블을 꺼서 파형 표시 영역을 늘릴 수 있습니다. MSO 모델의 디지털 채널에 레이블을 적용할 수도 있습니다.

레이블 표시 켜기 또는 끄기

1. 전면 패널에서 **Label** 키를 누릅니다.
   아날로그 및 디지털 채널에 대한 레이블 표시가 켜집니다. **Label** 키가 켜지면 표시된 채널에 대한 레이블이 트레이스의 왼쪽에 나타납니다. 아래 그림은 레이블 표시를 켤 때, 할당된 기본 레이블의 예를 나타냅니다. 채널 레이블은 기본적으로 채널 번호로 지정됩니다.

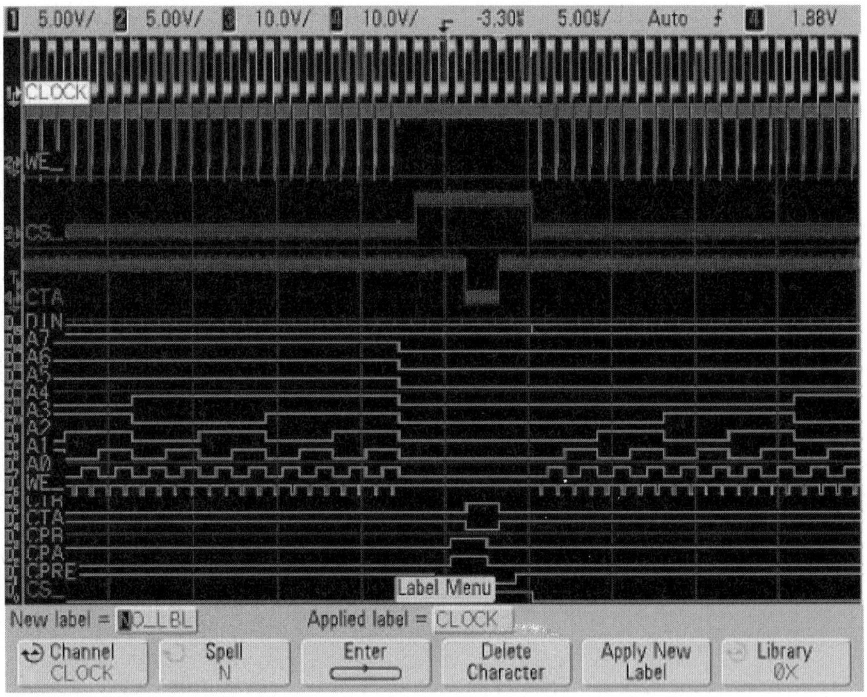

2. 레이블을 끄려면 **Label** 키를 불이 꺼질 때까지 누릅니다.

채널에 사전 정의된 레이블 할당

1. **Label** 키를 누릅니다.
2. **Channel** 소프트키를 누른 다음 입력 노브를 돌리거나 **Channel** 소프트키를 연속적으로 눌러 레이블 할당을 위한 채널을 선택합니다.

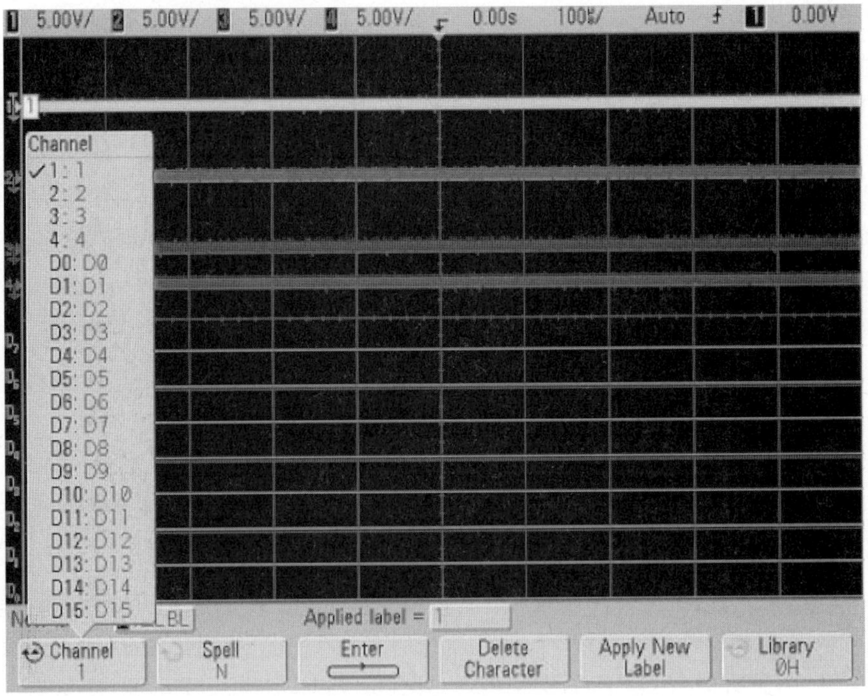

위의 그림은 채널 및 기본 레이블 목록을 나타냅니다. 채널을 켜지 않아도 레이블을 할당할 수 있습니다.

위의 그림은 채널 및 기본 레이블 목록을 나타냅니다. 채널을 켜지 않아도 레이블을 할당할 수 있습니다.

3. **Library** 소프트키를 누른 다음 입력 노브를 돌리거나 **Library** 소프트키를 연속적으로 눌러 라이브러리에서 사전 정의된 레이블을 선택합니다.
4. **Apply New Label** 소프트키를 눌러 선택한 채널에 레이블을 할당합니다.
5. 채널에 할당할 각 사전 정의된 레이블에 대해 위의 절차를 반복합니다.

새로운 레이블 정의

1. **Label** 키를 누릅니다.
2. **Channel** 소프트키를 누른 다음 입력 노브를 돌리거나 이 소프트키를 연속적으로 눌러 레이블 할당을 위한 채널을 선택합니다.
   채널을 켜지 않아도 레이블을 할당할 수 있습니다. 채널을 켜면 현재 레이블이 강조 표시됩니다.
3. **Spell** 소프트키를 누른 다음 입력 노브를 돌려 새 레이블의 첫 문자를 선택합니다. 입력 노브를 돌려서 소프트키 위의 "New label=" 라인과 Spell 소프트키에 나타난 강조 표시된 위치에 입력할 문자를 선택합니다. 레이블은 최대 6문자 길이까지 지정할 수

있습니다.

4. **Enter** 소프트키를 눌러 선택한 문자를 입력하고 다음 문자 위치로 이동합니다. **Enter** 소프트키를 연달아 눌러 강조표시 위치를 레이블 이름의 문자로 변경할 수 있습니다.
5. 레이블에서 문자를 삭제하려면, **Enter** 소프트키를 계속 누르고 있다가 삭제할 문자가 강조 표시되면 **Delete Character** 소프트키를 누릅니다.
6. 레이블 문자 입력을 마쳤으면 **Apply New Label** 소프트키를 눌러 선택한 채널에 레이블을 할당합니다.
   새로 정의한 레이블은 레이블 목록에 추가됩니다.

레이블 할당 자동 증가 기능

ADDR0 또는 DATA0 과 같이 숫자로 끝나는 레이블을 할당하면 오실로스코프에서 숫자를 자동으로 증가시키며 **Apply New Label** 소프트키를 누른 후 "**New Label**" 필드에 수정된 레이블이 표시됩니다. 그러므로 채널에 레이블을 다시 할당하려면 새 채널을 선택하고 **Apply New Label** 소프트키만 누르면 됩니다. 레이블 목록에는 원래 레이블만 저장됩니다. 이 기능을 이용하면 번호가 매겨진 제어 회선과 데이터 버스 회선에 연속 레이블을 더 쉽게 할당할 수 있습니다.

레이블 목록 관리

Library 소프트키를 누르면 마지막 사용된 레이블 75개의 목록이 나타납니다. 중복 레이블은 목록에 저장되지 않습니다. 레이블 뒤에 붙는 숫자는 임의로 끝날 수 있습니다. 기본 문자열만 라이브러리의 기존 레이블과 같으면 새 레이블이 라이브러리에 저장되지 않습니다. 예를 들어, 레이블 A0이 라이브러리에 저장되어 있을 때 A12345라는 새 레이블을 만들면 새레이블은 라이브러리에 추가되지 않습니다. 새 사용자 정의 레이블을 저장하면 새 레이블이 목록의 가장 오래된 레이블을 대체합니다. 가장 오래 되었다는 말은 레이블이 채널에 마지막 저장된 이래 가장 오랜 시간이 경과했다는 뜻입니다. 채널에 레이블을 할당할 때마다 해당 레이블이 목록의 가장 새로운 항목으로 이동합니다. 그러므로 레이블 목록을 한동안 사용하고 나면 최근 사용한 레이블이 두드러지게 눈에 띄므로 계측기 디스플레이를 필요에 따라 사용자 정의를 하기가 더 쉬워집니다.

레이블 라이브러리 목록(다음 항목 참조)을 재설정하면 모든 사용자 정의 레이블이 삭제되고 레이블 목록은 출하시 구성으로 되돌아갑니다.

출하 시 기본 값으로 레이블 라이브러리 재설정

1. **Utility->Options->Preferences**를 누릅니다.

주의

Default Library 소프트키를 누르면 모든 사용자 정의 레이블이 라이브러리에서 제거되고 레이블 출하시 기본값으로 설정됩니다. 이 사용자 정의 레이블은 한 번 삭제하고 나면 복구할 수 없습니다.

2. **Default Library** 소프트키를 누릅니다.

모든 사용자 정의 레이블이 라이브러리에서 삭제되고 라이브러리의 레이블 출하 시 기본값으로 다시 설정됩니다. 그러나 현재 채널에 할당 된 레이블 즉, 파형 영역에 나타난 레이블은 기본값으로 재설정되지 않습니다.

기본 라이브러리를 삭제하지 않고 레이블을 기본값으로 재설정

Save/Recall 메뉴의 **Default Setup**을 선택하면 모든 채널 레이블이 기본 레이블로 다시 설정되지만 라이브러리의 사용자 정의 레이블 목록은 삭제되지 않습니다.

디스플레이 인쇄

Quick Print 키를 누르면 상태(status)라인과 소프트키를 포함한 전체 디스플레이를 USB프린터 또는 USB 대용량 저장장치에 저장할 수 있습니다. **Cancel Print** 소프트키를 누르면 인쇄를 중단할 수 있습니다.

프린터를 설정하려면 **Utility->Print Config**를 누르십시오.

시간 설정

Clock 메뉴에서 현재 날짜 및 시간(24시간 형식)을 설정할 수 있습니다. 이 시간/날짜 스탬프는 인쇄물 및 USB 대용량 저장장치의 디렉터리 정보에 나타납니다.

날짜 및 시간 설정 또는 현재 날짜 및 시간 표시 :

1. **Utility->Options->Clock**을 누릅니다.

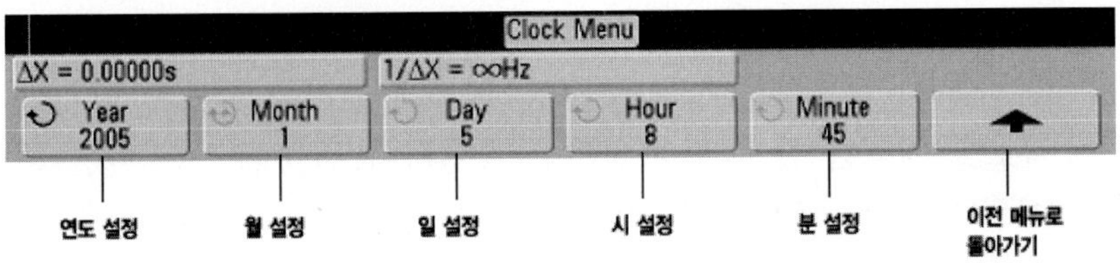

2. **Year, Month, Day, Hour** 또는 **Minute** 소프트키를 누르고 입력 노브를 돌려 원하는 숫자로 설정합니다.

시(Hour)는 24시간 형식으로 표시됩니다. 즉 오후 1시는 13시로 표시됩니다.

실시간 시계로는 유효한 날짜만 선택할 수 있습니다. 일(Day)을 선택하고 월(Month) 또는 년(Year)을 변경하면 일(Day)이 유효하지 않게 되므로 일(Day)이 자동으로 조정됩니다.

서비스 기능 수행

Service 메뉴를 표시하려면 Utility->Service를 누릅니다.

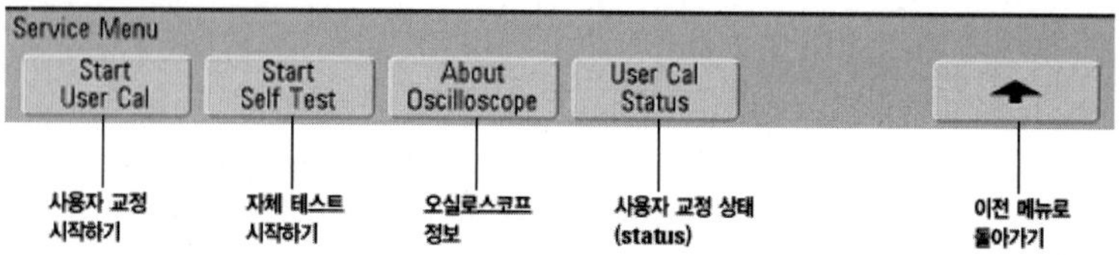

Service 메뉴에서 다음 작업을 할 수 있습니다.

- 오실로스코프에 대한 사용자 교정을 수행합니다.
- 사용자 교정 상태(status)를 봅니다.
- 계측기 자체 테스트를 수행합니다.
- 오실로스코프 모델 번호, 코드 개정 정보 및 사용자 교정 상태(status)에 관한 정보를 봅니다.

사용자 교정

사용자 교정은 다음과 같은 경우에 수행합니다.

- 매년 또는 2000시간 사용한 후 마다.
- 주위 온도가 교정 온도보다 10도 높은 경우
- 측정 정확도를 최대로 높이고자 할 경우

사용량, 환경 조건 및 다른 기기 경험에 따라 더 짧은 사용자 교정 간격이 필요한지 여부가 결정됩니다.

사용자 교정에서는 내부 자체 정렬 루틴을 수행하여 오실로스코프의 신호 경로를 최적화 합니다. 이 루틴은 내부에서 생성된 신호를 사용하여 채널 감도 오프셋 및 트리거 매개변수에 영향을 주는 회로를 최적화 합니다. 이절차를 수행하기 전에 모든 입력을 분리 하고 오실로스코프를 예열시킬 수 있습니다.

사용자 교정을 수행하면 교정 인증서(Certificate of Calibration)가 무효가 됩니다. NIST(National Institute of Standards and Technology)의 추적이 필요한 경우, 추적 가능한 소스를 사용하여 애질런트 6000시리즈 오실로스코프 서비스 가이드의 성능 검증 절차를 수행하십시오.

사용자 교정 수행

1. 후면 패널의 **CALIBRATION** 스위치를 **UNPROTECTED**로 설정합니다.
2. 짧고(12인치 이내) 동일한 길이의 케이블을 오실로스코프 전면의 각 아날로그 채널의 BNC 커넥터에 연결합니다. 동일한 길이의 케이블이 2채널 오실로스코프의 경우 2개 또는 4채널 오실로스코프의 경우 4개 필요합니다.
   사용자 교정을 수행할 때 **50Ω RG58AU** 또는 동일한 **BNC** 케이블을 사용합니다.
   2채널 오실로스코프의 경우, 동일한 길이의 케이블에 **BNC tee**를 연결합니다. 그런 다음 아래 그림 과 같이 **BNC(f)-to-BNC(f)**(일명 배럴 커넥터)를 tee에 연결합니다.

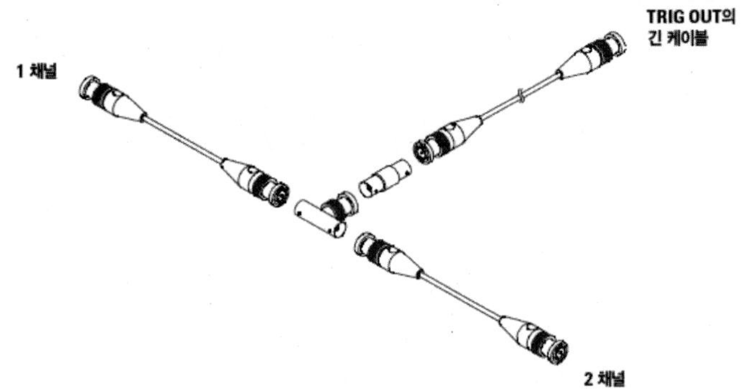

2채널 오실로스코프 사용자를 위한 교정 케이블

4채널 오실로스코프의 경우 아래 그림과 같이 동일한 길이의 케이블에 **BNC tee**를 연결합니다. 그런 다음 아래 그림과 같이 **BNC(f)-to-BNC(f)**(배럴 커넥터)를 **tee**에 연결합니다.

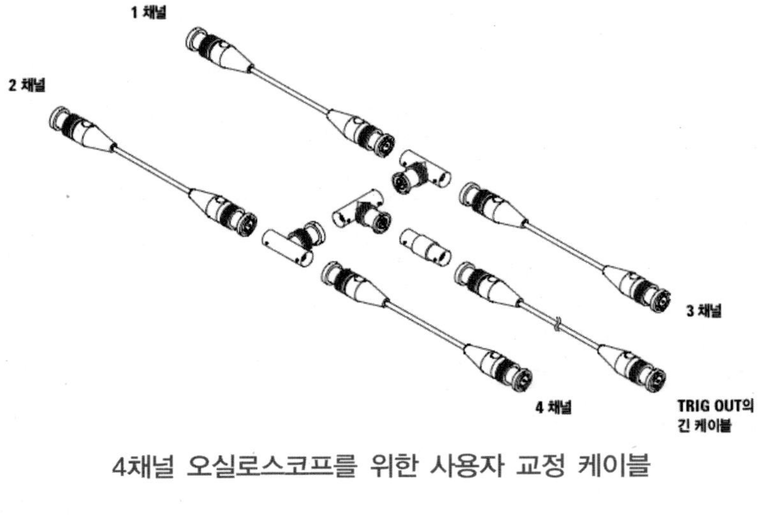

4채널 오실로스코프를 위한 사용자 교정 케이블

1. 후면 패널의 **TRIG OUT** 커넥터에서 **BNC** 배럴 커넥터까지 **BNC**케이블(40인치이내)을 연결합니다.
2. **Utility** 키, **Service** 소프트키를 차례로 누릅니다.
3. **Start User Cal** 소프트키를 눌러 자체 교정을 시작합니다.
4. 사용자 교정이 완료되면 후면 패널의 **CALIBRATION** 스위치를 **PROTECTED**로 설정합니다.

User Cal Status(사용자 교정 상태)

Utility->service->User Cal Status를 누르면 이전 사용자 교정의 요약 결과 및 교정을 할 수 있는 프로브로 교정 상태(status)가 표시됩니다.

패시브 프로브는 교정할 필요가 없지만 **InfiniiMax** 프로브는 교정할 수 있습니다.

Results(결과) :

User Cal date(사용자 교정 날짜) :

Change in temperature sine last User Cal(마지막 교정 이후 온도 변화) :

Failure(장애) :

Comments(설명) :

Probe Cal Status(프로브 교정 상태) :

Self Test(자체 테스트)

Utility->service->Start Self Test를 누르면 오실로스코프가 제대로 작동하고 있는지 확인하기 위한 일련의 내부 절차가 수행됩니다.

다음과 같은 경우 자체 테스트를 실행하는 것이 좋습니다.

- 이상 작동을 경험한 후
- 오실로스코프 장애를 더 자세히 설명하기 위해 추가 정보가 필요한 경우
- 오실로스코프를 수리한 후 제대로 작동하는지 확인하려는 경우

자체 테스트가 성공적으로 수행되어도 오실로스코프의 기능을 100% 보장할 수는 없습니다.

자체 테스트는 오실로스코프가 제대로 작동하는 만족도 수준의 80%를 제공하도록 설계되어 있습니다.

About Oscilloscope(오실로스코프 정보)

Utility->Service->Acout Oscilloscope를 누르면 오실로스코프 모델 번호, 일련 번호, 소프트웨어 버전, 부트 버전, 그래픽 버전 및 설치된 라이센스에 관한 정보가 표시됩니다.

Installed licenses(라이센스에 관한 정보)

About This Oscilloscope 대화 상자의 이 행에는 오실로스코프에 설치한 라이센스에 관한 정보가 있습니다. 예를 들어, 다음과 같은 정보를 표시할 수 있습니다.

- **MSO-Mixed Signal Oscilloscope(혼합 신호 오실로스코프)**의 약자, 하드웨어를 설치할 필요 없이 디지털 채널 16개를 추가하는 기능입니다.
- **LSS-Low Speed Serial Decode(저속 직렬 디코드)**의 약자, 이 라이센스는 I2C 및 SPI 버스에 대한 시리얼 디코드를 제공합니다.

오실로스코프를 기본 구성으로 복원

Save/Recall 키를 누른 다음 **Default Setup** 소프트키를 누릅니다.

오실로스코프를 기본 설정으로 되돌립니다. 이때 오실로스코프는 알려진 작동 상태(status)가 되며, 주요 기본 설정은 다음과 같습니다.

- **Horizontal** 주 모드, 100 us/눈금 스케일, 0s 지연, 중앙시간 기준
- **Vertical(Analog)** AutoProbe 프로브가 채널에 연결되지 않은 경우 1채널 켜기, 5V/div, DC 커플링, 0V 위치, 1MΩ 임피던스 프로브 계수 1.0
- **Trigger** 에지 트리거, 자동 주사 모드, 0V 레벨, 1채널 소스, DC커플링, 상승 에지 슬로프, 60ns, 홀드오프 시간.
- **Display** 벡터 켜기, 33% 모눈금 강도, 무한 지속성 끄기
- **Other** 수집 모드 Normal, Run/Stop을 Run으로 설정, 커서 및 측정 끄기
- **Labels** Label Library에서 만든 모든 사용자 정의 레이블은 보존되지만(삭제되지 않음) 모든 채널 레이블은 원래 이름으로 설정됩니다.

XY 수평 모드 사용

XY수평 모든느 입력 채널 2개를 사용하여 오실로스코프를 전압 대 시간 디스플레이에서 전압 대 전압 디스플레이로 변환합니다. 1채널은 X축 입력, 2채널은 Y축 입력입니다. 또한 다양한 트랜스 듀서를 사용하여 변형 대 변위, 흐름 대 압력, 전압 대 전류 또는 전압 대 주파수를 디스플ㄹ이에 표시할 수 있습니다. 이 연습에서는 Lissajous 방법을 사용하여 같은 주파수의 두 신호 사이의 위상차를 측정하는 일반적인 XY디스플레이 모드 사용을 보여 줍니다.

1. 사인파 신호를 1채널에 연결하고 주파수는 같지만 위상이 다른 사인파 신호를 2채널에 연결합니다.
2. Autoscale 키, 메인/지연 키, XY 소프트키를 차례로 누릅니다.
3. 1채널과 2채널 위치노브를 사용하여 신호를 디스플레이의 중앙에 표시합니다. 1채널과 2채널 v/div 노브 및 1채널과 2채널 Vernier 소프트키를 사용하여 신호를 보기 편하도록 확장합니다. 진폭이 두 채널 모두 같다고 가정하고, 다음 공식을 사용하여 위상차 각

도(θ)를 계산할 수 있습니다.

$$Sin\theta = \frac{A}{B} \text{또는} \frac{C}{D}$$

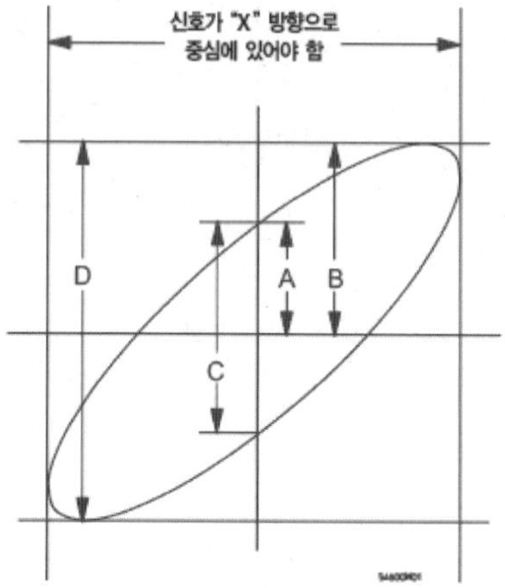

신호를 디스플레이 중앙에 표시

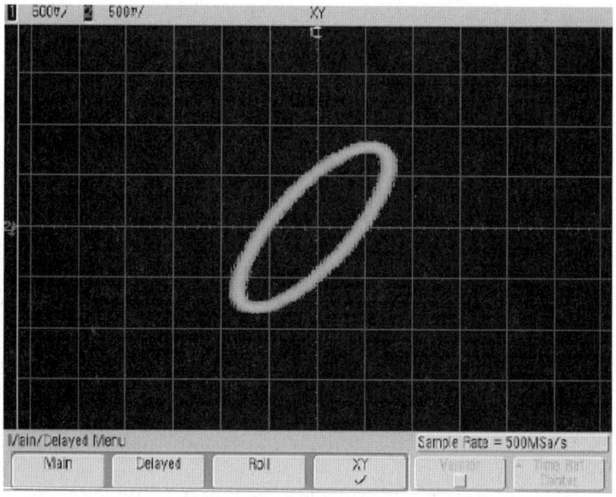

디스플레이 중앙에 표시된 신호

4. **Cursors** 키를 누릅니다.
5. Y2 커서는 신호의 상단으로 설정하고 Y1 커서는 신호의 하단으로 설정합니다. 디스플레이 하단의 ΔY 값에 주목합니다. 이 예에서는 Y 커서를 사용했지만 X 커서를 대신 사용할 수도 있습니다.

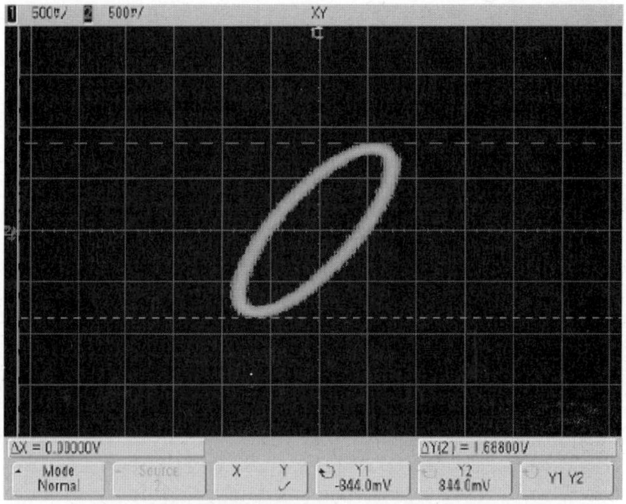

표시된 신호에 대해 설정된 커서

6. Y1과 Y2 커서를 신호와 Y축의 교점으로 이동합니다. 다시 Δ Y 값에 주목하십시오.

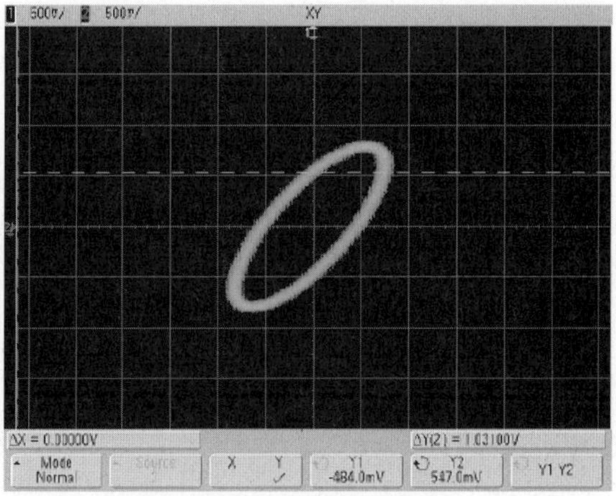

신호의 중심으로 설정된 커서

7. 다음 공식을 사용하여 위상차를 계산합니다.

$$Sin\theta = \frac{second\triangle Y}{first\triangle Y} = \frac{1.031}{1.688}; \theta = 37.65\text{도의 위상편이}$$

XY디스플레이 모드에서의 Z축 입력(공백화)

XY디스플레이 모드를 선택하면 타임 베이스가 꺼집니다. 1채널은 X축 입력, 2채널은 Y축 입력, 4채널(또는 2채널 모델의 경우 외부 트리거)는 Z축 입력입니다. Y 대 X 디스플레이의 일부만 보려면 Z축 입력을 사용합니다. Z축은 트레이스를 켜고 끕니다. 아날로그 오실로스코프에서는 이 기능이 빔을 켜고 끄기 때문에 Z축 공백화라고 부릅니다. Z가 저 레벨(<1.4V)이면 Y 대 X가 표시되고 Z가 고레벨(>1.4V)이면 트레이스가 꺼집니다.

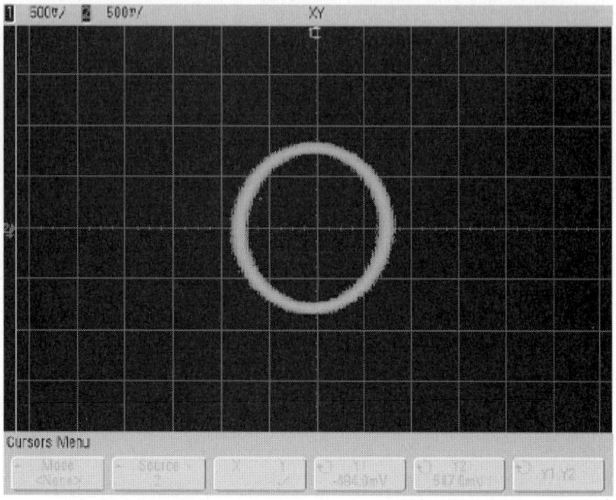

위상이 90도 차이가 나는 두 신호

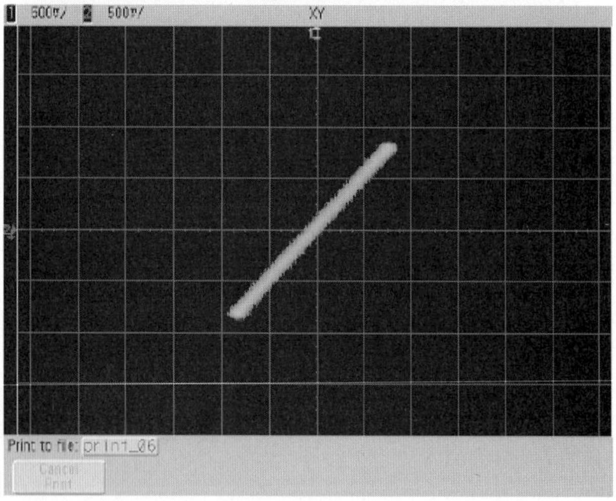

위상이 같은 신호

2. OHM의 법칙(OHM'S LAW)

1) 이론

Ohm의 법칙은 전압(V), 전류(I), 저항(R)의 상호관계를 정의한다. 즉 전압은 전류와 저항에 비례하며, 전류와 저항은 서로 반비례한다는 것을 보여준다. 전압은 두 점간의 전위차를 말하는 것으로 전기(전류)압을 의미하고, 기호는 “V”로 표시하며 단위는 V(Volt)로 나타낸다. 전류는 전하의 이동을 말하며 정전하가 이동하는 s방향을 +방향으로 정한다. 단위 시간(Sec)내에 흐르는 전류를 표시할 때 기호로는 “I”로 나타내고 단위는 A(Ampere)로 나타낸다. “R”로 표시되는 저항은 전류의 흐름을 방해하는 정도를 정의하며 단위는 Ω (Ohm)으로 나타낸다. 1V의 전압에서 1A의 전류가 흐른다면 이 회로의 저항은 1Ω 인 것이다. Ohm의 법칙을 수식적으로 표현하면 다음과 같다.

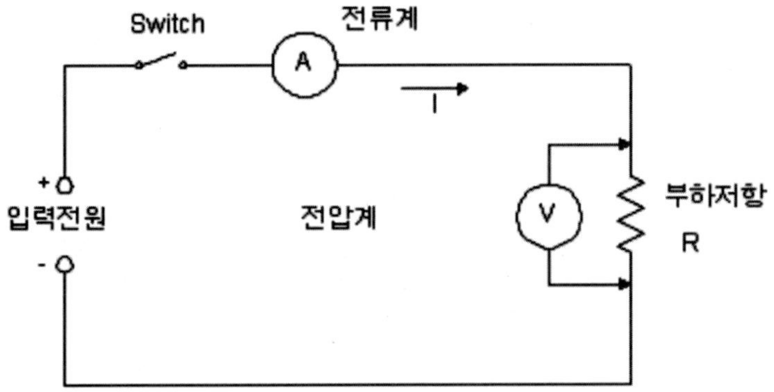

[그림 1] 전류와 전압의 측정방법

$$V = R \times I, \quad I = \frac{V}{R}, \quad R = \frac{V}{I} \qquad \text{(식 1)}$$

[그림 1]은 기본적인 전류 회로를 보여주고 있다. 여기서 전류계는 회로에 직렬로, 전압계는 측정하고자 하는 부하에 병렬로 연결한다. 저항이 거의 없다는 것은 단락(Short), 저항이 무한대와 같다는 것은 개방(Open)됨을 말한다. 또한, 전류가 흐르는 회로에 저항이 연결되면 일(Work)이 발생하며 이를 전력이라 부른다. 전력은 전류가 단위 시간에 하는 일의 양을 말하며 기호로는 “P”로 표시하고, 단위는 W(Watt)로 나타낸다. 만약 일정한 저항을 갖는 부하일 경우에는 그 부하 양단의 전위차(전압)의 제곱에 비례한다. 전력을 전압, 전류, 저항과의 관계로 수식적으로 표현하면 다음과 같다.

$$P = VI = I^2R = \frac{V^2}{R} \qquad \text{단위} : W(Watt) \qquad (\text{식 } 2)$$

저항의 경우 P는 항상 양수($R \geq 0$이고 I나 V의 제곱은 비음수이다)이므로 이 소자의 순에너지는 순간전력 P를 적분하면 얻는데 비음수가 된다. 저항은 수동소자이며 전력을 소비할 뿐 공급하는 일은 없다.

회로해석에서 사용하는 또 다른 중요한 양이 컨덕턴스(conductance)인데 다음과 같이 정의된다.

$$G = \frac{1}{R} \qquad (\text{식 } 3)$$

컨덕턴스의 SI 단위는 지멘스(simens)이며 S 라는 기호를 쓴다. 즉, $1S = 1A/V$는 이다. [또 다른 컨덕턴스의 단위는 미국에서 널리 쓰이는 모(mho)인데 옴(ohm)을 거꾸로 표기한 것이다. 모의 기호는 Ω를 뒤집은 ℧이다.] (식 1~3)까지를 묶어보면 옴의 법칙과 순간전력을 컨덕턴스로 표현한 다음 식을 얻는다.

$$I = GV \qquad (\text{식 } 4)$$

$$P = \frac{I^2}{G} = GV^2 \qquad (\text{식 } 5)$$

저항값이 0Ω인 저항을 단락회로(short circuit)라 한다. 다시 말하면 아무리 많은 전류가 흘러도 전압강하가 없는 완전도체이다. 컨덕턴스가 0 S인 저항을 개방회로(open circuit)라 한다. 다시 말하면 아무리 큰 전압이 걸려도 전류가 흐르지 않는 완전 절연체이다. (식 3)에서 개방회로는 무한대 저항, 즉 단선(break in the wire)등과 등가이다. 두 점을 저항이 없는 도선으로 연결하면 단락된다. 두 점간의 전류통로를 모두 제거하면 개방된다.

[그림 2]의 전류 I 와 $1k\Omega$ 저항이 흡수하는 전력 P, 그리고 반시간 동안에 소비하는 에너지를 구하자.

옴의 법칙에 의해서 $I = 10V/1000\Omega = 10mA$, $P = VI = (10V)(0.01A)$, 즉 $100mA$이다. 전력이 일정하므로 t_0에서 $t_1 = t_0 + (30\text{min})(60s/\text{min})s$ 동안에 흡수한 전체 에너지는 다음과 같다.

$$w(t_1) - w(t_0) = \int_{t_0}^{t_1} p\,dt$$
$$= (0.1W)(1800s) = 180J$$

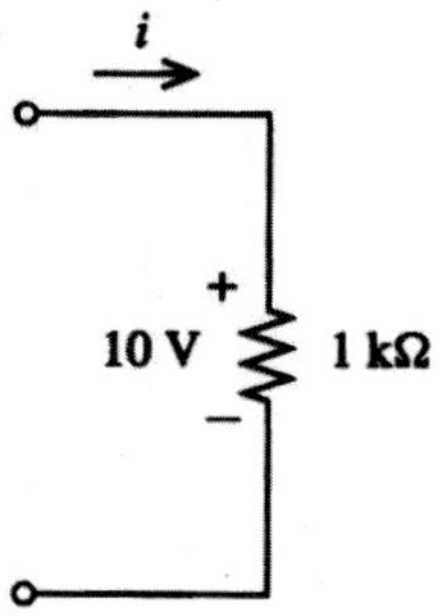

[그림 2] 저항 연결

2) 실험 과정

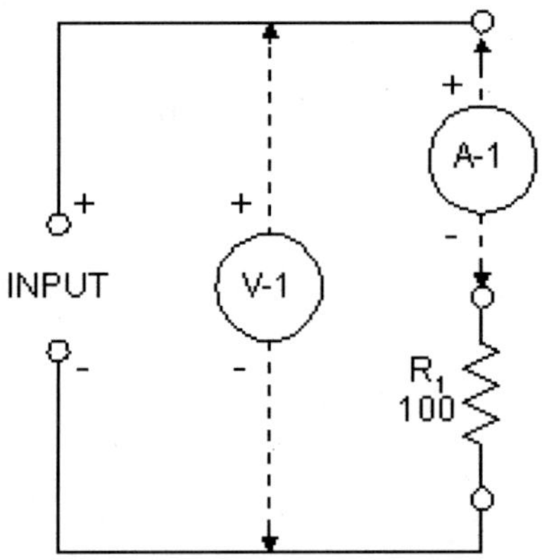

[그림 3]

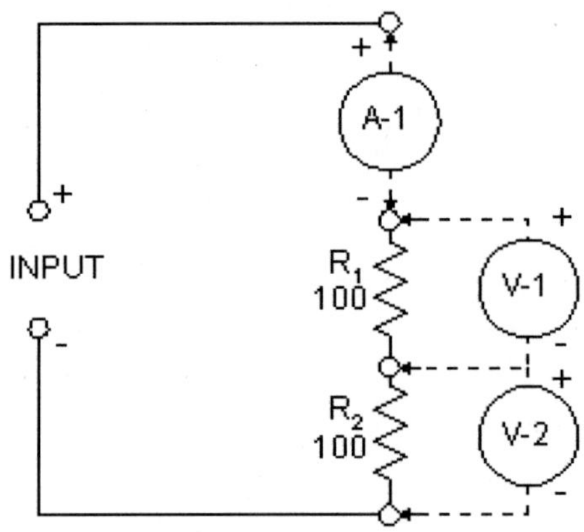

[그림 4]

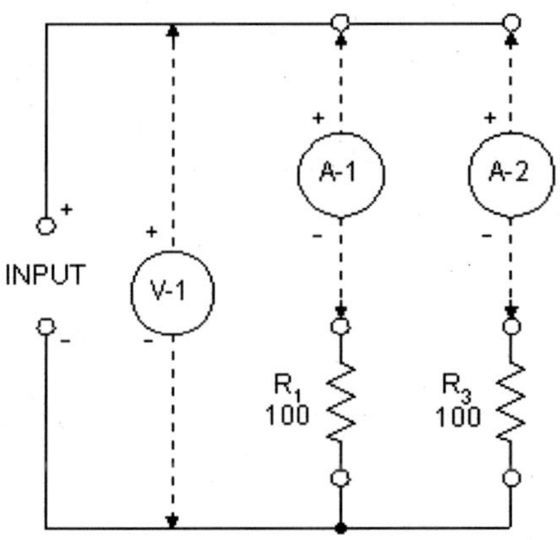

[그림 5]

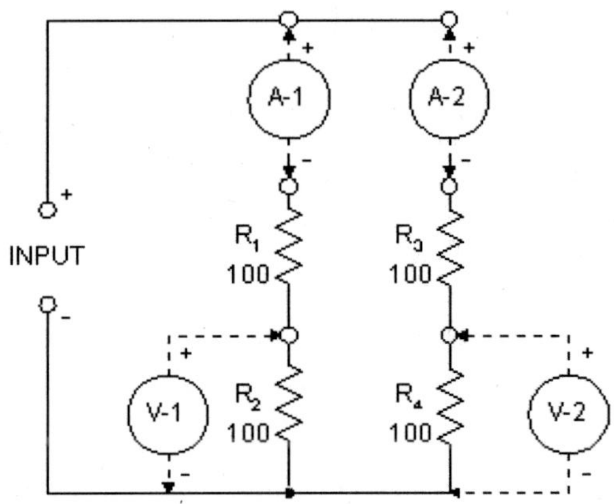

[그림 6]

(1) 전원, 전류계, 전압계를 [그림 3]과 같이 연결한다.

(2) 입력 전압에 5V를 연결한 후 전압계와 전류계로부터 전압과 전류를 측정하고, [표 1]의 해당란에 기입한다. 그리고 옴의 법칙에 따라 저항값을 계산하여 기입한다.

(3) 전원, 전류계, 전압계를 [그림 4]와 같이 연결한다.

(4) $R1$, $R2$양단의 전압과 전류를 측정하여 [표 1]의 해당란에 기입한다. 측정한 전류와 전압값을 가지고 옴의 법칙에 따라 저항값을 계산하고 [표 1]에 기입한다.

(5) 전원, 전류계, 전압계를 [그림 5]와 같이 연결한다.

(6) 전압과 전류값을 측정하여 [표 1]의 해당란에 기입한다. 측정한 전류, 전압값을 이용하여 저항값을 계산하고 [표 1]에 기입한다.

(7) 전원, 전류계, 전압계를 [그림 6]과 같이 연결한다.

(8) 전압과 전류값을 측정하여 [표 1]의 해당란에 기입한다. 측정한 전류, 전압값을 이용하여 저항값을 계산하고 [표 1]에 기입한다.

3) 실험 결과

(1) [표 1]

측정 / 회로	전 압 계		전 류 계		저 항 값	
	V-1	V-2	A-1	A-2	Ω-1	Ω-2
[그림 3]		——		——		——
[그림 4]				——		
[그림 5]		——				
[그림 6]						

비고

옴(Ohm)의 법칙

게오르크 시몬 옴(Georg Simon Ohm, 1789년 3월 16일 ~ 1854년 7월 6일)은 독일 물리학자이다. 그는 독일 에얼랑엔에서 대장장이의 아들로 태어났으며, 일찍부터 아버지로부터 대장장이 기술을 배웠다. 만 16세인 1805년부터 에얼랑엔 대학교에서 수학, 물리, 철학을 전공하기 시작했다. 그러나 경제적인 문제로 1년 후에 학업을 쉬고 스위스의 사립학교에서 수학교사로 일한다. 22세에 에얼랑엔 대학으로 돌아와 1811년 빛과 색에 대한 주제로 박사학위를 따고, 교수자격도 통과한다. 이후 3학기 동안 모교에서 수학강사로 일한다. 1813년에는 밤베르크의 직업학교(Realschule)에서 교편을 잡았으며, 1817년부턴 쾰른의 예수회 김나지움에서 수학과 물리학을 가르쳤고, 1826년에는 베를린의 사관학교(Kriegsschule)에서 교관을 지냈다.

언제나 옴의 주된 관심사는 전기현상이었다.
1833년 뉜른베르크의 왕립 폴리테크닉 대학의 교수가 되었으며 1839년부터는 학장을 지냈다. 1849년엔 뮌헨대학교로 자리를 옮겨 실험물리학 교수가 되었으며, 옴은 뮌헨에서 사망하여 뮌헨 구시가지 남부 공동묘지에 묻혀있다.

그는 많은 글을 남겼는데, 그 중 가장 중요한 것은 1826년에 발표한 논문(옴의 법칙을 풀이하고 실험으로 증명함)과 1827년 베를린에서 발행한 갈바니 회로(Die galvanische Kette mathmatisch bearbeitet)란 제목의 소책자이다. 이 연구는 전기 회로 이론과 응용의 발달에 지대한 영향을 미쳤으며, 그의 이름은 전기공학에 옴의 법칙이란 명칭으로, 또한 SI 단위계 저항의 단위인 옴(ohm, Ω)으로 남아있다.

옴의 법칙은 저항에 흐르는 전류와 그것에 의해 발생하는 전위차에 관한, 쿨롱의 법칙과 함께 전기공학에서 가장 중요한 법칙중 하나다. 원래는 1781년에 헨리 캐벤디쉬가 발견했지만, 그 업적은 1879년에 맥스웰이 <헨리 캐벤디쉬 전기학논문집>으로 출판할 때까지 공표되지 않았다. 헨리의 최초발견 후, 1826년에 독일의 물리학자인 게오르크 옴이 재발견, 공표하여, 그 이름을 따 옴의 법칙(Ohm's law)라고 부르게 되었다.

3. 저항의 직렬연결과 병렬연결 회로(SERIES/PARALLEL)

1) 이론

• 저항의 직렬연결 회로

인접한 두 소자가 한 마디를 공유하고 그 마디에 접속된 다른 소자는 없을 때 직렬(series)로 접속되었다고 말한다. 비 인접 소자가 하나의 동일한 소자의 각각 직렬로 접속되어 있을 때 직렬이라고 말한다. 예를 들어 [그림 1(a)]에서 저항 R_1과 R_2는 배타적으로 한 공통마디에 접속되어 있으므로 직렬이고, 마찬가지로 R_2와 R_3도 직렬이다. R_1과 R_3는 모두 동일한 소자 R_2와 직렬이므로 서로 직렬이다. 직렬로 접속된 소자에는 KCL에 의해서 모두 같은 전류가 흐른다. (KCL은 4장에서 논의)

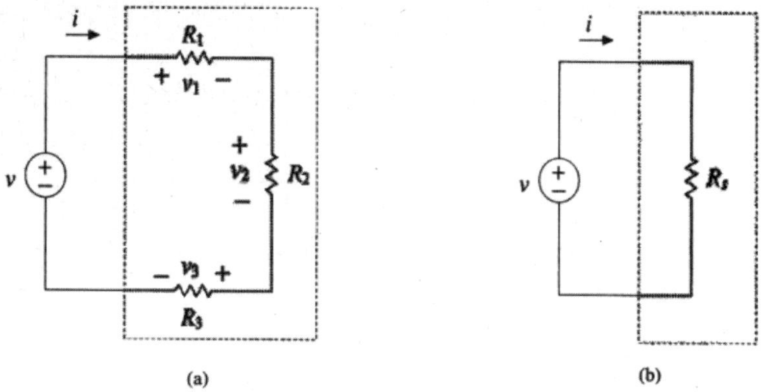

[그림 1]

[그림 1(a)]의 회로를 생각하자. KVL을 적용하면, (KVL은 4장에서 논의)

$$v = v_1 + v_2 + v_3$$

이 식의 우변 각 항에 옴의 법칙을 적용하고 i를 묶어 내면,

$$v_1 = (R_1 + R_2 + R_3)i \qquad \text{(식 1)}$$

따라서 루프전류 i는,

$$i = \frac{v}{R_1 + R_2 + R_3} \qquad \text{(식 2)}$$

(식 1) 또는 (식 2)는 [그림 1(a)]의 네모안에 있는 2단자 부분회로의 단자전류 i와 단자전압 v 사이 관계를 규정하는 단자법칙의 역할을 한다. [그림 1(b)]의 네모 안에 있는 부분의 단자법칙은,

$$v = R_s i$$

이를 (식 1)과 비교하면 R_s가 세 저항의 합, 즉

$$R_s = R_1 + R_2 + R_3$$

이면 단자법칙이 동일하고 두 회로는 등가이다. 이를 N개 저항의 직렬회로로 확장하면,

$$R_s = \sum_{i=1}^{N} R_i \qquad \text{(식 3)}$$

저항의 직렬접속회로는 각 저항값을 합한 단일 저항과 등가이다.

[그림 1]의 저항 R_1에 대한 옴의 법칙 $v_1 = R_1 i$에 (식 2)의 전류를 대입하면,

$$v_1 = \frac{R_1}{R_s} v$$

마찬가지로,

$$v_2 = \frac{R_1}{R_s} v$$

$$v_3 = \frac{R_3}{R_s} v$$

이들 전압은 각각 저항에 비례함을 알 수 있다. 이것이 전압분배원리(principle of voltage division)이다. 즉, 직렬저항에 걸리는 전압은 각 저항에 비례해서 분배된다.

이 때문에 [그림 1]의 회로를 전압분배기(voltage divider)라 부른다. 저항이 클수록 더 큰 전압이 걸리게 된다.

[그림 2]에서 R_2에 걸리는 전압이 8V가 되도록 하는 저항값 R_1, R_2를 구하여라.

$v_2 = 8\,V$이면 KVL에 의해서 $v_1 = 4\,V$이다. R_1과 R_2에는 저항에 비례해서 전압이 분배된다. 그런데 전압 비 $v_2/v_1 = 2$이므로 $R_2/R_1 = 2$가 되어야 한다. 따라서 임의의 R_1과 $R_2 = 2R_1$인 두 저항이면 된다(예 : $R_1 = 1\Omega$, $R_2 = 2\Omega$).

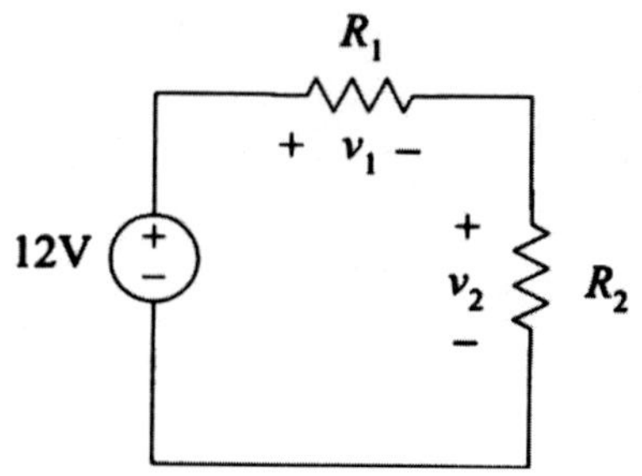

[그림 2]

[그림 3]에서 $v = 120\sin t\,V$라 한다. 루프전류, 저항의 전압, 각 소자의 전력을 구해보면

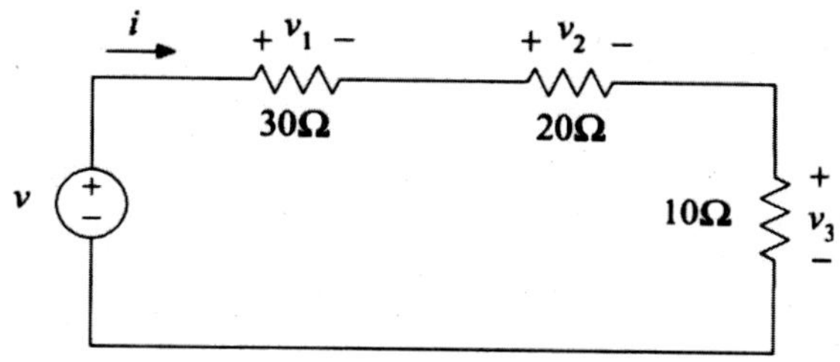

[그림 3]

세 개의 직렬저항을 단일 등가저항 60Ω으로 대치하면 루프전류는,

$$i = 120\sin t/60 = 2\sin t A$$

전압은,

$$v_1 = R_1 i = 60\sin t\,V$$
$$v_2 = R_2 i = 40\sin t\,V$$
$$v_3 = R_3 i = 20\sin t\,V$$

v_1, v_2, v_3와 i는 수동부호 규정을 만족하므로 각 저항이 소비하는 전력은,

$$p_1 = v_1 i = 120\sin^2 t\,W$$
$$p_2 = v_2 i = 80\sin^2 t\,W$$
$$p_3 = v_3 i = 40\sin^2 t\,W$$

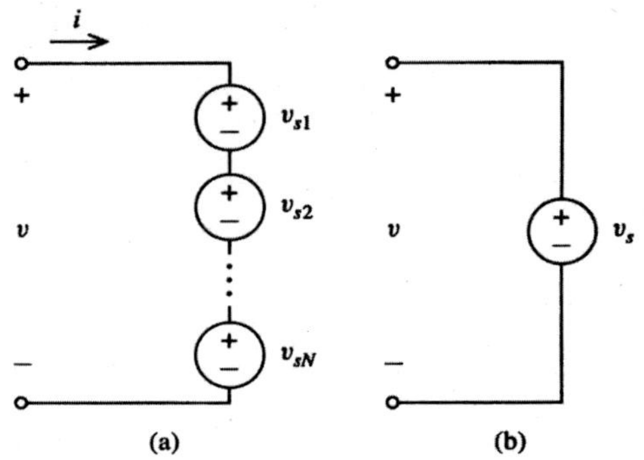

[그림 4]

소비전력도 역시 저항에 비례한다는 점에 유의하여라. 또 전원의 경우는 v, i가 수동부호 규정을 만족하지 않으므로 vi곱이 양수이면 공급전력이 된다. 따라서 전원이 공급하는 전력은회로내의 공급전력은 소비전력과 같다.

$$vi = 240\sin^2 t\, W$$

[그림 4(a)]처럼 N개의 전압원을 직렬로 접속하면 KVL에 의해서 전체 전압은 전원함수의 대수적 합이 된다.

$$v = v_{s_1} + v_{s_2} + \cdots + v_{s_N}$$

이것 역시 2단자 회로의 단자법칙이다. [그림 4(b)]의 단자법칙, $v = v_s$와 비교할 때

$$v_s = v_{s_1} + v_{s_2} + \cdots + v_{s_N}$$

이면 등가가 된다. 전압원의 직렬연결회로는 전원함수가 그들 직렬전원함수의 대수적 합인 하나의 전압원과 등가이다.

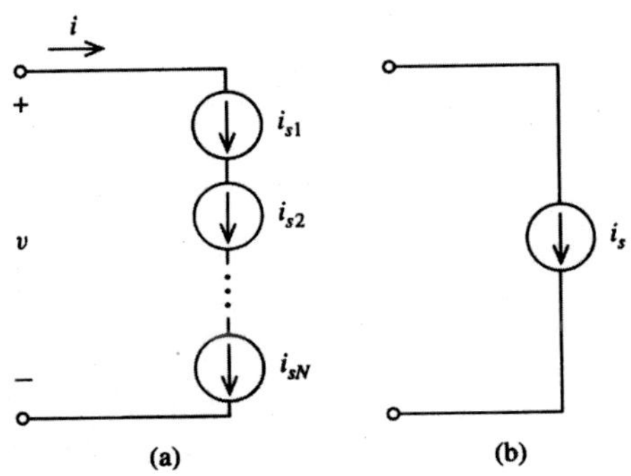

[그림 5]

마지막으로 전류원의 직렬접속을 생각하자. [그림 5(a)]에서 KCL에 의하여 $i_{s_1} = i_{s_2}$, $= \cdots = i_{s_N}$ 그리고 제일 위의 마디에서 $i = i_{s_1}$을 얻는다. [그림 5(b)]에서 $i = i_s$이고 단일 전원함수 i_s가 직렬 전류원함수의 값과 같으면 두 회로는 등가이다.

• 저항의 병렬연결 회로

두 소자가 하나의 루프를 이루며 그 루프에 다른 소자는 포함하지 않을 때 병렬(parallel)로 접속되었다고 말한다. KVL에 의해서 병렬소자에 걸리는 전압은 같다. [그림 6(a)]의 단일 마디쌍 회로는 세 개의 저항과 하나의 전류원이 병렬로 접속되어 있다. 네 개 소자중 어떤 두 쌍을 택하더라도 다른 소자를 포함하지 않는 루프를 형성함을 알 수 있다.

이들 소자의 공통 전압을 v라 하고 저항에 흐르는 전류를 그림과 같이 i_1, i_2, i_3라 하자. 위의 마디에 KCL을 적용하면,

$$i = i_1 + i_2 + i_3$$

우변의 각 항에 $i = Gv$형식의 옴의 법칙을 적용하고 공통전압 v를 묶어 내면,

$$i = (G_1 + G_2 + G_3)v \qquad \text{(식 4)}$$

여기서 컨덕턴스 G_i는 저항 R_i의 역수이다. 따라서, 전압 v는

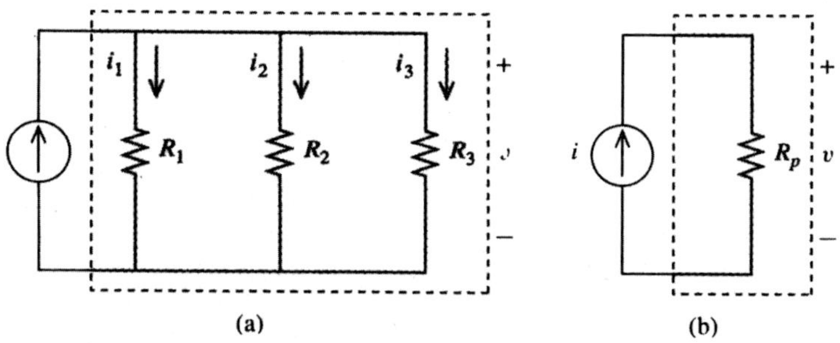

[그림 6]

$$v = \frac{i}{G_1 + G_2 + G_3} \qquad \text{(식 5)}$$

(식 4) 또는 (식 5)는 [그림 6(a)]의 네모 안의 2단자 회로의 단자전류 i와 단자전압 v의 관계를 규정하는 단자법칙이 된다. [그림 6(b)]의 네모 안의 회로의 단자법칙은,

$$i = G_p v$$

이를 (식 4)와 비교하면 [그림 6]의 두 네모 안의 회로는,

$$G_p = G_1 + G_2 + G_3$$

일 때 등가이다. 이를 N개의 저항의 병렬접속에 확장하면 다음과 같다. **일련의 병렬저항은 병렬 컨덕턴스의 합과 같은 컨덕턴스의 단일저항과 등가이다.**

등가저항의 저항값을,

$$G_p = \sum_{i=1}^{N} G_i \qquad \text{(식 6)}$$

와 같이 쓰면 $R_p = 1/G_p$, $R_i = 1/G_i$이므로 (식 6)은 다음과 같이 저항으로 나타낼 수 있다.

$$\frac{1}{R_P} = \sum_{i=1}^{N} \frac{1}{R_i} \qquad \text{(식 7)}$$

저항을 병렬 접속하면 그 등가저항은 각 저항의 컨덕턴스의 합의 역수와 같다.

$N = 2$인 경우 식 3.7은 다음과 같이 간단히 된다.

$$\frac{1}{R_p} = \frac{1}{R_1} + \frac{1}{R_2}$$

즉,

$$R_p = \frac{R_1 R_2}{R_1 + R_2} \qquad \text{(식 8)}$$

두 병렬저항의 등가저항은 두 저항의 곱을 두 저항의 합으로 나눈 것이다. 이 곱-나누기-합법칙은 세 개 이상의 병렬저항에는 적용되지 않으며 (식 6)이나 (식 7)을 사용해야 한다.

[그림 6(a)]로 되돌아가 첫 번째 저항에 대한 옴의 법칙 $i_1 = G_1 v$에 대입하면

$$i_1 = \frac{G_1}{G_p} i \qquad \text{(식 9a)}$$

마찬가지로,

$$i_2 = \frac{G_2}{G_p} i \qquad \text{(식 9b)}$$

$$i_3 = \frac{G_3}{G_p} i \quad \text{(식 9c)}$$

이로써 다음과 같은 전류분배원리(principle of current division)를 얻는다. 병렬저항에 흐르는 전류는 컨덕턴스에 비례해서 분배된다. 이 때문에 [그림 6(a)]의 회로를 전류분배기(current devider)라 한다. 저항이 작을수록(컨덕턴스가 클수록) 더 많은 전류가 흐른다.

두 병렬저항의 경우는 $G_p = G_1 + G_2$이며 (식 9a)와 (식 9b)를 저항으로 나타내면,

$$i_1 = \frac{R_2}{R_1 + R_2} i \quad \text{(식 10a)}$$

$$i_2 = \frac{R_1}{R_1 + R_2} i \quad \text{(식 10b)}$$

두 개 저항의 병렬회로에서 전류는 저항에 반비례해서 분배된다.

[그림 7]에서 전원 전류 18mA가 분배되어 흐르는 네 개 저항의 전류 및 전력이 어떻게 분배되는지 구해보면

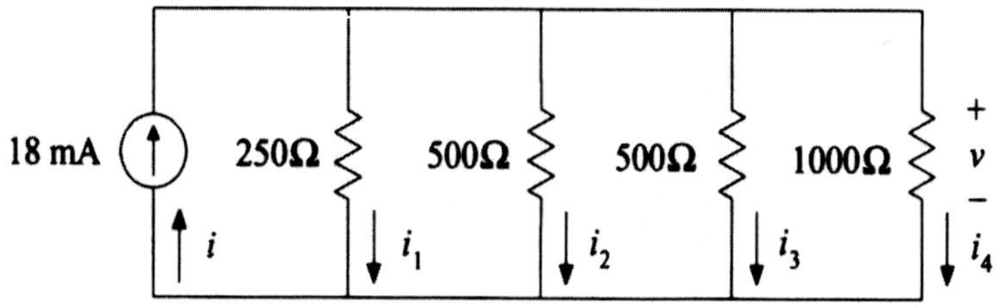

[그림 7]

컨덕턴스는 $G_1 = 4mS$, $G_2 = G_3 = 2mS$, $G_4 = 1mS$이므로 등가 병렬 컨덕턴스는,

$$G_p = 4 + 2 + 2 + 1 = 9mS$$

(식 9)로부터,

$$i_1 = \frac{G_1}{G_p} i = \frac{4}{9}(18mA) = 8mA$$

$$i_2 = \frac{G_2}{G_p} i = \frac{2}{9}(18mA) = 4mA$$

$$i_3 = \frac{G_3}{G_p} i = \frac{2}{9}(18mA) = 4mA$$

$$i_4 = \frac{G_4}{G_p}i = \frac{1}{9}(18mA) = 2mA$$

전류는 컨덕턴스에 비례하며 (4:2:2:1)이 된다.
전력은 어떻게 분배되는지 구해 보면 전압 v는,

$$v = \frac{i}{G_p} = \frac{18mA}{9mS} = 2V$$

따라서, R_1이 소비하는 전력은

$$P_1 = vi_1 = (2V)(8mA) = 16mW$$

같은 방법으로 계산하면 P_2, P_3는 $8mW$, P_4는 $4mW$를 얻는다. 전원이 공급하는 전력은,

$$vi = (2V)(18mA) = 36mW$$

따라서 전원이 발생하는 $36mW$는 전류분배기의 컨덕턴스에 비례해서 분배되며 회로 전체를 볼 때 공급전력과 소비전력이 같다.
이제 전류원의 병렬접속에 대해서 알아보자. [그림 8(a)]에서,

$$i = i_{s_1} + i_{s_2} + \cdots + i_{S_N}$$

[그림 8(b)]에서는, $i = i_s$이다. 따라서,

$$i_s = i_{s_1} + i_{s_2} + \cdots + i_{S_N}$$

이면 단자법칙이 동일하다. 전류원의 병렬접속회로는 전원함수가 병렬전원함수의 합과 같은 단일전류원과 등가이다.

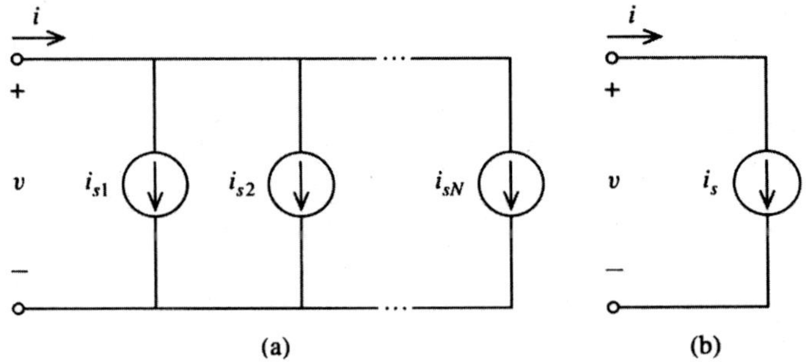

[그림 8]

[그림 9]에서 v와 i를 구해보면

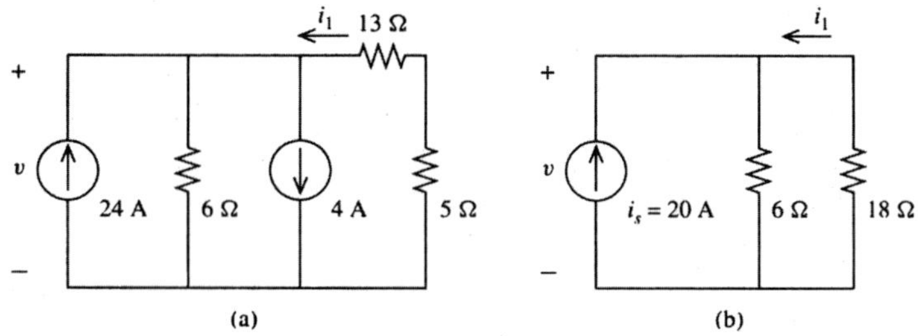

[그림 9]

병렬로 접속된 두 전류원은 그림과 같이 전원함수가 $i_S = +24-4 = +20A$인 하나의 등가 전류원으로 대치할 수 있다. 두 직렬저항은 18Ω 저항과 등가이고 이것은 또 6Ω 저항과 병렬이므로,

$$R_{eq} = \frac{(18)(6)}{18+6} = \frac{9}{2}\Omega$$

따라서 $v = R_{eq}i_s = (9/2)(20) = 90\,V$, $i_1 = -v/18 = -5A$이다. v와 i_1이 수동부호규정을 만족하지 않기 때문에 옴의 법칙에 마이너스 부호가 붙었다.

2) 실험 과정

(1) [그림 10]과 같이 회로를 구성하라(SW를 사용하지 않으려면 각 저항에 대하여 별도로 실험하면 된다). 전원공급기의 (+)전압 조정 손잡이를 돌려 $12\,V$가 되게 하라.

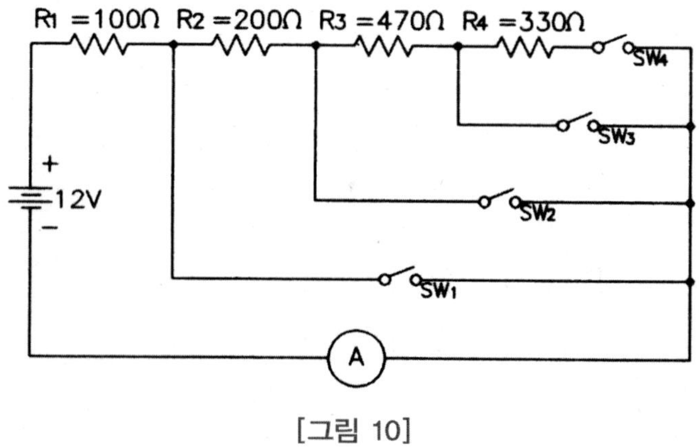

[그림 10]

(2) [그림 10]에서 SW_1을 ON, 나머지는 모두 OFF 상태로 하라(스위치를 사용하지 않으려면 저항 R_1만의 회로를 구성하면 된다). 이때 이 회로에 흐르는 전류 I_1을 측정하라([표 1]사용).

(3) 실험 (2)의 방법을 이용하여 각각의 전류 I_2, I_3, I_4를 측정하라.

(4) [그림 11]과 같은 회로를 구성하라.

(5) [그림 11]에서 SW를 ON 한 상태에서 각 구간의 전압을 측정하여 [표 2]에 기록하라. 그리고 이들 전압의 합계가 인가한 전원 전압과 같은지 비교하고 각 저항에 흐르는 전류는 $I = I_1 = I_2 = I_3 = I_4$임을 측정을 통해 확인하라.

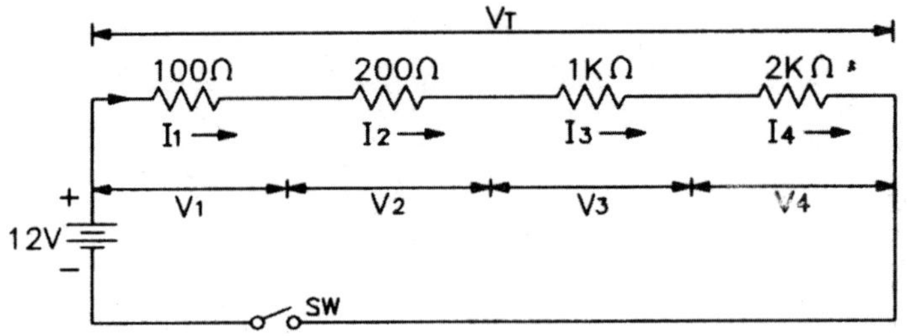

[그림 11]

(6) [그림 12]와 같이 회로를 구성하고 전원 공급기의 (+)전압 조절 손잡이를 돌려 (+)10V가 되게 하라.

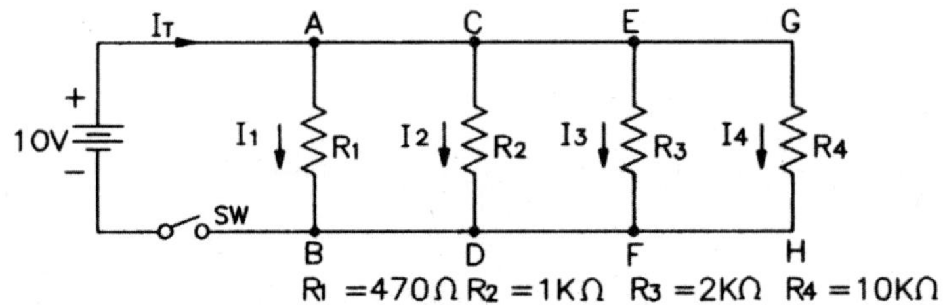

[그림 12]

(7) SW를 ON한 뒤 각 저항에 흐르는 전류를 측정하여 [표 3]에 기록하고 각 저항에 걸리는 전압을 측정하여 [표 4]에 기록하라.
그리고 이들 전압은 모두 같은 값인지 비교하라(AB양단, CD양단, EF양단, GH양단).

(8) [그림 13]과 같이 회로를 구성하라. 이때 $R_1 = 100\Omega$, $R_2 = 200\Omega$, $R_3 = 1k\Omega$, $R_4 = 2k\Omega$, $R_5 = 470\Omega$, $R_6 = 1k\Omega$, $R_7 = 1k\Omega$으로 하라.

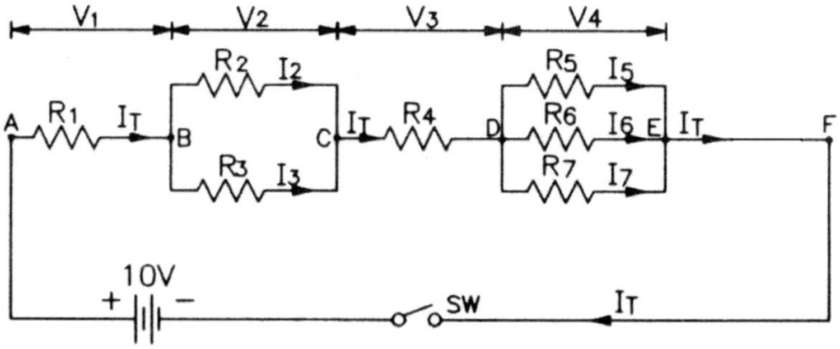

[그림 13]

(9) 각 저항에 흐르는 전류를 구하여 [표 5]에 기록하라(옴의 법칙이 성립하는지 확인하라). 그리고 각 저항에 걸리는 전압 V_1, V_2, V_3, V_4를 측정하여 [표 6]에 기록하라.

3) 실험 결과

(1) [표 1] 각 저항에 흐르는 전류 (단위 : mA)

전 류	I_1	I_2	I_3	I_4
계 산 값				
측 정 값				
오 차				

(2) [표 2] 각 저항에 걸리는 전압 (단위 : V)

전 압	V_1	V_2	V_3	V_4
계 산 값				
측 정 값				
오 차				

(3) [표 3] 각 저항에 흐르는 전류 (단위 : mA)

전 류	I_1	I_2	I_3	I_4	I_T
계 산 값					
측 정 값					
오 차					

(4) [표 4] 각 저항에 걸리는 전압 (단위 : V)

전 압	V_{AB}	V_{CB}	V_{EF}	V_{GH}
계 산 값				
측 정 값				
오 차				

(5) [표 5] 각 저항에 흐르는 전류 (단위 : mA)

전 류	I_T	I_2	I_3	I_5	I_6	I_7
계 산 값						
측 정 값						
오 차						

(6) [표 6] 각 저항에 걸리는 전압 (단위 : V)

전 압	V_1	V_2	V_3	V_4	$V_T(V_{AF})$
계 산 값					
측 정 값					
오 차					

암페어와 전류

앙드레마리 앙페르(André-Marie Ampère)는 프랑스의 물리학자이다. 전류를 측정하는 데 쓰이는 단위 암페어는 앙페르의 이름에서 온 것이다.

프랑스 리용 근처에서 태어난 암페어는 아버지가 프랑스대혁명의 와중에 왕당파에 가깝다고 처형되는 불운을 겪었다. 실의에 빠져 아무 것도 할 수 없었으나 그의 부인은 그를 극진히 내조하여 다시 연구에 몰두할 수 있게 되었다. 그의 연구실에는 부인이 항상 함께 했었다고 전해지는데, 그러나 그토록 사랑하던 부인도 남편과 아들을 남겨놓고 세상을 떠나고 말았다.

이때 암페어를 구한 것은 나폴레옹이었는데, 나폴레옹은 암페어의 능력을 높게 평가하여 직접 설립한 대학의 교수로 임용하였다. 이때부터 다시 암페어의 진가가 발휘되기 시작하였는데, 특히 전류가 자기장을 형성한다는 외르스테드의 논문을 보고 연구를 시작하여 1주일 만에 자기 나름의 독창적인 이론과 실험을 통해 전류와 자기에 관한 암페어의 법칙을 발표하였다. 이를 바탕으로 암페어는 물질분자 내의 전류에 의해서 자석이 만들어지는 현상을 설명하기도 했다. 그는 또한 수학에도 능하여 물리법칙의 수학적 정식화에도 공헌한 바가 크다. 또, 그는 전류의 세기와 두 전류 도선간의 거리 및 인력과 반발력 사이의 관계를 수식으로 밝혔으며, 이 식은 오늘날까지도 암페어의 법칙이라는 이름으로 변함없이 활용되고 있다.

이와 같이 암페어는 여러 분야의 학문에 업적을 남겼는데, 특히 전자기(電磁氣) 현상과 전기역학(電氣力學)의 연구에 공헌하였다. 수학 분야에서도 탁월한 능력을 발휘하여 물리 법칙을 수학적으로 정식화(定式化)함과 동시에 독자적인 수학 연구도 진행하여, 미분 방정식에 관한 논문 등을 남겼다.

영국의 맥스웰은 두 전류 사이의 역학적 작용에 관한 암페어의 수학적, 물리학적 발견과 연구 업적은 과학 발달사에서 가장 빛나는 것 중의 하나라고 극찬하였다. 암페어의 위대한 업적을 기리기 위해 후세의 과학자들은 전류의 단위를 그의 이름을 따서 "암페어(A)"라고 이름지어 부르고 있다.

4. 키르히호프의 법칙(KIRCHHOFF'S LAW)

1) 이론

키르히호프의 법칙은 전류법칙과 전압법칙의 두 가지로 되어 있다. 키르히호프의 전류법칙(KCL : Kirchhoff's current law)은 다음과 같다.

마디에 유입하는 모든 전류의 대수적 합은 영이다.

이 법칙은 마디에 전하가 축적될 수 없다는 사실을 수학적으로 나타낸 것이며 하나의 공리로서 받아들이기로 한다. 만일 마디에 유입하는 전류의 대수적인 합이 영이 아니면 거기에 전하가 축적되어야 할 것이다. 그러나 마디는 회로소자가 아니며 전하를 축적하거나 파괴하거나 또는 생성할 수 없는 것이다. 그러므로 전류의 합은 영이 되어야 한다.

키르히호프의 전류법칙은 다음과 같이 여러 가지 다른 형식으로 표현할 수 있다. 즉 "마디에 유입하는 모든 전류의 대수적 합은 영이다." 또는 "마디에서 유출하는 모든 전류의 대수적 합은 영이다." 또는 "마디에서 유입하는 모든 전류의 대수적 합은 그 마디에서 유출하는 모든 전류의 대수적 합과 같다." 이 세 가지의 형식을 [그림 1]의 마디에 적용하면 다음과 같이 등가인 세 개의 식을 얻는다.

$$i_A + i_B - i_C - i_D = 0$$
$$-i_A - i_B + i_C + i_D = 0$$
$$i_A + i_B = i_C + i_D$$

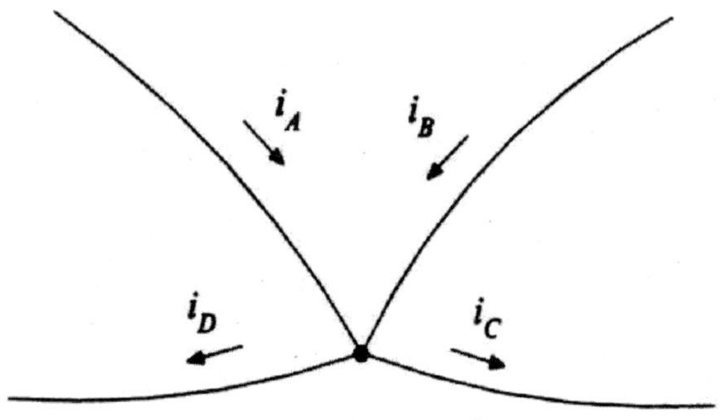

[그림 1]

키르히호프의 전류법칙을 간결하게 표현하면,

$$\sum_{i=1}^{N} i_n = 0 \qquad \text{(식 1)}$$

과 같이 되며 이를 풀어 쓰면 다음과 같다.

$$i_1 + i_2 + i_3 + \cdots + i_N = 0 \qquad \text{(식 2)}$$

키르히호프의 전류법칙을 수도와 비유하면 쉽게 이해할 수 있다. 전하와 마찬가지로 물은 한 점을 축적할 수 없다. 여러 개의 파이프가 접속된 점을 마디라 하면 매초 마디에 유입하는 수량은 매초 그 마디에서 유출하는 수량과 같아야 한다.

키르히호프의 전압법칙(KVL : Kirchhoff's voltage law)은 다음과 같다.

임의의 폐로에 있어서 각 회로소자에 걸리는 전압의 대수적 합은 영이다.

이 법칙도 하나의 공리로서 받아들이기로 한다. 회로소자에 걸리는 전압은 그 소자를 통해서 단위 양전하를 이동하는 데 소비되는 에너지이므로 키르히호프의 전압법칙은 폐로를 따라 단위 양전하를 이동하는 데 소비되는 에너지가 0이 된다는 것을 말하고 있다. [그림 2]에서 소자 1을 통과하여 A에서 B로 단위양전하를 이동시킬 때 v_1J의 일을 하게 된다. 그러나 C를 통하여 A에서 B로 진행하면 $(v_2 - v_3)$J을 소비하게 된다. 그러나 이들 소비에너지는 같을 것이므로,

$$v_1 = v_2 - v_3 \qquad \text{(식 3)}$$

N개의 회로소자로 만들어진 폐로에 키르히호프의 전압법칙을 식으로 표시하면 다음과 같다.

$$\sum_{n=1}^{N} v_n = 0 \quad \text{또는} \quad v_1 + v_2 + v_3 + \cdots + v_N = 0 \qquad \text{(식 4)}$$

키르히호프의 전압법칙은 에너지 보존성을 나타내는 것이다. 이것은 또 중력장에 비유할 수 있다. 보존적인 중력장에서 폐로를 따라 물체를 일주하면 그 질량이 한 일은 0이 된다.

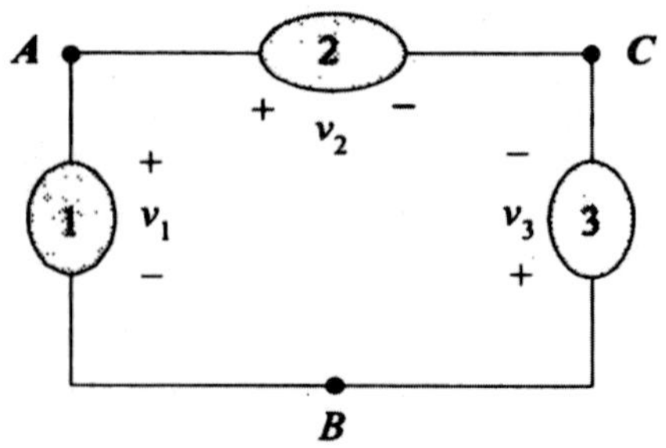

[그림 2]

키르히호프의 전압법칙을 적용하는 방법은 여러 가지가 있다. 예를 들어 [그림 2]의 회로에서 시계방향으로 진행할 때 소자 1과 3에서는 전압의 극성이 마이너스(-)에서 플러스(+)로 전압상승이 있으므로, $-v_1, -v_3$의 전압강하가 된다.

이들을 식으로 표시하면 다음과 같다.

$$-v_1 + v_2 - v_3 = 0$$

반대로 전압상승을 생각하면 다음과 같이 표시된다.

$$v_1 + (-v_2) + v_3 = 0$$

키르히호프의 전압식을 작성하는 간편한 방법은 폐로를 따라 진행하면서 +부호가 붙은 단자에서 들어가는 소자의 전압은 그대로 쓰고 −부호가 붙은 단자에서 들어가는 소자의 전압은 -를 붙이는 것이다. 위의 회로를 시계방향으로 돌면서 위의 방법을 적용하면,

$$-v_1 + v_2 - v_3 = 0$$

이 되며 반시계방향으로는,

$$v_3 - v_2 + v_1 = 0$$
$$-v_1 + v_2 - v_3 = 0$$

이 된다. 그리고 물론 이들 네 가지 결과는 모두 등가이다.

다음은 KVL을 사용하는 예로서 [그림 3]에서 R_2에 걸리는 전압 v_{R_2}와 v_x를 구해보면

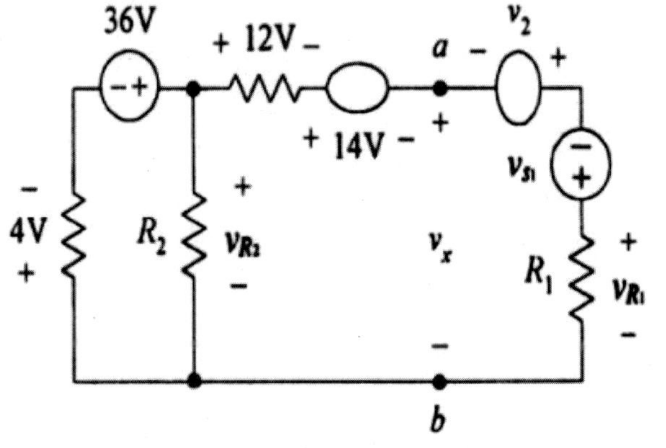

[그림 3]

왼쪽 루프에 KVL을 적용하면,

$$4-36+v_{R_2}=0$$

여기서 v_{R_2}를 구하면,

$$v_{R_2}=32\,V$$

v_x는 오른쪽에 있는 세 소자에 걸리는 전압의 (대수적)합이라 볼 수도 있고, 점 a와 b 사이에 접속한 이상적인 전압계에 걸리는 전압이라 생각할 수도 있으며 a, b간의 갭(gab)에 걸리는 전압이라 보아도 된다. KVL을 왼쪽 아래 모서리로부터 시작하여 위로 이동하고 위에서 오른쪽으로 이동하여 a에 이른 다음, v_x를 통해서 b에 이르고 연결도선을 통하여 출발점에 이르는 폐로에 적용하면,

$$4-36+12+14+v_x=0$$

따라서,

$$v_x=6\,V$$

v_{R_2}를 알고 있으므로 R_2를 지나는 지름길을 택하면

$$-32+12+14+v_x=0$$

즉,

$$v_x=6\,V$$

가 되어 동일한 결과를 얻는다.

2) 실험 과정

(1) [그림 4]의 R_1 에서 R_3 를 각각 3KΩ, 5KΩ, 10KΩ으로 연결하여 실험한다.

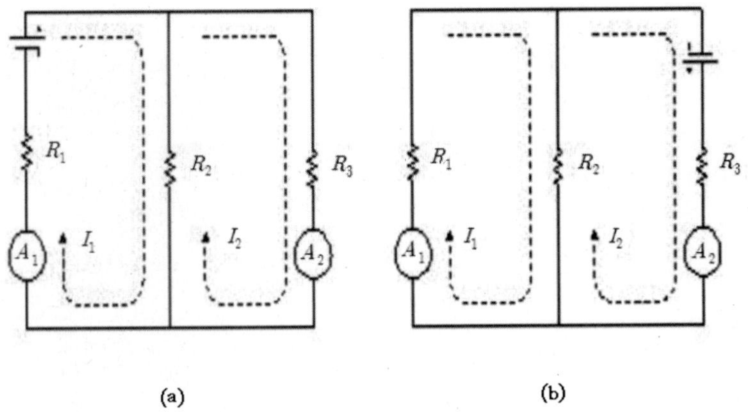

[그림 4]

(2) 전원 전압을 각각 5와 10V로 인가한 후 각 부분의 전류계의 지시치를 표에 기록한다.
(3) 주어진 식을 이용하여 측정된 전류를 [표 1]에 기록한다.
(4) KVL을 이용하여 전류 값을 구한다.
(5) 측정회로 (b)도 동일한 방법으로 반복한다.

3) 실험 결과

(1) [표 1] 키르히호프의 법칙 실험 결과

측정회로	인가전압 [V]	전류 [A]			전류의 차이값
		구분	측정치	계산치	
(a)	5	i_1			
		i_2			
	10	i_1			
		i_2			
(b)	5	i_1			
		i_2			
	10	i_1			
		i_2			

분광학의 선구자, 키르히호프

키르히호프의 법칙으로 알려진 키르히호프(Gustav Kirchhoff ;1824-1887)는 사실 20세기 물리학의 토대를 마련한 사람이다. 키르히호프의 법칙들은 전기저항과 전류의 관계를 설명한 옴(Ohm)의 법칙만으로는 쉽게 전류의 세기나 전압을 구할 수 없는 복잡한 회로에서 전압과 전류를 구할 수 있는 공식이다. 그것은 전하량 보존의 법칙과 에너지 보존 법칙을 응용한 식으로 전자기학에 중요한 공헌을 한 셈이다. 또한 그는 화학 원소들이 저마다 특징적인 광선 스펙트럼을 발산한다는 일반 원리를 발표하며 '분젠 버너'의 사용을 대중화한 무기 화학자이자 물리학자인 로베르트 분젠과 함께 분광학이라는 유력한 분석 수단을 수립했다.

분광학은 자연계의 모든 원소를 구별하는 수단을 제공했다. 키르히호프는 곧 그것이 훨씬 폭넓은 의미를 지님을 깨달았다. 즉, 분광학이 천체의 화학적 성분을 판별하는 새로운 기초가 될 수 있다는 사실이었다. 키르히호프가 분젠의 실험실을 방문했을 때, 분젠은 불에 태웠을 때 불꽃에 특정한 색깔들을 더해 주는 여러 가지 소금을 분석하고 있었다. 분젠은 색유리를 써서 불꽃을 관찰하고 있었는데, 키르히호프는 프리즘을 통한 분석을 제안했고, 곧바로 분광학의 중요성은 분명해졌다. 원소들은 저마다 관찰하고 기록하고 측정할 수 있는 일정한 스펙트럼을 보였다.

키르히호프와 분젠은 증류시킨 광천수에서 나온 소금을 분석하면서 세슘이라고 명명된 원소에 속한 청색 스펙트럼 광선을 검출했다. 1862년 분젠은 비늘 운모를 연구해서 알칼리 금속을 발견하고 루비듐 이라 이름 붙였는데, 이는 오늘날 원자시계에 쓰이고 있다. 분광학의 활용으로 19세기가 끝나기 전에 이미 여남은 개의 새로운 원소가 발견되었으며 이 분야는 어마어마하게 팽창하게 되었다.

키르히호프는 "분광학이 태양의 대기와 그보다 더 밝은 항성들에도 적용될 수 있다"고 썼다. 실제로 그랬으며, 이 생각은 뒤에 우주 전체로 확대된다. 1861년 두 사람은 계속해서 원소들의 스펙트럼선을 태양의 그것과 비교했으며, 이러한 작업은 헬륨의 발견으로 이어졌다. 20세기 들어 분광학의 응용은 원자론과 천체 물리학의 발전을 촉진한 기본 기술이었다.

5. 휘스톤 브리지 회로(WHEATSTONE BRIDGE)

1) 이론

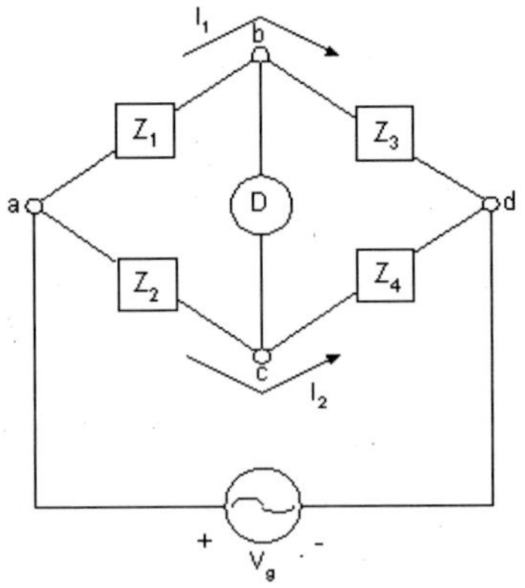

[그림 1]

브리지 회로는 R, L, C 또는 주파수 등의 측정에 널리 사용된다. [그림 1]에서 브리지 회로를 보여주고 있다. 각 arm이 순저항인 직류 휘스톤 브리지에서는 검출기로 검류계가 많이 쓰인다. D에 흐르는 전류가 “0”이 되었을 때 브리지는 평형(balance)되었다고 말한다. 평형 상태가 되었을 때에는 D양단의 전위차는 “0”이 되고 [그림 1]의 b점과 c점 사이에는 전류가 흐르지 않는다. 접속점 a에서 b까지의 전압강하는 a에서 c까지의 전압강하와 크기와 위상에 있어서 모두 같아야 한다. 즉, 다음 조건을 만족한다.

$$Z_1I_1 = Z_2I_2, \quad Z_3I_1 = Z_4I_2 \qquad \text{(식 1)}$$

이 (식 1)으로부터 각 임피던스 사이의 관계를 다음과 같이 얻을 수 있다.

$$\frac{Z_1}{Z_2} = \frac{Z_3}{Z_4} \text{ 또는 } Z_1Z_4 = Z_2Z_3 \qquad \text{(식 2)}$$

이것이 브리지의 평형 조건(condition of balance)이다. 만약, D에서 전류가 검출된다면 (Unbalancing), 이것은 외부의 힘(환경)이 회로에 가해졌음을 의미하며 이러한 기능은 감지 회로에 응용된다.

2) 실험 과정

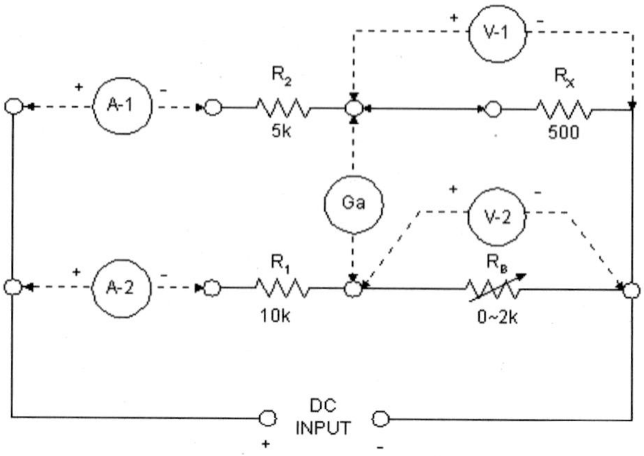

[그림 2]

(1) 전압계를 [그림 2]와 같이 연결한다.

(2) 검류계를 Ga 표시부분에 연결하고 스위치를 일단 OFF시켜 안전저항이 연결되게 한 후 10V를 연결한다.(검류계를 연결시키기 전에 먼저 Meter의 0점이 제대로 조정되었는지 확인한다.)

(3) 검류계의 지시가 "0"이 되도록 R_B값을 조정한 후 스위치를 ON한 상태에서 다시 정밀 조정한다. 그리고 전류와 전압을 측정하여 [표 1] 실험-1의 각 해당란에 기록한다.

(4) 저항계로 R_B값을 측정하여 [표 1] 실험-1에 기록한다.

(5) R_x 값을 계산하여 [표 1] 실험-1에 기록한다.

(6) R_3를 이용하여 과정 3~5를 반복하고, [표 1] 실험-2의 각 해당란에 기록한다.

3) 실험 결과

(1) [표 1]

측정 / 실험	전 류 계		전 압 계		R_B	R_x
	A-1	A-2	V-1	V-2	측 정 값	계 산 값
실험-1 (R2 연결)						
실험-2 (R3 연결)						
비고						

6. 전압계 및 전압 측정(DC VOLT-METER)

1) 이론

- 배율기

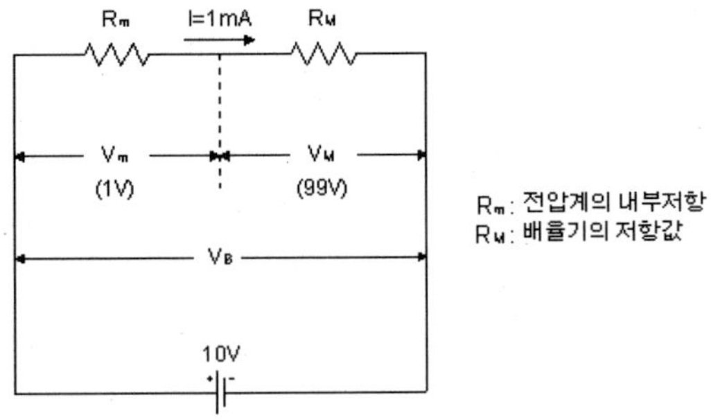

[그림 1]

배율기(Multiplier)는 전압계에 직렬로 접속시켜서 전압의 측정범위를 넓히기 위해 사용하는 일종의 저항기를 말한다. 예를 들어, 1V의 전압을 측정할 수 있는 전압계로 100V를 측정하려고 할 때 99V의 전압을 흡수하여 전압계에는 1V의 전압강하만 발생하도록 만들어주는 분압기가 있으면 100V의 측정이 가능해진다. [그림 1]에서 R_M을 배율기의 저항, R_m을 전압계의 내부저항, 전압계 FS(Full Scale : 최대눈금, 즉 최대 측정한계)를 E_1이라 할 때, 측정하고자 하는 전압이 FS 입력전압의 N배일 경우, 이를 측정하기 위해 필요한 배율기 저항 R_M의 계산법은 다음과 같다. 우선 R_m과 R_M에 걸리는 전압 V_m, V_M은 각각 $V_m = IR_m$, $V_M = IR_M$으로 표현할 수 있다. 따라서 R_M을 직렬로 연결하여 측정할 수 있는 회로의 전압은 전압계만 연결했을 경우의 N배가 된다. 따라서,

$$N = \frac{V_m + V_M}{V_m} = \frac{IR_m + IR_M}{IR_m} = \frac{R_m + R_M}{R_m} \qquad \text{(식 1)}$$

위 (식 1)에서 측정하고자 하는 전압값이 V_m의 N배인 경우 배율기의 저항 R_M은 $R_M = (N-1)R_m$이 된다. 이와 같이 Meter의 최대측정범위(혹은 FS 감도)와 내부저항을 알게 되면 측정전압의 Range에 따라 배율기를 설계할 수 있다.

예제 1

내부저항(R_m)이 1kΩ이고 FS가 1mA인 전압계로 10V를 측정하고자 한다면, 회로의 배율기 R_M은 얼마인가?

- **전압계**

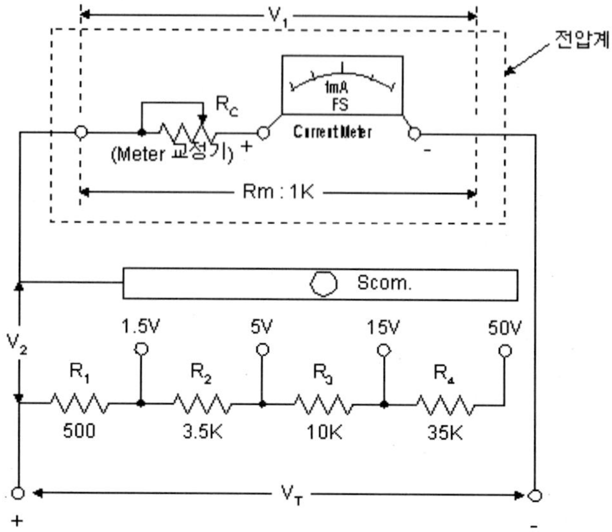

[그림 2]

대개의 전압계는 [그림 2]에서처럼 Current Meter와 이에 직렬로 연결된 배율저항으로 구성되어 있다. 일반적으로 DC전압계의 경우 Current Meter 자체의 FS(Full Scale) 감도는 50μA로 부터 1mA의 것이 많이 사용되며 이들의 내부저항은 대개 100Ω ~ 1kΩ 이다. 입력전압 V_T, 전압계의 전압을 V_1, 배율기 양단 전압을 V_2라 할 때 $V_T = V_1 + V_2$ 이다. 그리고, 전압계의 내부저항을 R_m, 배율기의 저항값을 R_M 라 하면 V_1 및 V_2는 다음과 같은 관계식을 갖게 된다.

$$V_1 = \frac{R_m}{R_m + R_M} V_T, \qquad V_2 = \frac{R_M}{R_m + R_M} V_T \qquad \text{(식 2)}$$

그러므로 전압계가 V_1값을 지시하면 실제 측정전압은 측정범위의 배율을 곱함으로서 얻을 수 있다.

예제 2

Range를 5V로 설정하고 R_M은 4kΩ 일 경우 입력전압이 각각 5V와 2.5V일 때 V_1, V_2 그리고 실제 전압 V_T 의 값을 계산하시오. (단, V_1 : 전압계 양단 전압, V_2 : 배율기 양단 전압)

2) 실험 과정

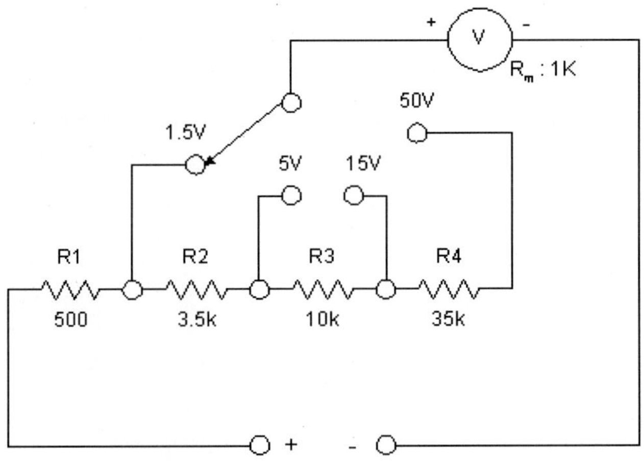

[그림 3]

(1) [그림 3]의 회로를 이용하여 [표 1]에 따라 각 레인지에 대하여 입력 전압을 1V, 3V, 10V, 12V를 인가했을 때의 Meter에 흐르는 전류를 측정하여 [표 1]에 기록하라.

3) 실험 결과

(1) [표 1]

입력전압 \ Range	각 Range에서의 회로전류			
	1.5V	5V	15V	50V
1V				
3V				
10V				
12V				

비고

Volta와 Volt

알레산드로 볼타(Alessandro Volta)는 이탈리아의 물리학자로서 연속 전류를 공급해 줄 수 있는 전지를 처음으로 개발하였다. 전압을 측정하는 단위인 볼트는 1881년 볼타의 업적을 기려 그의 이름을 따서 지어진 것인데, 아마도 그에게는 최고의 영광이 아닐까 싶다.

볼타는 전기에 큰 관심을 가져 1775년 정전기를 일으킬 수 있는 전기 쟁반을 개발하였다. 1780년 볼타의 친구였던 루이지 갈바니가 두 종류의 서로 다른 금속이 개구리의 근육에 닿을 경우 금속으로 인해 전류가 생겨 개구리의 근육이 움직인다는 사실을 발견하였다. 갈바니는 이 실험을 통해서 동물의 체내에 전기를 발생시키는 조직이 있다고 주장하였다. 볼타는 처음에 갈바니의 이론이 옳다고 생각하였으나, 오랜 기간에 걸쳐 실험을 한 끝에 이것이 옳지 않다고 생각하게 되어, 1794년 전류가 생성되는 데 생물의 조직이 필요하지 않으며, 금속만 존재해도 전류가 흐른다고 주장하게 되었다. 이는 생체 전류의 지지자들과 금속 전류의 지지자들 사이에 많은 논란이 되었지만, 1800년 볼타가 처음으로 전지를 만들어 내는 데 성공하면서 논란은 종식되었고 볼타의 이론이 옳다는 것이 증명되었다.

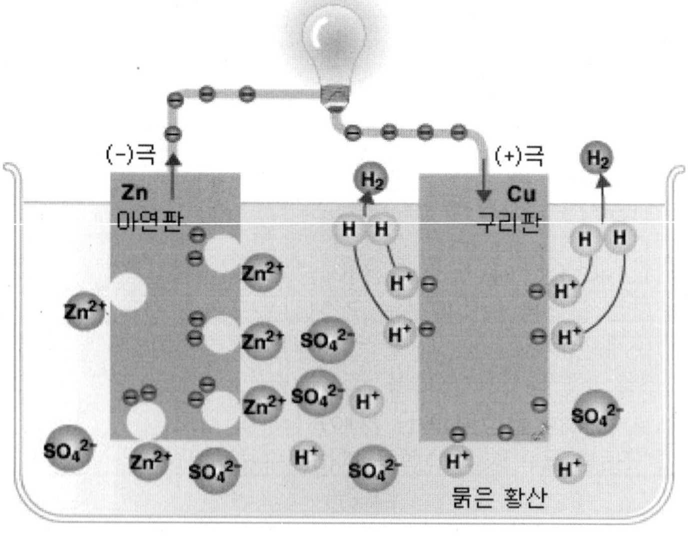

7. 전류계 및 전류 측정(DC AMPERE METER)

1) 이론

• 분류기

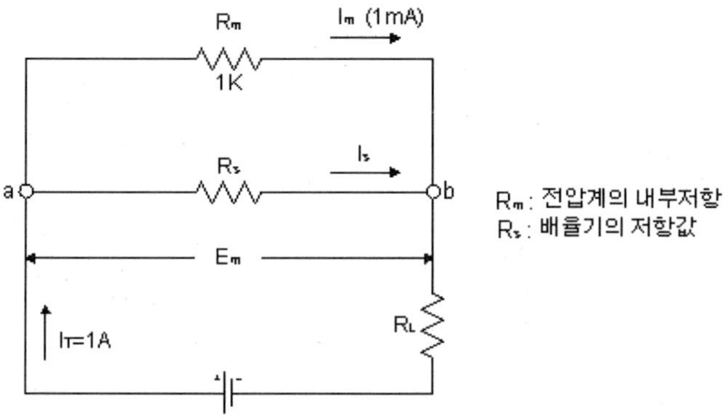

[그림 1]

분류기(Shunt)는 전류계에 병렬로 접속시켜서 전류의 측정범위를 넓히기 위해 사용하는 일종의 저항기를 말한다. 예를 들어, 1mA까지 측정할 수 있는 전류계를 이용하여 100mA까지 측정범위를 확대시키려고 할 때, 100mA의 전류 중 전류계로는 1mA의 전류가, 분류기로는 나머지 99mA의 전류가 흐르게 하면 된다. [그림 1]에서 분류기 R_s를 사용하여 전류의 측정범위를 확대시키려고 할 때 전류계의 내부 저항을 R_m이라 하고, R_m , R_s에 흐르는 전류를 각각 I_m , I_s라 하자. 측정하려는 전류가 Current Meter(측정기)자체의 FS(Full Scale : 최대눈금) 전류의 N배일 경우 분류기 저항 R_s의 계산법은 다음과 같다. 우선 E_m을 Meter의 FS 입력전압이라 하면 R_m, R_s에 흐르는 전류 I_m, I_s는 각각 $I_m = E_m/R_m$, $I_s = E_m/R_s$으로 표현할 수 있다. 따라서 R_s를 병렬로 연결하여 측정할 수 있는 회로의 전류는 전류계만 연결했을 경우의 N배가 된다.

$$N = \frac{I_m + I_s}{I_m} = \frac{\frac{E_m}{R_m} + \frac{E_m}{R_s}}{\frac{E_m}{R_m}} = R_m\left(\frac{1}{R_m} + \frac{1}{R_s}\right) = 1 + \frac{R_m}{R_s} \qquad \text{(식 1)}$$

위 (식 1)에서 측정하고자 하는 전류값이 I_m의 N배인 경우 분류기의 저항 R_s는 다음과 같다.

$$R_s = \frac{R_m}{(N-1)} \qquad \text{(식 2)}$$

이와 같이, Meter의 최대측정범위(FS 감도)와 내부저항을 알게 되면 측정하고자 하는 전류의 Range에 따라 분류기(Shunt)를 설계할 수 있다.

예제 1

내부저항(Rm)이 1kΩ 이고 1mA의 측정범위를 갖는 전류계로 1A를 측정하려 한다면 이때 분류기의 저항값은 얼마인가?

• **전류계**

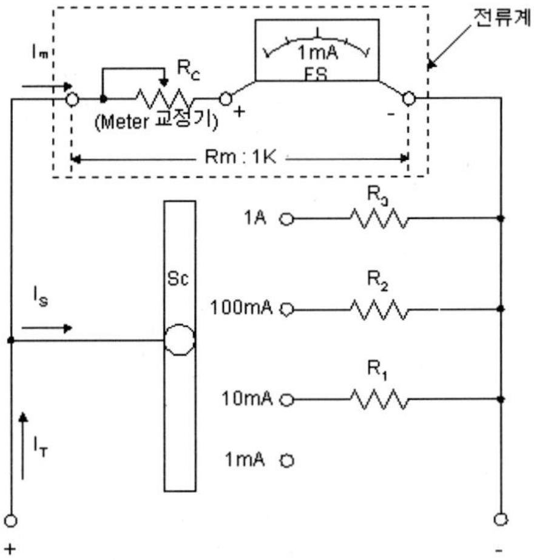

[그림 2]

일반적으로 전류계는 Meter와 그리고 Meter에 병렬로 연결되는 분류기로 구성되어 있다. 이런 경우 보통 Meter의 감도는 50μA~1mA(FS)의 것으로 이들의 내부 저항은 대개 100~1 kΩ 정도이다.(같은 전류 감도에서는 R_m이 적을수록 좋음.) 또한 대전류(10A 이상) 측정에 사용되는 분류기는 그 분류기의 용량(A)과 함께 Meter의 연결을 위한 분류기의 출력 전압을 표시하고 있다. [그림 2]를 보면서 전류계의 동작 원리를 알아보자. 입력전류를 I_T, 전류계를 흐르는 전류를 I_m, 분류기를 흐르는 전류를 I_s라 할 때 $I_T = I_m + I_s$이다. 그리고, 전류계의 내부저항을 R_m, 분류기의 저항값을 R_s라 하면 I_m 및 I_s는 다음과 같은 관계식을 갖게 된다.

$$I_m = \frac{R_s}{R_m + R_s} I_T, \qquad I_s = \frac{R_m}{R_m + R_s} I_T \qquad \text{(식 3)}$$

그러므로, 전류계는 I_m값을 지시하며 Range의 배율을 곱함으로서 실제 측정 전류를 얻을 수 있다.

예제 2

Range를 100mA로 설정하고 R_s는 10.1Ω 일 경우 입력전류가 각각 100mA와 50mA일 때 I_m, I_s 그리고 실제 흐르는 전류(I_T)의 값을 계산하시오. (단, I_m : 전류계로 흐르는 전류, I_s : 분류기로 흐르는 전류)

2) 실험 과정

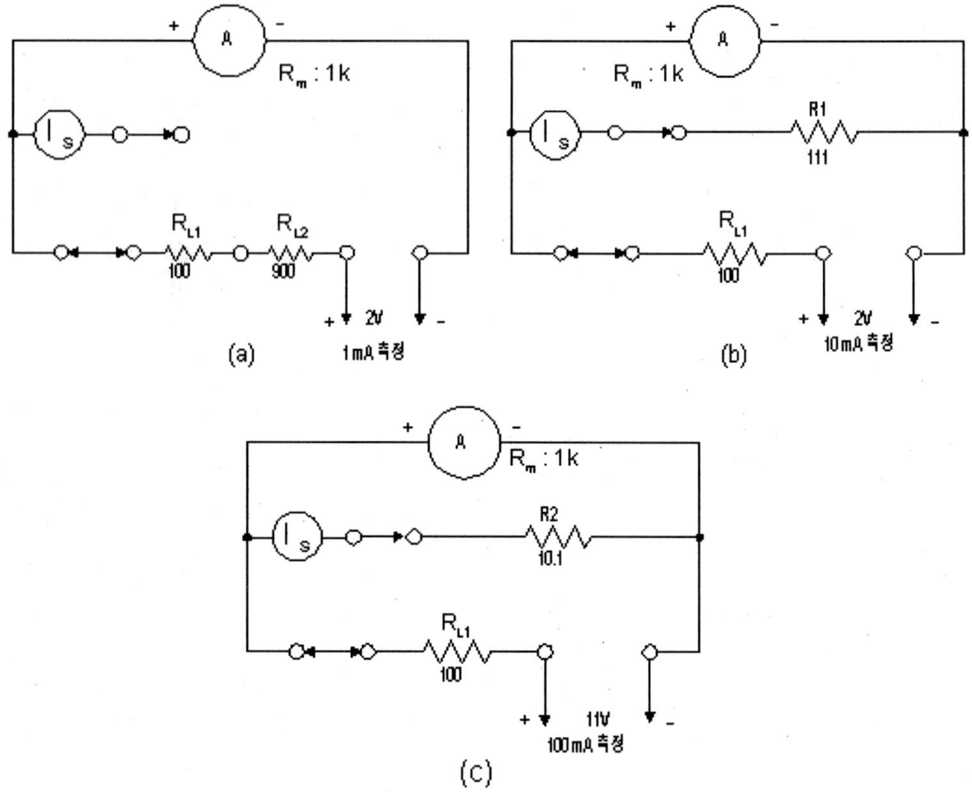

[그림 3]

(1) [그림 3]의 (a)-(c)와 같이 회로를 연결한다.(R_m을 1kΩ 로 한다)

(2) [그림 3]의 각 회로에 대하여 shunt 전류(I_s)와 Meter 전류(A)를 측정하고, 이들로부터 회로에 흐르는 전류를 [표 1]의 해당란에 기록하라.

(주의 : I_s측정시 외부 전류계의 측정 Range는 될 수 있는 한 최대로 한다. 즉, 낮은 Range일수록 내부저항은 커져 회로 임피던스를 변화시킨다. 따라서, 올바른 측정이 되지 못함)

(3) 각 레인지에 대하여 FS가 1mA를 가리킬 때의 분류기 저항을 측정하여 [표 2]에 기록하라. Meter FS는 1mA이다.

3) 실험 결과

(1) [표 1]

Range / 회로	1mA	10mA (R1=111Ω)	100mA (R2=10.1Ω)
Shunt로 흐르는 전류 [I_s]	——		
Meter로 흐르는 전류 [I_m]	1mA		
측 정 전 류 [I_T]	1mA		

비고

(2) [표 2]

Range [FS]	1mA	10mA	100mA
Shunt 저항값 [Ω]	——		

비고

8. 저항계 및 저항 측정(OHM-METER)

1) 이론

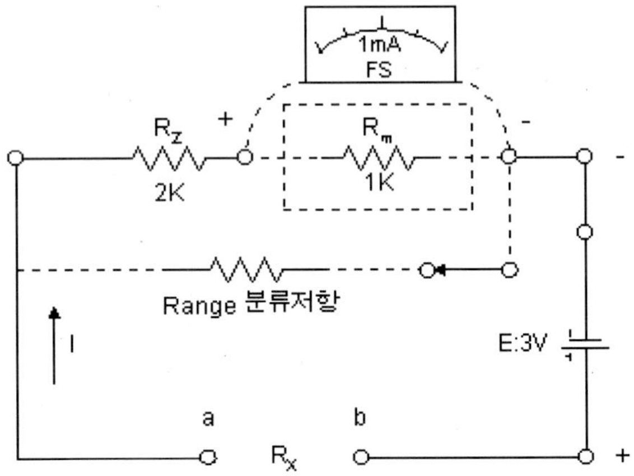

[그림 1]

저항계(Ohm-Meter)는 [그림 1]과 같이 Meter와 Zero Ohm 배율기, Range 분류저항 및 DC Source(Battery)등으로 구성된다. Meter의 감도는 보통 50μA~1mA (FS)의 것으로 그 내부저항은 대개 100Ω ~ 1kΩ 의 것을 사용하고 있다. 저항계가 일반적인 전압계나 전류계와 크게 다른 점은 전류계나 전압계에서는 Meter에 전혀 전류가 흐르지 않는 상태가 0 V 또는 0 A이다. 그러나 저항계에서는 Meter FS의 전류가 흐르는 상태가 바로 0Ω 인 것이다. 따라서 어떤 피측정 저항으로 인해서 Meter가 얼마나 FS에 못 미치는가에 따라 저항값이 정해지도록 만든 것이 Ohm-Meter이다. 또 한 가지 저항계의 특징은 피측정 저항체에 저항계로부터 전류를 흘려줄 수 있는 DC 전원을 갖고 있어야 한다. 그러므로 보통 휴대용 저항계는 Battery를 내장하고 있다. [그림 1]의 회로에서 Meter의 감도는 1mA FS, 내부저항은 1kΩ 이고 전원은 3V를 사용할 경우 R_x단자가 0Ω (즉 a, b가 연결된)로 되기 위해서는 Meter의 지시는 1mA FS를 지시해야 하므로 회로전체의 저항은 다음과 같이 되어야 한다.

$$R_z + R_m = \frac{3V}{1mA} = 3\text{k}\Omega$$

따라서 Meter의 내부저항 R_m은 1kΩ 이므로 $R_z = 3\text{k}\Omega - 1\text{k}\Omega$ 이다. 여기서 R_z저항을 저항계의 Zero Ohm Multiplier라고 한다. 하지만 I를 회로에 흐르는 전류라 할 때 R_x를 구하기 위한 식은 다음과 같다.

$$R_x = \frac{E}{I} - (R_z + R_m)$$

실제 회로에서는 Zero Adjusting 회로 등 약간씩 변형되어 설계되는 일이 많다. 그리고 저항 측정기에서도 전류계와 마찬가지로 측정 Range를 갖게 되며 이러한 경우 측정 Range에 따라 Range Shunt를 갖게 된다.

2) 실험 과정

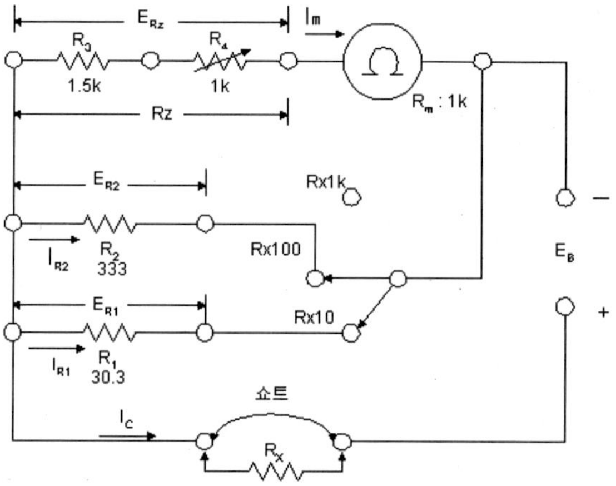

[그림 2]

(1) [그림 2]과 같이 회로를 연결한다.

(2) [표 1]과 같이 각 레인지에 대하여 피 측정저항을 연결했을 때의 Meter의 전류를 측정하여 해당란에 기록하라.

(3) [그림 2]에서 별도의 외부 DC 전원 공급기를 사용하여 저항계의 전원을 2.5V로 한 후 0점 조정을 하라.

(4) 각 저항에 걸리는 전압을 측정하여 주어진 식에 의해 전류를 계산하고 [표 1]의 해당란에 기록하라.

(5) [표 2]처럼 나머지 전원에 대해서도 각각 0점 조정 후 전압을 측정하여 계산값을 해당란에 기록하라.

참 고

1. R×10의 (R_1) 설계식 (R_x : 0Ω)

$$\frac{Im}{I_{R1}}=\frac{1}{99},\quad I_m=\frac{E_{R1}}{(R_z+R_m)}\Rightarrow E_{R1}=I_m(R_z+R_m),\quad I_{R1}=\frac{E_{R1}}{R1}\Rightarrow R1=\frac{E_{R1}}{I_{R1}}$$

$$\therefore R1=\frac{E_{R1}}{I_{R1}}=\frac{I_m(R_z+R_m)}{I_{R1}}=\frac{R_z+R_m}{99}$$

2. R×100의 (R_2) 설계식 (R_x : 0Ω)

$$\frac{Im}{I_{R2}}=\frac{1}{9},\quad I_m=\frac{E_{R2}}{(R_z+R_m)}\Rightarrow E_{R2}=I_m(R_z+R_m),\quad I_{R2}=\frac{E_{R2}}{R2}\Rightarrow R2=\frac{E_{R2}}{I_{R2}}$$

$$\therefore R2=\frac{E_{R2}}{I_{R2}}=\frac{I_m(R_z+R_m)}{I_{R12}}=\frac{R_z+R_m}{9}$$

3. R×10에서 측정단자 쇼트시의 회로전류 (I_c) 설계식

$$I_c=I_m+I_{R1}=\frac{E_B}{R_z+R_m}+\frac{E_B}{R1}=\frac{E_BR1+E_B(R_z+R_m)}{R1(R_z+R_m)}=\frac{E_B(R1+R_z+R_m)}{R1(R_z+R_m)}$$

4. R×100에서 측정단자 쇼트시의 회로전류 (I_c) 설계식

$$I_c=I_m+I_{R2}=\frac{E_B}{R_z+R_m}+\frac{E_B}{R2}=\frac{E_BR2+E_B(R_z+R_m)}{R2(R_z+R_m)}=\frac{E_B(R2+R_z+R_m)}{R2(R_z+R_m)}$$

3) 실험 결과

(1) [표 1]

Range / Rx	R X 10	R X 100	R X 1000
0Ω을 통해 흐르는 전류			
200Ω을 통해 흐르는 전류			
2kΩ을 통해 흐르는 전류			

비고

(2) [표 2]

측정 / DC(EB)	$Im = \frac{E_{RZ}}{R_Z}$	$I_{R1} = \frac{E_{R1}}{R1}$	$I_{R2} = \frac{E_{R2}}{R2}$
2.5V			
3V			
3.5V			

비고

9. 커패시턴스 회로(CAPACITANCE)

1) 이론

커패시턴스는 커패시터를 서술하기 위해 사용되는 회로 파라미터이며 문자 C로 나타낸다. 단위는 패럿(F:farad)이고 회로도에는 [그림 1]과 같이 두 개의 평행도체판으로 표시한다. $1F$이 커패시턴스로는 너무 큰 양이고 실제 커패시터는 이보다 훨씬 작은 값이어서 흔히 쓰이는 값은 pF(picofarad)에서 μF(microfarad)사이이다.

회로기호에서도 알 수 있듯이 커패시터는 유전체 또는 절연체로 분리된 두 개의 도체판으로 구성된다. 이는 전하가 커패시터의 내부를 통과할 수 없다는 것을 의미한다. 커패시터의 단자에 전압을 인가하면 전하가 유전체를 통과하지는 못하지만 유전체 안의 전하를 변위시킨다. 전압이 시간에 따라 변하면 전하의 변위도 바뀌며, 이로 인해서 변위전류(displacement current)가 흐르게 된다. 커패시터 양 도체판 사이에 흐르는 이 변위전류는

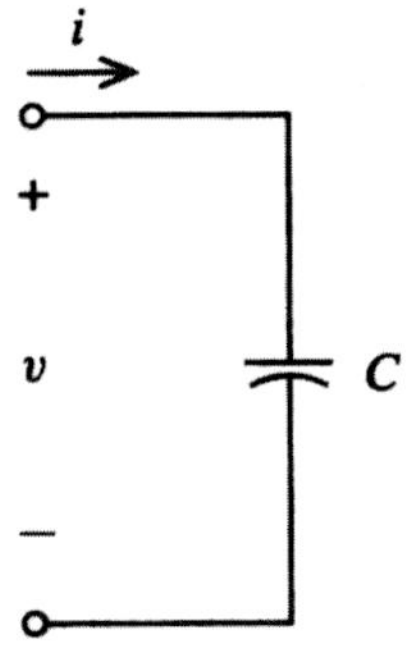

[그림 1]

커패시터에 접속된 도선에 흐르는 전도전류(conduction current)와 같다. 그러므로 단자에서는 변위 전류와 전도전류를 구별하지 않아도 된다. 전류는 커패시터에 걸리는 전압의 시간적 변화율에 비례한다. 이를 수식으로 표현하면

$$i = C\frac{dv}{dt} \qquad \text{(식 1)}$$

이 식에서 i는 $[A]$, C는 $[F]$, v는 $[V]$, t는 $[s]$로 표시되는 양이다.

만약 $1\mu F$커패시터에 걸린 전압이 $v = 6\cos 2t\,V$라 한다면 단자 변수가 [그림 1]과 같이 수동부호규정을 만족한다면 다음 식이 성립한다.

$$\begin{aligned} i &= Cdv/dt = (10^{-6})(-12\sin 2t) \\ &= -12\sin t \mu A \end{aligned}$$

(식 1)에 나타낸 것과 같이 전압 v가 일정하면 전류 i는 0이다. 그러므로 **커패시터는 직류 전압에 대해서는 개방회로로 동작한다.** 한편 v의 변화가 급격할수록 그 단자 사이에 흐르는 전류는 더 커진다.

(식 1)은 [그림 1]과 같이 수동부호규정을 따를 때, 즉 전류의 기준방향이 커패시터에 전압강하가 일어나는 방향일 때 성립한다. 만일 전류의 기준방향이 전압상승이 일어나는 방향일 경우에는 (식 1)에 (−)부호를 붙여야 한다.

(식 1)에서 두 가지 중요한 결과를 얻는다. 첫째, 커패시터의 단자에 걸리는 전압은 순간적으로 변할 수 없다. (식 1)에서 전압이 급격하게 변하려면 무한대의 전류가 흘러야 한다. 물론 무한대의 전류란 불가능하다. 둘째, 커패시터에 걸리는 전압이 변하지 않을때에는 커패시터의 전류는 0이다. 이는 커패시터의 유전체에 전도전류가 흐를 수 없고 시간에 따라 변하는 전압만이 변위전류를 만들 수 있기 때문이다. 그러므로 커패시터는 직류전압에 대해서는 개방회로로 작용한다.

(식 1) 은 커패시터의 전류를 전압의 함수로 나타낸 것이다. 이제 전압을 전류의 함수로 표현하기 위해 (식 1)의 양변에 dt를 곱하고 적분하면

$$idt = Cdv \text{ 또는 } \int_{v(t_0)}^{v(t)} dx = \frac{1}{C}\int_{t_0}^{t} id\tau$$

두 번째 식의 좌변을 적분하면

$$v(t) = \frac{1}{C}\int_{t_0}^{t} id\tau + v(t_0) \qquad \text{(식 2)}$$

(식 2)를 이용할 때는 대부분 초기시간을 $t_0 = 0$으로 놓는다. 그러면 (식 2)는,

$$v(t) = \frac{1}{C}\int_{0}^{t} id\tau + v(0) \qquad \text{(식 3)}$$

와 같이 된다. 커패시터의 전력과 에너지도 다음과 같이 쉽게 유도할 수 있다.

$$p = vi = Cv\frac{dv}{dt} \qquad \text{(식 4)}$$

(식 4)과 에너지의 정의를 이용하면,

$$p = \frac{dw}{dt} = Cv\frac{dv}{dt} \qquad \text{(식 5)}$$

양변에 dt를 곱하면,

$$dw = Cvdv$$

적분하면,

$$\int_{0}^{w} dx = C\int_{0}^{v} ydy$$

즉,

$$w = \frac{1}{2}Cv^2 \qquad \text{(식 6)}$$

(식 6)을 유도할 때 전압이 0일 때의 에너지를 0으로 놓았다.
[그림 2]에서 $v(-\infty) = 0$이고, $C = 1F$이므로

$$v(t) = \frac{1}{1}\int_{-\infty}^{t}(0)d\tau + v(-\infty) = 0, \quad t \le 0$$

따라서 $v(0) = 0$이고

$$v(t) = \int_{0}^{t} a d\tau + v(0) = at, \; 0 \le t \le a^{-1}$$

이 식에서 $v(1/a) = 1$이고, 따라서 다음을 얻는다.

$$v(t) = \frac{1}{1}\int_{1/a}^{t}(0)d\tau + v(\frac{1}{a}) = 1, \; t \ge a^{-1}$$

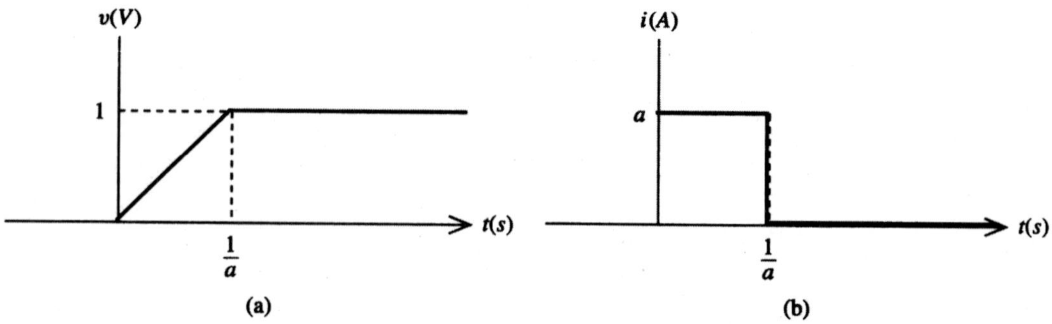

[그림 2]

이것은 위의 [그림 2]의 $v(t)$와 일치한다. 이와 같이 $v(t)$, $i(t)$가 반드시 동일한 모습을 갖지는 않는다. 특히 v와 i의 최대값과 최소값이 저항에서와는 달리 반드시 동일한 시간에 생기지도 않는다. 실제로 위의 그림을 보면 앞에서 설명한것과 같이 전압이 연속적이어도 전류가 불연속일 수 있음을 밝혀준다.

• **직렬접속**

캐패시터를 직렬로 연결하는 것은 유전체의 두께를 더하는 것과 같다. 따라서 직렬로 연결된 캐패시턴스는 각각의 캐패시턴스보다 적어진다. 즉, 직렬 접속된 합성 정전용량은 병렬 합성저항을 계산하는 방법과 같다.

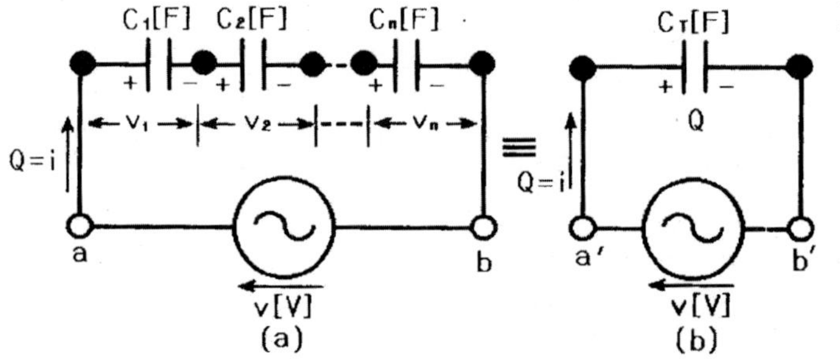

[그림 3]

[그림 3(a)]로부터 합성용량 C_T는

$$\frac{1}{C_T}=\frac{1}{C_1}+\frac{1}{C_2}+\frac{1}{C_3}+\cdots+\frac{1}{C_n}$$

이 되며, [그림 3(b)]와 같은 등가회로로 나타낼 수 있다. 또한, 회로에 흐르는 전하량은 각 소자에 있어서 모두 같으므로 $Q=CV[C]$으로부터

$$Q=C_1V_1,\ Q=C_2V_2,\ Q=C_3V_3,\ \cdots,\ Q=C_nV_n,$$

이 된다. 따라서 각 소자에서 일으키는 전압 강하는

$$V_1=\frac{Q}{C_1},\ V_2=\frac{Q}{C_2},\ V_3=\frac{Q}{C_3},\ \cdots,\ V_n=\frac{Q}{C_n}\ [V]$$

로 쓸 수 있다.

- **병렬접속**

캐패시터를 병렬로 연결하는 것은 판의 면적을 더하는 것과 같으므로 총 캐패시턴스는 각각의 캐패시턴스보다 커진다. 즉, 병렬 합성용량은 직렬 합성 저항을 계산하는 방법과 같다.

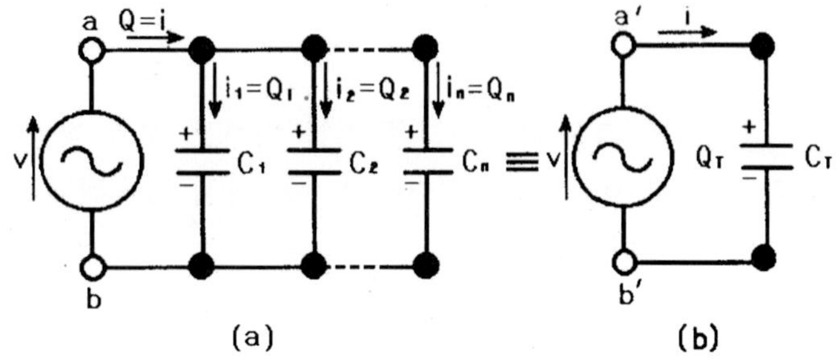

[그림 4]

[그림 4(a)]으로부터 합성용량 C_T는

$$C_T = C_1 + C_2 + C_3 + \cdots + C_n$$

이 되며, 각 지로에 흐르는 전하량은

$$Q_1 = C_1 V[C],\ Q_2 = C_2 V[C], \cdots, Q_n = C_n V[C]$$

이 되며, 전체 저하량은 각 전하량의 합이 되므로 Q_T는

$$Q_T = Q_1 + Q_2 + Q_3 + \cdots + Q_n = C_T V[C]$$

가 된다.

2) 실험 과정

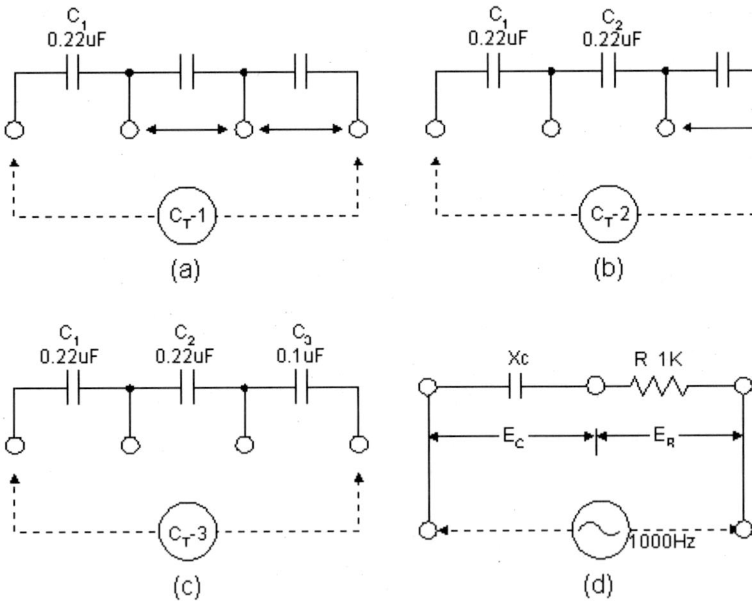

[그림 5]

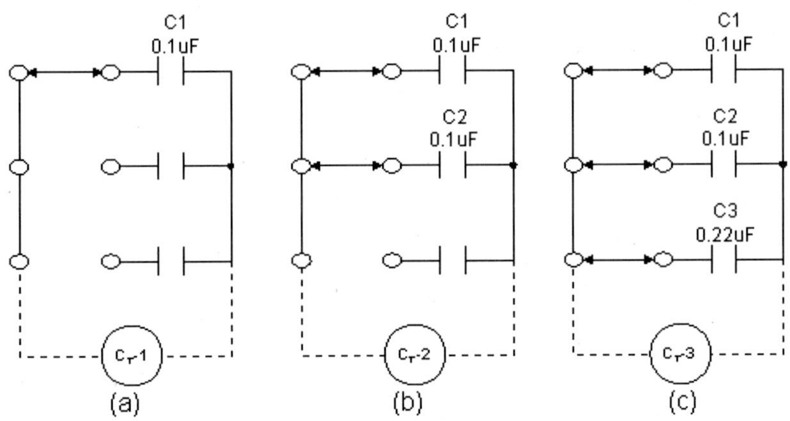

[그림 6]

(1) [그림 3(a)]와 같이 회로를 구성한다.

(2) 양단의 전체 커패시턴스 (C_{T1})를 디지털 LCR 미터(용량계)로 측정하여 [표 1]의 해당 란에 기록한다.

(3) [그림 3(b)]와 같이 회로를 구성한다.

(4) 양단의 전체 커패시턴스 (C_{T2})를 디지털 LCR 미터(용량계)로 측정하여 [표 1]의 해

당란에 기록한다. 그리고 전체 커패시턴스 (C_{T2})를 계산하여 기록한다.

(5) [그림 3(c)]과 같이 회로를 구성한다. 여기서 양단의 전체 커패시턴스 (C_{T3})를 디지털 LCR 미터(용량계)로 측정하여 [표 1]의 해당란에 기록한다. 그리고 전체 커패시턴스 (C_{T3})를 계산하여 기록한다.

(6) 디지털 LCR 미터(용량계)가 없는 경우 [그림 5(d)]를 참조하여 다음의 주어진 식을 이용하여 간접 측정법으로 전체 커패시턴스를 측정한다.

$$C = \frac{1}{\omega \cdot X_c}, \qquad X_c = \frac{E_c \cdot R}{E_R}, \qquad (\omega = 2\pi f)$$

(7) [그림 6(a)]와 같이 회로를 구성한다.

(8) 양단의 전체 커패시턴스 (C_{T1})를 디지털 LCR 미터(용량계)로 측정하여 [표 1]의 해당란에 기록한다.

(9) [그림 6(b)]와 같이 회로를 구성한다.

(10) 양단의 전체 커패시턴스 (C_{T2})를 디지털 LCR 미터(용량계)로 측정하여 [표 1]의 해당란에 기록한다. 그리고 전체 커패시턴스를 계산하여 기록한다.

(11) [그림 6(c)]와 같이 회로를 구성한다.

(12) 양단의 전체 커패시턴스 (C_{T3})를 디지털 LCR 미터(용량계)로 측정하여 [표 1]의 해당란에 기록한다. 그리고 전체 커패시턴스를 계산하여 기록한다.

3) 실험 결과

(1) [표 1]

회로 \ 측정		용 량 계		
		CT1	CT2	CT3
[그림 5] (직렬 커패시턴스)	측정값			
	계산값	――		
[그림 6] (병렬 커패시턴스)	측정값			
	계산값	――		
비고				

쿨롱의 법칙

쿨롱(Charles Augustin de Coulomb)은 프랑스의 물리학자, 전기학자로 금속선의 탄성과 비틀림을 연구하던 중 정밀한 비틀림 저울을 고안하여, 전하를 띤 물체 사이에 작용하는 힘과 자석의 자극 간에 작용하는 인력과 척력을 측정함으로써 이른바 쿨롱의 법칙을 발견하였다. 쿨롱의 법칙은 전하 사이에 작용하는 인력과 척력은 두 전하량의 곱에 비례하고, 거리의 제곱에 반비례한다는 것이다. 이 비틀림 저울은 케번디시가 만유인력 상수를 구하는 데에도 사용되었다.

측정 방법은 같은 부호의 전하(척력)인 경우에 비틀림 저울의 금속선을 비틀고 그 금속선의 복원력과 전하 사이 거리의 관계를 조사함으로써 전하 사이의 척력이 거리의 제곱에 반비례한다는 것을 발견하였다. 그러나 서로 다른 부호의 전하(인력)인 경우에는 비틀림저울의 정력학적 균형을 이용한 이 방법으로는 효과적으로 실험할 수 없었다. 그래서 인력으로 회전운동을 일으키고 그 감쇠도(진동 지속시간)에서 인력의 크기를 구하는 동력학적 방법을 채용하여 전기 · 자기의 인력 · 척력이 모두 거리의 2배에 반비례함을 실험적으로 나타내는 데 성공하였다. 다만 전하 · 자석의 인력 · 척력이 역제곱의 법칙에 따른다는 것은 쿨롱 이전에 J.프리스틀리 · H.캐번디시도 지녔던 생각이므로 쿨롱의 독자성은 그 역제곱의 법칙을 정확한 정량적 실험으로 나타낸 점에 있다.

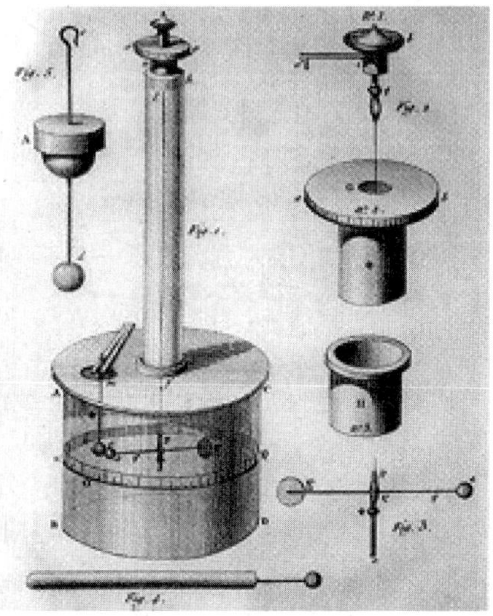

10. 인덕턴스 회로(INDUCTANCE)

1) 이론

인덕터(inductor : 유도소자)는 코일로 된 도선으로 이루어진 2단자소자이다. 소자를 통해 흐르는 전류는, [그림 1]의 간단한 모델에서 볼 수 있듯이, 인덕터를 구성한 코일을 둘러싸고 있는 폐루프 모양을 한 자속 $\varnothing$를 생성한다. 코일이 N회 감겨 있고, 자속 $\varnothing$가 감긴 각 코일을 통과하는 것으로 생각하자. 이 경우 N번 감긴 코일과 쇄교하는 전체 자속을 λ로 표현하면 다음과 같다.

$$\lambda = N\varnothing$$

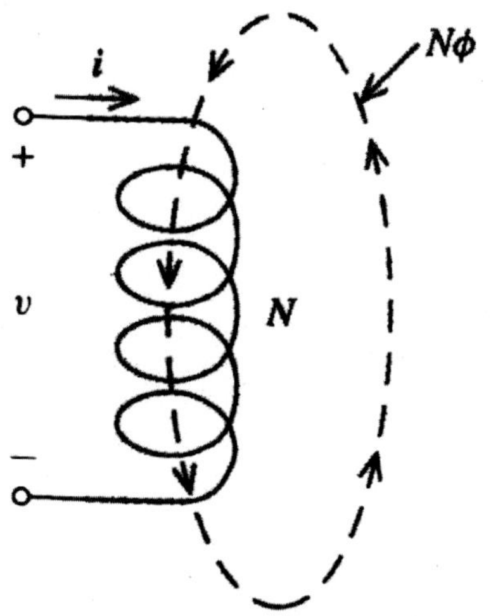

[그림 1]

이러한 전체 자속을 보통 자속쇄교(flux linkage)라 한다. 자속의 단위로는 웨버(weber : Wb)를 쓴다. 선형 인덕터에서 자속쇄교는 소자를 통해 흐르는 전류에 직접 비례한다. 따라서 다음과 같이 나타낼 수 있다.

$$\lambda = Li \qquad \text{(식 1)}$$

여기서 비례상수 L이 $Wb-turn/A$로 인덕턴스(inductancd)이다. 1 $Wb-turn/A$의 단위를 헨리(henry : H)라 한다.

(식 1)에서 i가 증가하면 λ도 대응하여 증가한다. λ가 증가하면 N회 감긴 코일에서 전압을 생성한다. 이 법칙은 전압은 전체 자속의 시간 변화율과 같다는 것이다. 수학적으로 표현

하면 이 법칙은

$$v = \frac{d\lambda}{dt}$$

이 되고 (식 1)을 사용하면 다음 식을 얻는다.

$$v = L\frac{di}{dt} \qquad \text{(식 2)}$$

분명히 i가 증가하면 인덕터의 단자에 [그림 2]에 나타낸 극성으로 전압이 유기된다. 이 전압은 i의 증가에 대항한다.

단자법칙이 (식 2)로 주어지는 인덕터의 회로기호는 [그림 2]와 같다. 저항과 커패시터의 경우와 같이 전류의 방향이나 전압의 극성 표시 중의 하나가 바뀌면 (식 2)의 우변에 음의 부호를 사용해야 한다. 즉, 단자법칙은 $v = -L(di/dt)$가 된다.

단자법칙 (식 2)로부터 i가 일정하면 전압은 0이 된다. 따라서 인덕터는 직류전류에 대해서는 단락회로와 같이 동작한다. 반면에 i가 더 갑작스럽게 변화할수록 그 양단에 나타내는 전압이 더 커진다.

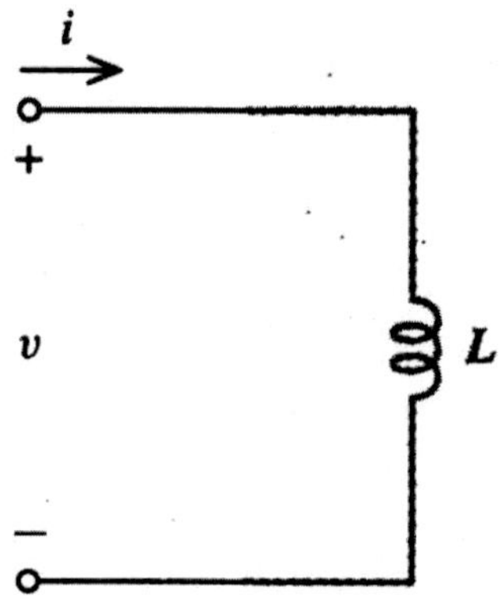

[그림 2]

다음 식과 같이 $a^{-1}s$ 동안에 0에서 1A로 직선적으로 증가하는 전류를 생각하자.

$$i = 0, \quad t < 0$$
$$at, \quad 0 \le t \le a^{-1}$$
$$1, \quad t > a^{-1}$$

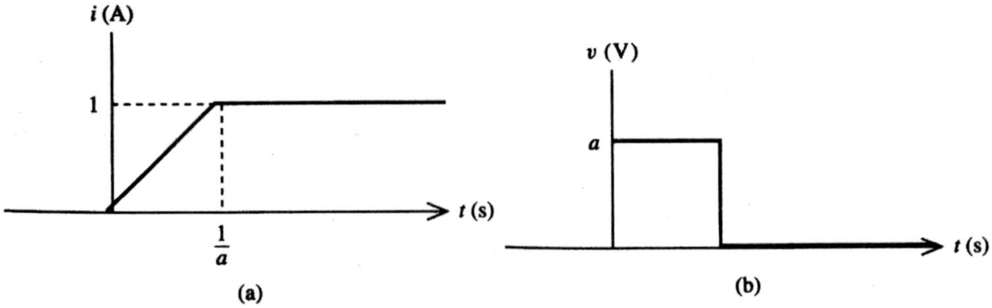

[그림 3]

이 단자전류를 1H 인덕터에 인가하면 단자전압은 다음과 같다.

$$v = 0, \quad t < 0$$
$$a, \quad 0 \le t \le a^{-1}$$
$$0, \quad t > a^{-1}$$

이 i와 v를 그리면 [그림 3]과 같다.

i가 일정하면 v가 0이고, i가 직선적으로 증가하면 v가 a와 같게 된다. a를 더 크게 할수록 i는 더 급격히 변하고, v는 더욱 증가한다. 분명히 $a^{-1} = 0$(a가 무한대)이면 i는 0에서 1A로 급격히 바뀌고, v는 무한대로 된다.

일반적으로 위와 같이 인덕터 전류의 급격한 변화는 단자에 무한대의 전압이 필요하다. 커패시터의 경우에 기술한 것과 같이, 이는 물리적으로 불가능하다. 따라서 인덕터에 흐르는 전류는 급격히 변할 수 없다. 인덕터에 흐르는 전류는 항상 연속적이다. 커패시터전압에 적용되었던 것과 똑같은 연속성의 원리가 인덕터 전류에도 적용되는 것이다. 커패시터전류가 불연속적으로 변할 수 있는 것처럼 인덕터 전압은 불연속적으로 변할 수 있지만 이때에도 인덕터 전류는 연속이다.

전류 $i(t)$를 전압 $v(t)$의 항으로 표현해보자. (식 2)를 시간 t_0에서 t까지 적분하여 $i(t)$에 대하여 풀면 다음과 같다.

$$i(t) = \frac{1}{L}\int_{t_0}^{t} v(\tau)d\tau + i(t_0) \qquad \text{(식 3)}$$

이 식에서 적분항은 t_0에서 t까지에 증가하는 전류이고, 반면에 $i(t_0)$는 t_0일 때의 전류이다. 분명히 $i(t_0)$는 $t = -\infty$에서 t_0까지 모아진 전류이고 여기서 $i(-\infty) = 0$이다. 따라서 다음과 같이 쓸 수 있다.

$$i(t) = \frac{1}{L}\int_{-\infty}^{t} v(\tau)d\tau$$

1H 인덕터를 생각하자. (식 3) 은 그래프 v의 $-\infty$에서 t_0사이 넓이를 구하는 것이다. $i(t_0)$는 $-\infty$에서 t_0사이의 넓이를 나타낸다. 예를 들어, [그림 3]에서 $t_0 = 0$이라면 $t = 1/a$의 전류는

$$i(\frac{1}{a}) = \frac{1}{1}\int_{0}^{1/a} v(\tau)d\tau + 0 = \int_{0}^{1/a} a\,d\tau = 1\,A$$

$t_0 = \frac{1}{2}a$[이것은 $i(t_0) = \frac{1}{2}$이 되는 시간이다]라 하고 다시 계산하면

$$i(\frac{1}{a}) = \frac{1}{1}\int_{1/2a}^{1/a} v(\tau)d\tau + v\frac{1}{2a} = \int_{1/2a}^{1/a} a\,d\tau + \frac{1}{2} = 1A$$

이와 같이 v와 i가 반드시 같은 모양으로 변하는 것은 아니다. 예를 들어, [그림 3]을 보면 전류는 연속이어도 전압은 불연속일 수 있다.

• **직렬접속**

[그림 4]과 같이 직렬 연결된 합성 인덕턴스는 직렬 합성저항을 계산하는 방법과 같다.

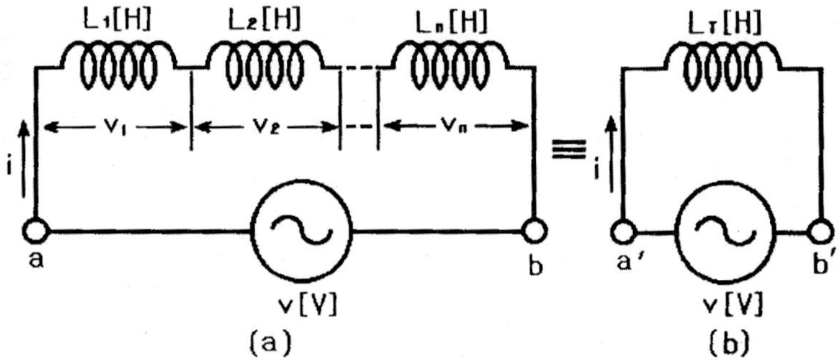

[그림 4]

[그림 4(a)]에서 합성 인덕턴스 L_T는

$$L_T = L_1 + L_2 + L_3 + \cdots + L_n$$

이므로, [그림 4(b)]와 같은 등가회로로 나타낼 수 있다. 또한, 키르히호프의 전압법칙(KVL)

에 의해서 회로에 인가해준 전압은 각 인덕턴스에서 일으키는 전압강하의 합과 같으므로

$$\begin{aligned} v &= v_1 + v_2 + v_3 + \cdots + v_n \\ &= L_1\frac{di}{dt} + L_2\frac{di}{dt} + L_3\frac{di}{dt} + \cdots + L_n\frac{di}{dt} \\ &= (L_1 + L_2 + L_3 + \cdots + L_n)\frac{di}{dt} = L_T\frac{di}{dt} \end{aligned}$$

이 된다.

• **병렬접속**

병렬 연결된 합성 인덕턴스는 병렬 합성 저항을 계산하는 방법과 같다.

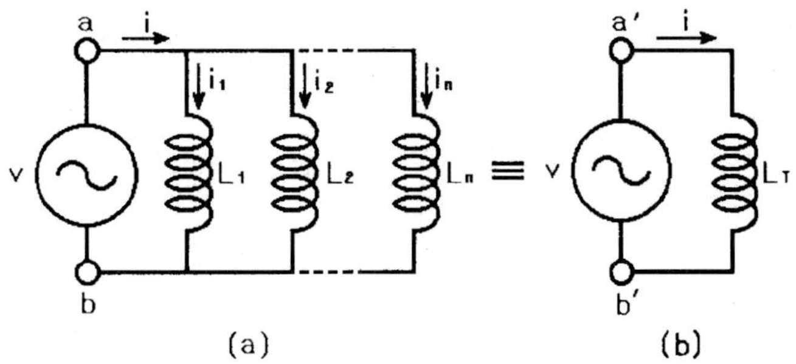

[그림 5]

[그림 5(a)]로부터 합성인덕턴스 L_T는

$$\frac{1}{L_T} = \frac{1}{L_1} + \frac{1}{L_2} + \frac{1}{L_3} + \cdots + \frac{1}{L_n}$$

이며, 회로에 흐르는 전체 전류 i는 키르히호프의 전류법칙(KCL)에 의하여 각 지로전류의 합과 같으므로

$$\begin{aligned} i &= i_1 + i_2 + i_3 + \cdots + i_n \\ &= (\frac{1}{L_1}\int vdt + \frac{1}{L_2}\int vdt + \frac{1}{L_3}\int vdt + \cdots + \frac{1}{L_n}\int vdt \\ &= (\frac{1}{L_1} + \frac{1}{L_2} + \frac{1}{L_3} + \cdots + \frac{1}{L_n})\int vdt = \frac{1}{L_T}\int vdt \end{aligned}$$

로 된다.

2) 실험 과정

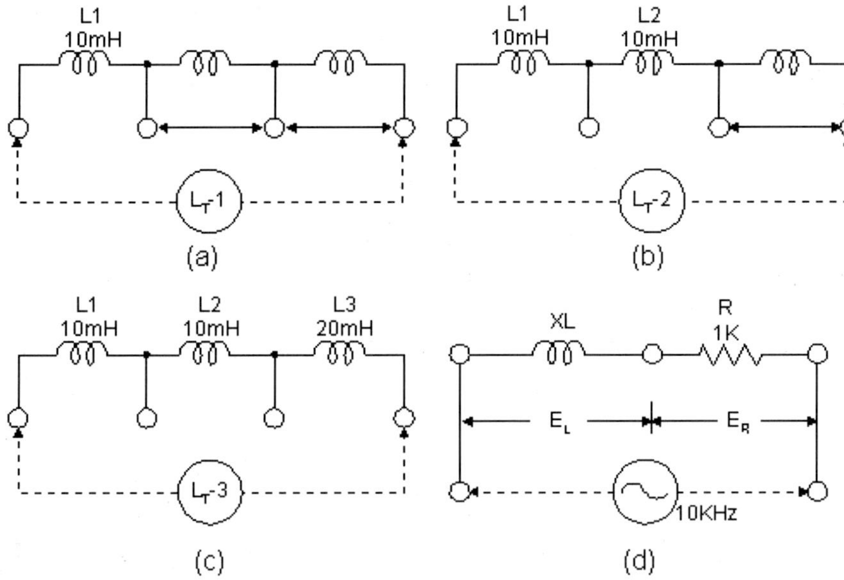

[그림 6]

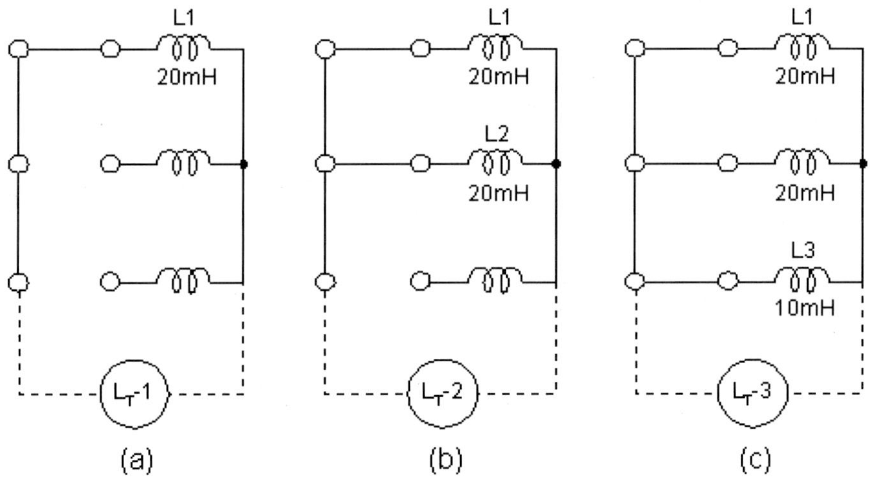

[그림 7]

(1) [그림 6(a)]와 같이 회로를 구성한다.

(2) 전체 인덕턴스 (L_{T1})를 디지털 LCR 미터로 측정하여 [표 1]의 해당란에 기록한다.

(3) [그림 6(b)]와 같이 회로를 구성한다.

(4) 전체 인덕턴스 (L_{T2})를 디지털 LCR 미터로 측정하여 [표 1]의 해당란에 기록한다.

그리고 전체 인덕턴스 (L_{T2})를 계산하여 기록한다.

(5) [그림 6(c)]와 같이 양단의 전체 인덕턴스 (L_{T3})를 디지털 LCR 미터로 측정하여 [표 1]의 해당란에 기록한다. 그리고 전체 인덕턴스 (L_{T3})를 계산하여 기록한다.

(6) 디지털 LCR 미터가 없는 경우 [그림 6(d)]를 참조하여 다음의 주어진 식을 이용하여 간접 측정법으로 전체 인덕턴스를 측정한다.

$$L = \frac{X_L}{\omega}, \quad X_L = \frac{E_L \cdot R}{E_R}, \quad (\omega = 2\pi f)$$

(7) [그림 7(a)]와 같이 회로를 구성한다.

(8) 전체 인덕턴스 (L_{T1})를 디지털 LCR 미터로 측정하여 [표 1]의 해당란에 기록한다.

(9) [그림 7(b)]와 같이 회로를 구성한다.

(10) 양단의 전체 인덕턴스 (L_{T2})를 디지털 LCR 미터로 측정하여 [표 1]의 해당란에 기록한다. 그리고 전체 인덕턴스를 계산하여 기록한다.

(11) [그림 7(c)]와 같이 회로를 구성한다.

(12) 양단의 전체 인덕턴스 (L_{T3})를 디지털 LCR 미터로 측정하여 [표 1]의 해당란에 기록한다. 그리고 전체 인덕턴스를 계산하여 기록한다.

3) 실험 결과

(1) [표 1]

회로 \ 측정		인 덕 턴 스 계		
		LT1	LT2	LT3
[그림 6] (직렬 인덕턴스)	측정값			
	계산값	——		
[그림 7] (병렬 인덕턴스)	측정값			
	계산값	——		

비고

인체의 전기저항

인체의 전기저항은 전압이 일정할 경우 통전전류의 크기를 결정하는 중요한 요소로서 내부저항과 피부저항으로 구분될 수 있다. 인체저항의 등가회로는 직류전원에 의해 감전된 경우 단순하게 저항값 만을 기준으로 고려할 수 있으나 교류전원에 의한 감전의 경우 임피던스로 고려하는 것이 더 합리적이다. 즉 인체를 전기적 도체로 생각할 경우 피부, 혈액, 근육 등 기타 인체 각부는 전류에 대해 저항성분과 용량성분으로 구분되는 임피던스를 가지며 그 크기는 통전경로, 접촉전압, 접촉면적, 통전시간, 주파수 등에 따라 변한다.

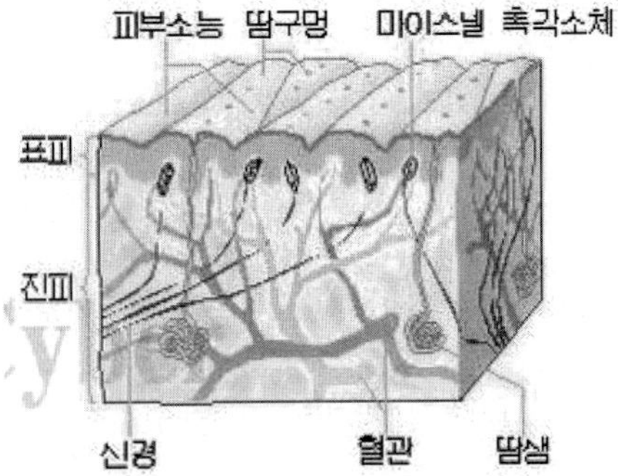

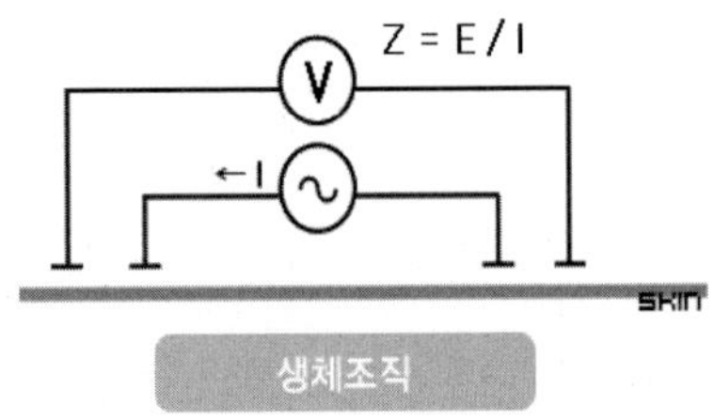

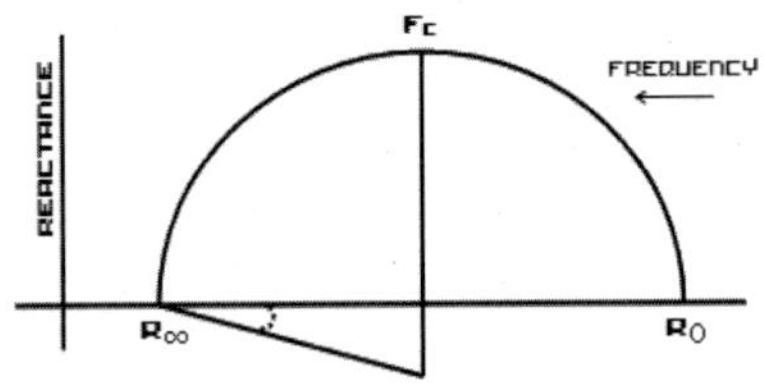

피부의 전기저항은 연령, 성별, 인체의 각 부분별, 수분 함유량에 따라 큰 차이를 나타내고 있으며 일반적으로 약 2500[Ω] 정도를 기준으로 하고 있다. 인체의 전기저항중에서 피부의 전기저항이 가장 큰 값을 가지고 있으나, 공구를 가지고 작업하는 근로자의 손은 약 10,000[Ω], 사무 근로자의 손처럼 부드러운 피부는 약 1,000[Ω]으로 사람의 피부저항은 상당히 큰 폭으로 변동하게 된다. 또한 같은 크기의 전류가 흘러도 접촉 면적이 커지면 피부저항은 감소되며, 통전시간이 길어지면 시간의 경과와 함께 저항치는 감소된다.

내부조직의 전기저항은 직선적으로 직류, 교류에 관계없이 거의 일정하며 통전시간이 긴 경우에는 jule열에 의한 조직의 온도상승으로 인하여 저항값이 약간 감소한다. 일반적으로 인체의 각 조직별 전기저항은 매우 상이하나 감전측면에서 인체의 임의 두 수족간 저항값은 500[Ω]을 기준으로 고려되고 있다.

인체 내 지방을 측정하려면 몸의 부피와 밀도를 재면 된다. 따라서 체지방을 구하는 가장 정확한 방법은 사람이 수조(水槽) 속에 들어가 비중을 재어 몸무게와 비교하는 것이며, 이를 수중체밀도법이라 한다. 지방은 밀도가 낮고 근육은 밀도가 높기 때문에 두 성분의 밀도차를 비교하면 지방량을 알 수 있다.

하지만 이런 방법은 매우 번거롭기 때문에 새로 고안된 것이 바로 '생체임피던스 측정법(BIA)' 이다. 1983년 얀 노보에르 박사가 몸속의 수분과 전기저항과의 관계를 밝혀내면서 이 측정법이 실용화됐다. BIA는 인체에 약한 전류를 통과시켜 체내 저항값(임피던스)을 측정하는 것이다. 인체의 구성 성분(물, 단백질, 무기질, 지방) 가운데 전류를 통과시키는 것은 전도성이 높은 물 밖에 없다. 따라서 인체에 적극을 접촉시켜 전류를 흘려주면 전류는 물을 따라 흐르게 된다.

BIA 원리를 이용한 체지방 분석기가 1980년대부터 상품화하기 시작했다. 처음에는 누워서 측정하는 방법이 사용되다가 1990년대부터는 서서 측정하는 방법이 개발됐다. 또한 임피던스 측정 부위도 처음에는 단주파수로 전신을 재다가 점점 다주파수 부위별로 측정하면서 정밀도가 높아졌다. 최근에는 휴대용 체지방 측정기도 있는데, 이는 상체의 인체 저항을 구하는 방식을 채택하고 있으며, 양쪽 측정 단자를 엄지와 검지를 이용해 잡은 후 5초 정도 지나면 체지방량이 나온다. 두 가지 방법 모두 사람의 몸을 하나의 원통으로 가정한 뒤 원통 전체의 저항을 계산한다.

가정에서 사용하기 편한 체지방 측정기로는 키, 몸무게, 나이, 성별 등을 입력한 뒤 저울처럼 판 위에 올라가면 체지방을 알 수 있는 기기가 있다. 이 기기는 오른쪽 발에서 왼쪽 발로 전기를 흘려준 뒤 양쪽의 전압 차이를 측정하는 방법을 사용한다. 전압의 차는 바로 인체 저항을 의미하며 인체저항을 계산하면 위에서 말한 방식으로 체지방량을 계산할 수 있다.

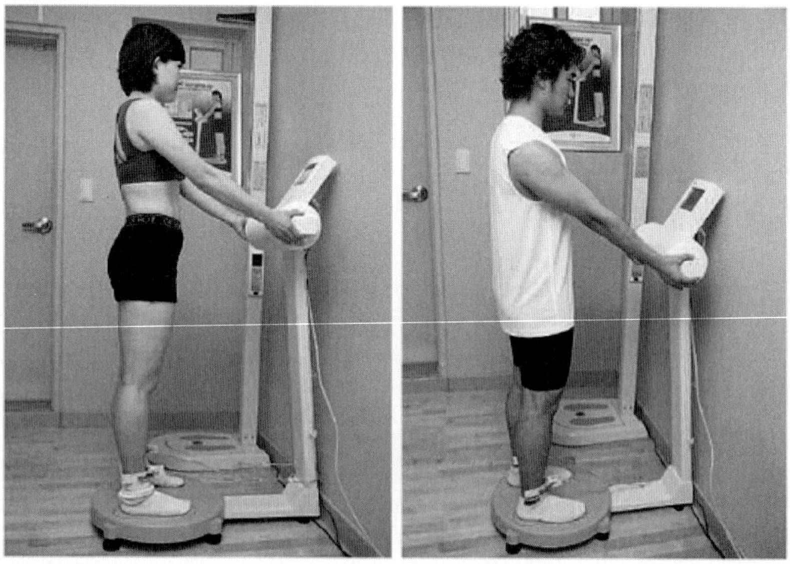

11. RC & RL CIRCUIT

1) 이론

- RC CIRCUIT

[그림 1]의 회로에 키르히호프의 전압법칙(KVL)을 적용하여 전체 전압 구하면 다음과 같다.

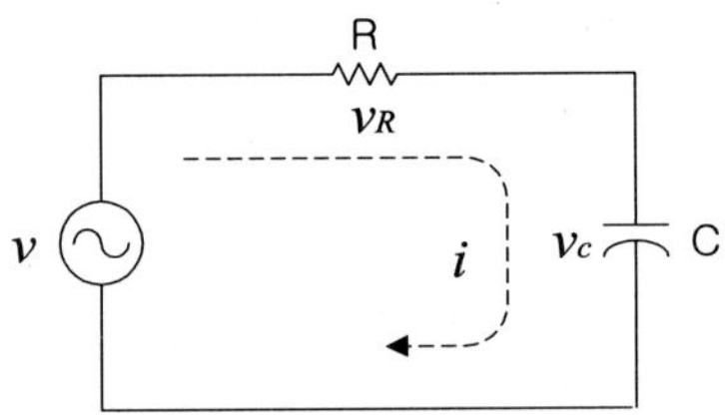

(a) 회로도

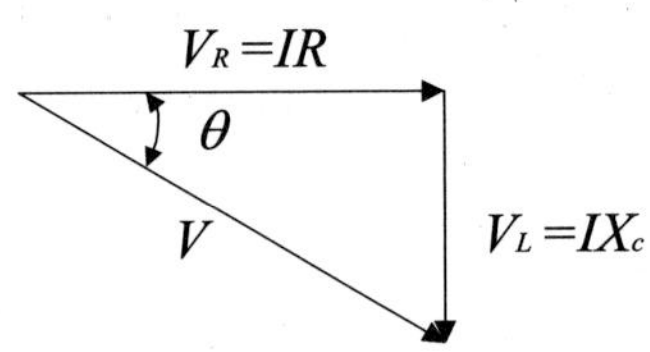

(b) Vector 도

[그림 1]

$$V = RI + \frac{I}{j\omega C} \qquad \text{(식 1)}$$

(식 1)에서 전류를 구하면 다음과 같은 결과를 얻을 수 있다.

$$I = \frac{V}{R + \frac{1}{j\omega C}} = \frac{j\omega C}{1 + j\omega C}V \qquad \text{(식 2)}$$

(식 2)를 정리하면 다음과 같다.

$$I = \frac{V}{\sqrt{R^2 + \frac{1}{\omega^2 C^2}}} \angle \frac{\pi}{2} - \tan^{-1}\omega RC \qquad \text{(식 3)}$$

(식 3)에서 $Z = \sqrt{R^2 + \frac{1}{\omega^2 C^2}}$ 이며 $\theta = \frac{\pi}{2} - \tan^{-1}\omega RC$ 이다. 저항과 용량성리액턴스에 따른 위상차는 이며 [그림 1]의 벡터도를 보면 용량성리액턴스는 저항에 비하여 위상이 90° 만큼 빠른 것을 알 수 있다. 주파수에 따른 커패시터의 용량성리액턴스(Capacitive reactance)를 구하면 다음과 같다.

$$X_L = \frac{1}{\omega C} = \frac{1}{2\pi f C}[\Omega] \quad \text{(식 4)}$$

실효값(rms)을 기준하여 전압의 관계를 보면 [그림 1(b)]에서 보여지는 것과 같이 벡터의 합으로 구할 수 있으며 다음과 같다.

$$V_R = IR \quad \text{(식 5)}$$

$$V_C = IX_C$$

$$V = \sqrt{V_R^2 + V_C^2}$$

• RL CIRCUIT

직렬회로에서는 전류가 R, L에 흐르는 전류가 같으며 전류는 다음과 같다.

$$i = \sqrt{2} I \sin\omega t \quad \text{(식 6)}$$

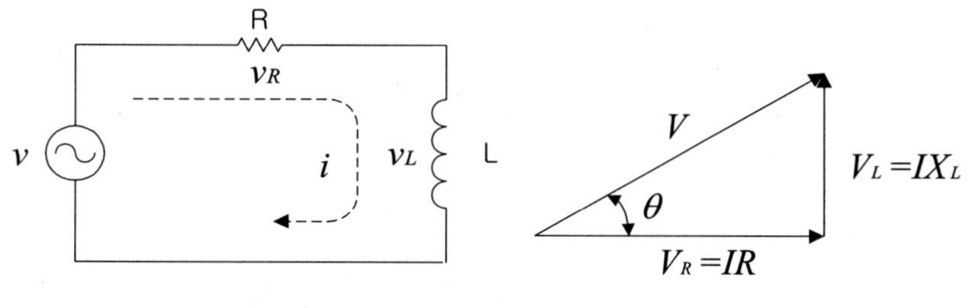

(a) 회로도　　(b) Vector 도

[그림 2]

[그림 2]의 R, L 직렬회로에 각각의 전압강하는 다음과 같다.

$$v_R = \sqrt{2} IR \sin\omega t \quad \text{(식 7)}$$

$$v_L = \sqrt{2} I\omega L \sin(\omega t + 90^\circ) = \sqrt{2} I\omega L \cos\omega t$$

키르히호프의 전압법칙(KVL)을 적용하여 전체 전압 구하면 다음과 같다.

$$v = v_R + v_L \quad \text{(식 8)}$$

$$= \sqrt{2} I(R\sin\omega t + X_L \cos\omega t)$$

(식 8)에 삼각함수의 공식을 통하여 정리하면 다음과 같다.

$$v = \sqrt{2}\, I Z \sin(\omega t + \phi) \qquad \text{(식 9)}$$

$$Z = \sqrt{R^2 + X_L^2}$$

$$\phi = \tan^{-1}\left(\frac{X_L}{R}\right)$$

(식 9)에서 ϕ는 저항과 유도성리액턴스에 따른 위상차이며 [그림 2(b)]의 벡터도를 보면 유도성 리액턴스는 저항에 비하여 위상이 90° 만큼 늦은 것을 알 수 있다. 주파수에 따른 유도성 리액턴스(Inductive reactance)는 다음과 같다.

$$X_L = \omega L = 2\pi f L[\Omega] \qquad \text{(식 10)}$$

실효값(rms)을 기준하여 전압의 관계를 보면 [그림 2(b)]에서 보여지는 것과 같이 벡터의 합으로 구할 수 있으며 다음과 같다.

$$V_R = IR \qquad \text{(식 11)}$$

$$V_L = IX_L$$

$$V = \sqrt{V_R^2 + V_L^2}$$

2) 실험 과정

• RC CIRCUIT

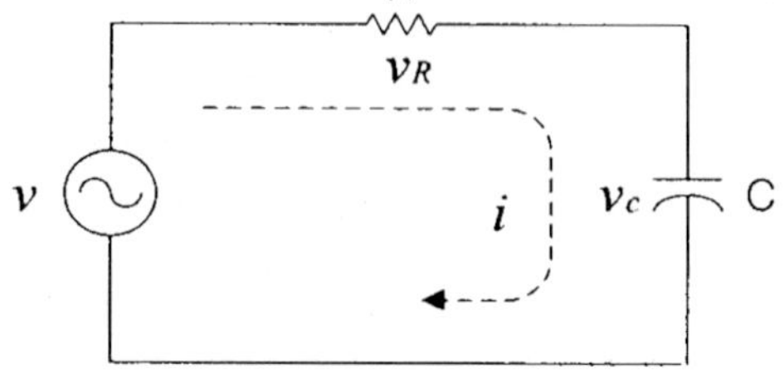

[그림 3]

(1) $R = 1\,\text{k}\Omega$, $C = 10\,\mu\text{F}$ 를 직렬로 연결하여 실험한다.
(2) [표 1]에 주어진 주파수 값을 AFG를 이용하여 전압은 실효값 기준으로 3 V를 유지하면서 주파수를 바꾸어 가면서 측정을 반복한다.
(3) 전압을 측정할 때는 오실로스코프의 값을 읽은 뒤 실효값으로 환산하여 기록한다.
(4) 시험을 재차 반복 시에는 커패시터 양단을 단락 시켜 초기 값을 0으로 만든 뒤 시험을 실시한다.
(5) (식 4)에 의하여 전압, 전류 및 위상차를 계산하고 [표 1]에 기록한다.
(6) 측정된 전압과 전류 값을 이용하여 임피던스와 위상차를 계산하여 [표 1]에 기록한다.

• RL CIRCUIT

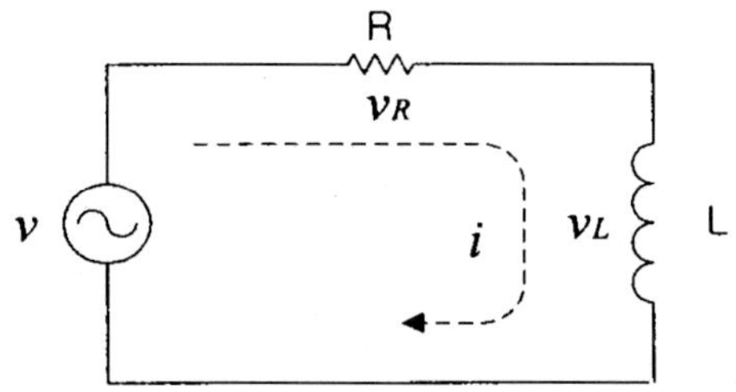

[그림 4]

(1) $R = 5\,\Omega$, $L = 250\,\text{mH}$를 직렬로 연결하여 실험한다.
(2) [표 2]에 주어진 주파수 값을 AFG를 이용하여 전압은 실효값 기준으로 3V를 유지하면서 주파수를 바꾸어 가면서 측정을 반복한다.
(3) 전압을 측정할 때는 오실로스코프의 값을 읽은 뒤 실효값으로 환산하여 기록한다.
(4) 시험을 재차 반복 시에는 인덕터 양단을 단락 시켜 초기 값을 0으로 만든 뒤 시험을 실시한다.
(5) (식 4)에 의하여 전압, 전류 및 위상차를 계산하고 [표 2]에 기록한다.
(6) 측정된 전압과 전류 값을 이용하여 임피던스와 위상차를 계산, [표 2]에 기록한다.

3) 실험 결과

(1) [표 1]

주파수	측 정 값		계 산 값					비 고
[㎐]	V_R	V_C	R	X_C	Z	θ	$\cos\theta$	
30								
60								
100								
300								
500								
1000								

(2) [표 2]

주파수 [㎐]	측정값		계산값				비고
	V_R	V_L	R	X_L	Z	$\cos\theta$	
500							
1000							
2000							
3000							
5000							
10000							

외르스테드의 대발견

외르스테드(Hans Christian Ørsted)는 덴마크의 물리학자이자 화학자이다. 그는 19세기 후반에 후기 칸트철학을 완성하였고 과학에 있어서도 큰 발전을 이루었다. 외르스테드는 전자기학 부분에서 전기와 자기의 관계에 대해 발견한 것으로 잘 알려져 있는데, 그뿐만 아니라 과학 실험에 대해 명쾌하게 설명하고 이름붙인 최초의 사람이기도 하다.

외르스테드는 덴마크의 Langeland에서 약사의 아들로 태어났다. 외르스테드는 약사였던 아버지의 일을 도우면서 과학에 대해 관심을 가지기 시작했다. 외르스테드와 그 동생은 1793년에 코펜하겐 대학 입학시험을 치기 위해 코펜하겐으로 갔다. 외르스테드 형제는 시험을 매우 뛰어난 성적으로 통과하였고, 열심히 공부하였다. 그는 철학, 특히 칸트에 매우 흥미가 있었으나 천문학, 물리학, 수학, 그리고 화학을 공부했으며, 1796년에 물리학과 미학 부분에서 우등상을 받고 1797년 화학으로 학위를 받았다.

1801년에 외르스테드는 유럽을 여행하던 중에, 독일에서 전기와 자기 사이에 연관성이 있다고 생각하는 물리학자 요한 빌헬름 리터(Johann Wilhelm Ritte)를 만났다. 이 때 외르스테드는 자연에는 규칙이 있다고 믿었기 때문에 전기와 자기 사이에는 틀림없이 연관성이 있다고 믿었다. 그 후 독일의 여러 곳을 자주 여행하면서 볼타전지를 발명하는 계기가 되었던 전기와 화학사이의 관계에 대해 이루어진 연구들을 공부했다. 요한 빌헬름 리터와의 대화는 외르스테드를 물리학에 전념하도록 만들었으나, 물리학 교수직을 얻는 것은 쉽지 않았다. 경제적으로 궁핍한 나머지 외르스테드는 과학과 철학에 대한 주제로 대중을 상대로 일련의 강좌를 맡기 시작했다. 그는 마침내 1806년 코펜하겐 대학의 교수가 되어 전류작용과 음향학에 대해 연구하게 되었다. 그의 지시 아래, 코펜하겐 대학은 물리학과 화학 프로그램을 수행하기 위한 새로운 실험실을 설립하기에 이르렀다.

1820년 봄날 어느 저녁, 실험 강의 도중 어떤 현상을 발견했는데, 그 강의에 참석했던 사람들의 말에 의하면, 외르스테드는 실험도중에 일어난 현상을 보고 전혀 예상하지 못했던 것처럼 당황했다고 한다. 그가 전류가 흐를 때, 전선의 주변에 있던 나침반 바늘이 북극을 가리키지 않는 것을 알아차렸다. 즉, 볼타전지의 양극과 음극 기둥 양 끝을 잇는 철사에 강한 전류를 흘려보낼 때, 북쪽에서 남쪽 방향을 향하는 철사 옆에 나란히 놓인 나침반의 바늘이 철사의 방향과 수직하게 동쪽에서 서쪽을 향하도록 90도 회전한 다음 계속 그 방향을 가리키는 것을 보고 놀랐다.

그가 철사에 흐르는 전류의 방향을 바꾸니, 나침반의 바늘은 즉시 180도 회전 하는 것이었고, 철사가 놓인 방향에 상관없이 바늘이 철사에 흐르는 전류의 방향에 따라서 철사의 한쪽 옆이나 다른 쪽 옆을 향하였다. 이것은 자침에 작용하는 힘의 행동 양상이 정전기력이나 만유인력과 달랐기 때문에 이 발견 자체는 과학연구에 즉각적인 반향을 일으켰다. 바늘이 회전하였다는 사실은 두 질량이나 두 전하 또는 두 자극 사이에 작용하는 것과 같이 단순한 인력이나 척력이 아니고 전류에서 발생한 회전력의 영향을 받는다는 것을 시사한다. 이 나침반 바늘의 회전은 자기장과 전류 사이에 어떤 관계가 있다는 것을 증명하는 것이었고, 그것은 바로 전기와 자기의 관계를 의미하는 것이었다. 나침반의 바늘이 전하에 의해 영향을 받지는 않는다는 사실로부터 이 회전은 자기적인 효과임이 명백했으며, 그래서 외르스테드는 전류가 자기를 발생시킨다는 올바른 결론을 내렸다.

외르스테드가 발견한 것은 정말로 인류 역사 이래 과학 분야에서 가장 위대한 발견 중의 하나인데, 이것이 우리 생활과 사회의 모든 측면을 변혁시킨 전자기의 광대한 과학적 그리고 기술적인 영역을 향한 문을 열어주었기 때문이다. 외르스테드의 위대한 발견 이후로 전류사이의 상호작용에 관한 연구는 자신의 이름이 전류의 단위로 채택된 암페어의 뛰어난 업적을 선두로 아라고, 패러데이, 베버 등이 전자기학 성립을 이루도록 왕성하게 진행되었다. 그리고 외르스테드의 발견은 에너지 개념의 통일에 있어서 큰 역할을 했다. 자기장의 세기의 단위인 에르스텟(Oe)은 그의 업적을 기리기 위해 이름을 딴 것이다.

12. LC 공진회로(LC RESONANCE)

1) 이론

• 직렬 공진회로

인덕터의 리액턴스는 다음식에 따르면 주파수가 증가할 때 같이 증가한다.

$$X_L = 2\pi f L \quad \text{(식 1)}$$

반면, 커패시터의 리액턴스는 다음 식에 다르면 주파수가 증가할 때 감소한다.

$$X_C = \frac{1}{2\pi f C} \quad \text{(식 2)}$$

[그림 1(a)]에 보인 직렬 LC회로를 고려해보자. 이상적으로 LC회로에서 유도성 리액턴스가 용량성 리액턴스와 같아지는 주파수가 존재한다. 리액턴스의 크기가 같고 부호가 반대인 점을 공진(resonance)점이라 한다. $X_L = X_C$로 놓고 주어진 식에 대입하여 주파수 f에 대해 풀면 LC회로의 공진 주파수를 쉽게 구할 수 있다.

$$f_r = \frac{1}{2\pi\sqrt{LC}} \quad \text{(식 3)}$$

여기서 f_r은 공진 주파수를 나타낸다. 인덕터와 커패시터 사이의 위상천이가 반대이기 때문에 인덕터와 커패시터의 리액턴스 페이저가 반대방향으로 그려진다는 사실을 기억하여라. 직렬 공진에서 이들 두 페이저는 더해져서 서로 상쇄된다. [그림 1]에 이 과정을 나타내었다.

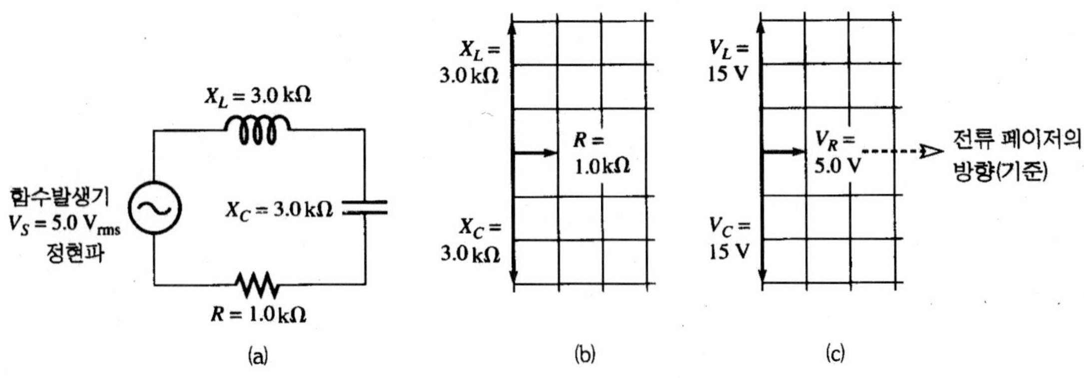

[그림 1]

회로의 전류는 회로의 전체 저항값에 의해서만 제한된다. 이 예에서 전류는 5.0mA이다. 만약 각각의 임피던스 페이저에 전류를 곱한다면 전압 페이저도는 [그림 1(c)]와 같다. 인덕터와 커패시터에 걸리는 전압이 인가전압보다 클 수 있음을 주목하여라!

공진주파수에서는 유도성 페이저와 용량성 페이저가 상쇄되어 오직 저항성 페이저만이 회로의 전류를 제한하게 된다. 그러므로 공진시 회로의 임피던스는 최소가 되고 전류는 최대가 되며 크기는 V_S/R와 같다. 전원전압과 전류 간의 위상각은 0이 된다. 주파수가 작아지면 유도성 리액턴스는 작아지고 용량성 리액턴스는 커질 것이다. 이 회로는 전원전류가 전원전압을 앞서기 때문에 용량성이라고 말한다. 주파수가 공진점 위로 증가하면 유도성 리액턴스는 증가하고 용량성 리액턴스는 감소한다. 이 회로는 유도성 회로이다.

공진회로의 선택도(selectivity)는 회로가 어떻게 주파수의 그룹에 반응하는지를 설명한다. 선택도가 높은 회로는 좁은 범위의 주파수 그룹에 반응하고 그 외의 다른 주파수에는 반응을 하지 않는다. 공진회로의 대역폭(bandwidth)은 전류가 최대 전류의 70.7%가 되는 주파수 범위를 말한다. 높은 선택도의 회로는 그러므로 좁은 대역폭을 갖는다. 주파수에 대한 응답의 첨예도(charpness: 날카롭게 응답하는 것)는 회로의 Q값에 따라 결정된다. 직렬 공진회로의 Q값은 코일이나 커패시터의 무효전력(reactive power)을 회로의 전체 저항에서 소비되는 유효전력(true power)으로 나누어서 구한다. 대역폭과 공진 주파수는 다음 식과 같이 회로의 Q와 연관된다는 것을 볼 수 있다.

$$Q = \frac{f_r}{BW} \qquad \text{(식 4)}$$

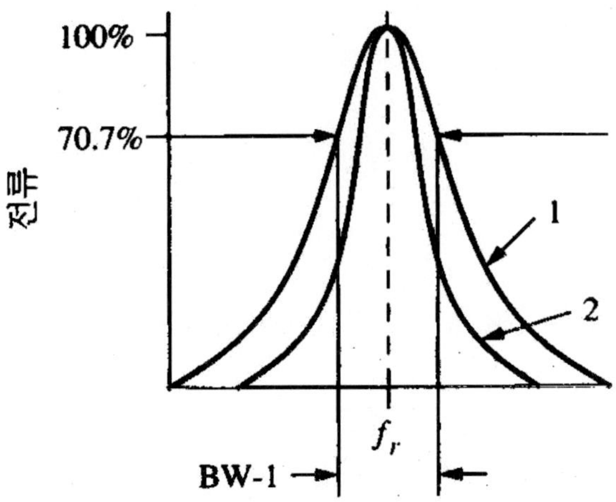

[그림 2]

[그림 2]는 대역폭이 Q값에 따라 변한다는 것을 보여준다. 응답곡선1과 2는 공진 주파수는 같지만 대역폭은 다르다. 그림에 곡선 1의 대역폭을 나타내었다. 응답곡선2는 높은 Q값

과 작은 BW를 갖는다. 회로의 저항, 커패시턴스 그리고 인덕턴스와 Q값과의 관계를 나타내는 유용한 식은 다음과 같다.

$$Q = \frac{1}{R}\sqrt{\frac{L}{C}} \qquad \text{(식 5)}$$

이 식에서 R은 회로의 전체 등가 직렬저항을 나타낸다. 이 식으로 응용문제에 대한 회로의 응답을 설명할 수 있게 된다. 선택도가 높은 회로에서는 회로의 저항이 최소로 유지되며 L/C비율은 높게 된다.

공진회로의 Q값은 또한 다음 식으로부터 계산할 수 있다.

$$Q = \frac{X_L}{R} \qquad \text{(식 6)}$$

여기서 X_L은 유도성 리액턴스, R은 회로의 전체 등가 직렬저항이다. 리액턴스값이 공진점에서 같으므로 이 식에서 X_C를 사용해도 결과가 같지만 인덕터의 저항이 회로에서 대개 영향을 더 주기 때문에 X_L을 주로 쓰게 된다.

• **병렬 공진회로**

병렬 RLC회로에서, 각 지로에 흐르는 전류는 그 지로의 인가전압과 임피던스에 따라 결정된다. 이상적인 인덕터(저항 성분이 없음)의 지로 임피던스는 X_L이고 커패시터의 경우엔 X_C이다. X_L과 X_C가 주파수의 함수이기 때문에 각 지로의 흐르는 전류 또한 주파수에 따라 달라진다. 주어진 L과 C에 대해 각 소자에 흐르는 전류가 크기는 같고 방향이 반대로 되는 주파수가 존재하게 된다.

$$f_r = \frac{1}{2\pi\sqrt{LC}} \qquad \text{(식 7)}$$

회로가 공진할 때 이상적인 병렬 RLC회로의 회로도와 페이저도를 [그림 3]에 나타내었다. 몇 가지 재미있는 점을 볼 수 있다. 공진시 전체 전원전류는 저항에서의 전류와 같다. 전체 전류는 실제로는 인덕터나 커패시터에 흐르는 각각의 전류보다 작다. 인덕터와 커패시터 간에 생기는 위상차이가 반대 방향이므로 전류는 더하면 서로 상쇄된다. 또한 이상적인 경우에 인덕터와 커패시터는 공진점에서 개방(open)된 것처럼 보이기 때문에 회로의 임피던스는 오직 R에 의해 결정된다. L과 C로만 구성된 두 지로에서, 전원전류는 0이 되고 결과적으로 임피던스는 무한대가 된다. 물론 이 상황은 실제 소자에선 일어나지 않는데 실제 소자엔 저항 성분과, 다른 영향이 있기 때문이다.

한 개의 인덕터와 한 개의 커패시터로 구성된 두 개의 지로를 가진 실제의 병렬회로에서 유일하게 영향을 주는 저항은 인덕터의 권선저항(winding resistandce)이다. [그림 4(a)]에 권선저항을 포함하는 실제의 병렬 LC회로를 나타내었다. 회로망 정리에 따라 실제 LC회로는 [그림 4(b)]와 같이 병렬 RLC등가회로로 변환할 수 있다. 등가회로를 사용하면 회로를 쉽게 분석할 수 있다. [그림 3(b)]에 보인 것과 같은 이상적인 병렬 RLC회로의 페이저도가 등가회로에 적용될 수 있다. 인덕턴스와 권선저항을 등가 병렬회로로 변환하기 위한 식은 다음과 같다.

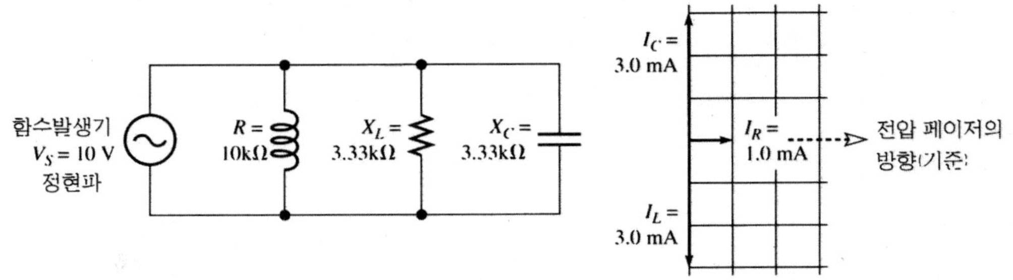

(a) (b)

[그림 3]

$$L_{eq} = L\left(\frac{Q^2+1}{Q^2}\right) \text{ 그리고 } R_{peq} = R_W(Q^2+1)$$

여기서 R_{peq}는 병렬 등가저항을 나타내고 Q는 인덕터의 Q값을 나타내며 R_W는 인덕터의 권선저항을 나타낸다.

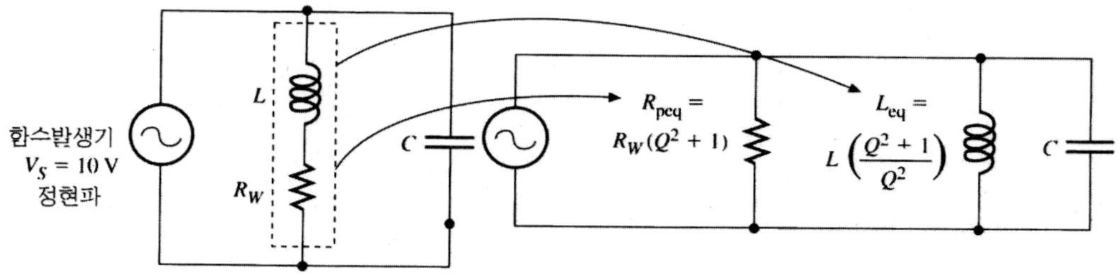

(a) (b)

[그림 4]

변환식에 사용된 Q는 인덕터에서의 Q이다.

$$Q = \frac{X_L}{R_W}$$

공진회로의 선택도(selectivity)는 회로가 어떻게 주파수의 그룹에 반응하는지를 설명한다. 선택도가 높은 회로는 좁은 범위의 주파수 그룹에 반응하고 그 외의 다른 주파수에는 반응을 하지 않는다. 병렬 공진회로는 또한 특정한 주파수 그룹에 반응한다. 병렬 공진회로에서 임피던스는 주파수의 함수로, 직렬 공진회로의 전류 대 주파수 곡선과 같은 형태를 갖는다. 병렬 공진회로의 대역폭(bandwidth)은 전류가 최대 전류의 70.7%가 되는 주파수 범위를 말한다. 주파수에 대한 응답의 첨예도(sharpness)는 회로의 Q값에 의해 측정된다. 회로의 Q값은 회로에 저항이 추가된다면 인덕터에서의 Q값과 다를 것이다. L과 C가 병렬인 회로에 저항이 추가되지 않는다면 병렬 공진회로의 Q값은 인덕터의 Q값과 같게 된다.

2) 실험 과정

• R–L–C 직렬회로

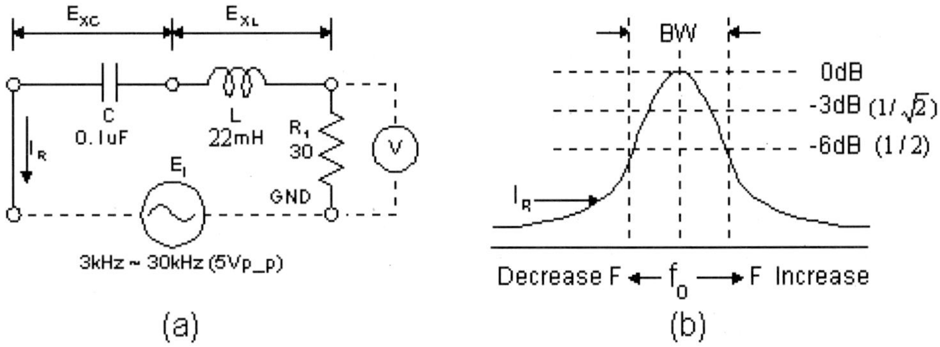

[그림 5]

(1) 오실로스코프나 교류 전압계를 [그림 5(a)]와 같이 연결하라.

(2) Function Generator의 출력을 $5\,V_{P-P}$로 하여 주파수를 변화시키면서 0dB가 되는 주파수(공진주파수)를 찾아서 [표 1]에 기록하라. 그리고 -3dB, -6dB가 되는 주파수를 찾아서 해당란에 기록하라.

(3) 상기 저항 R_1을 1kΩ과 10kΩ으로 대체하고 상기 실험을 반복하라.

• R-L-C 병렬회로

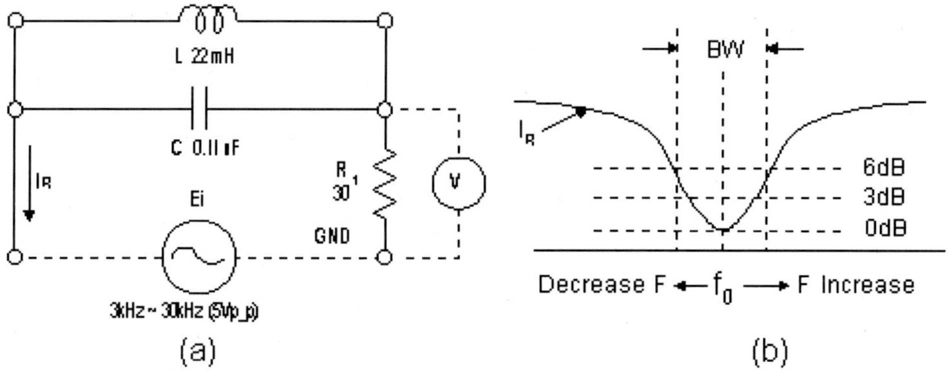

[그림 6]

(1) [그림 6(a)]와 같이 회로를 구성하라.

(2) Function Generator의 출력을 5 V_{P-P}로 하여 주파수를 변화시키면서 0dB가 되는 주파수(공진주파수)를 찾아서 [표 2]에 기록하라. 그리고 -3dB, -6dB가 되는 주파수를 찾아서 해당란에 기록하라.

(3) 상기 저항 R_1을 1kΩ과 10kΩ으로 대체하고 상기 실험을 반복하라.

3) 실험 결과

(1) [표 1]

Level	−f ← 0 → +f					BW (3dB)
	−6dB	−3dB	0dB	−3dB	−6dB	
주파수						

비고

(2) [표 2]

Level	−f ← 0 → +f					BW (3dB)
	+6dB	+3dB	0dB	+3dB	+6dB	
주파수						

비고

주파수의 단위, Hertz

빛이 전자기파의 일종으로 빛과 같은 속도로 공간을 전파해 갈 것이라는 것을 이론적으로 예언한 사람은 전자기학의 맥스웰이론을 만든 맥스웰이다. 그런데 헤르쯔는 이 예언을 실험적으로 입증한 사람으로 전자기파의 속도를 측정할 수 있었고, 전자기파가 빛이나 복사열(적외선)과 같은 성질을 가지고 있다는 것을 알아내었다. 그 외에도 이온화 에너지의 개념인 에너지는 일정한 양으로만 원자에 의해 흡수된다는 이론을 확증한 연구로 1925년 J. 프랑크와 함께 노벨 물리학상을 받았다.

그들의 실험은 전자가 원자와 충돌할 때 그 원자로부터 또 다른 전자를 나오게 하기 위해서는 어떤 최소 에너지를 가져야만 한다는 것을 보여주었다. 이 에너지는 이온화 퍼텐셜이라고 하며 원소에 따라 다양하다. 그들의 측정은 각 원소에서 방출되는 빛의 서로 다른 파장은 그 원소 원자의 일련의 가능한 에너지 상태에 해당된다는 것을 보여주었다. 이는 N.보어에 의해 예측된 것으로 그는 양자론을 이용하여 원자의 특성을 설명했다. 헤르쯔의 이와 같은 업적을 기려서 현재 진동수의 단위는 Hz(헤르쯔)를 쓰고 있다.

헤르츠는 1857년 함부르그에서 태어났다. 그는 학교에서 공학을 배웠으나 물리학을 좋아해서 그만 두었다. 헤르츠는 베를린으로 가서 헬름홀츠 밑에서 공부했다. 1883년에는 키엘에 가서 무임강사가 되었고 맥스웰의 전자기이론을 공부하기 시작했다. 당시는 전자기이론이 완성되기 몇 년 전이었다. 이 때 전자기의 영향이 공간을 통해 전달되는 것을 발견하고, 전자기파의 파장과 속도를 측정하고, 진동이 횡파인 점과 반사, 굴절, 편광 특성이 모두 빛이나 열(적외선)과 완전히 일치하는 것을 보일 수 있었다. 이 결과는 의심할 여지없이 빛의 전자기파 성질을 보여준 것이다.

1889년 헤르츠는 클라우시우스(R. J. E. Clausius)의 뒤를 이어 본 대학의 물리학교수가 되었다. 거기서 그는 희박한 기체의 방전을 연구했는데, 그로부터 수 년 뒤에 뢴트겐(W. C. Rontgen)에 의해 발견된 X-선의 발견을 아깝게 놓쳤고, 그의 마지막 일이 되어버린 '역학원리'를 출간했다. 오랜 병 끝에 1894년 일찍 세상을 떠났다.

13. FILTER CIRCUIT

1) 이론

많은 회로들에는 서로 다른 주파수들이 존재한다. 만약 어떤 주파수들을 원하지 않는다면 그 주파수들은 필터라고 하는 특별한 회로에서 걸러질 수 있다. 필터는 저주파나 고주파가 통과되도록 설계될 수 있다. DC에서 L은 short되고 C는 open된다. AC에서는 반대로 L은 open, C는 short된다. 이상은 극단적인 예이지만 이러한 특성을 이용하여 필터회로를 구현할 수 있다.

• 수동 저역통과 필터

[그림 1]은 저항 R과 커패시터 C로 구성된 수동 저역통과 필터를 보여준다.

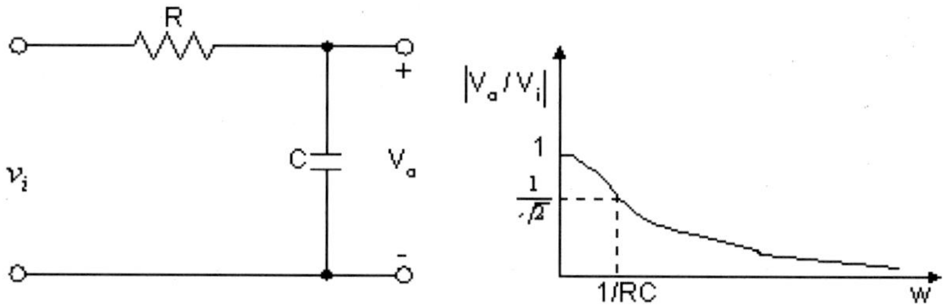

(a) (b)

[그림 1]

[그림 1(a)]에서 v_i 와 v_o의 관계는 다음과 같다.

$$\frac{v_0}{v_i} = \frac{\frac{1}{jwC}}{R + \frac{1}{jw_oC}} = \frac{1}{1 + jwRC} = K_L \qquad \text{(식 1)}$$

3dB 주파수를 차단주파수 f_c라고 부르며 (식 1)으로부터 구하면 다음과 같다.

$$f_c = \frac{1}{2\pi RC} \qquad \text{(식 2)}$$

(식 2)에서 ω즉, f 가 증가하여 일정한 값 f_c보다 크게 되면 v_o/v_i 는 점차로 작아져서 “0”에 가깝게 되는 것을 [그림 1(b)]를 보면 알 수 있다. 따라서 $v_o = Kv_i$ 의 관계로부터

v_i 의 주파수가 f_c보다 커질수록 v_o는 "0"에 가까워지고 v_i 에서 낮은 주파수 성분만이 v_o에 나타나는 것을 알 수 있다. 이와 같이 [그림 1(a)]의 회로는 저주파 성분만을 통과시키는 저역통과필터(LPF)의 역할을 한다.

• **수동 고역통과 필터**

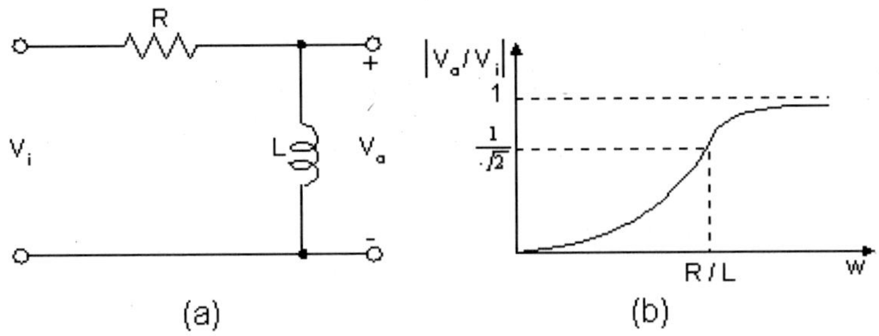

[그림 2]

[그림 2(a)]는 R과 L을 사용한 고역통과필터(HPF) 회로인데 여기서 v_i 와 v_o의 관계는 다음과 같다.

$$\frac{v_o}{v_i}=\frac{j\omega L}{R+j\omega L}=\frac{j\omega\frac{L}{R}}{1+j\omega\frac{L}{R}}=K_H \qquad (식\ 3)$$

위 식에서 ω 즉, f 가 감소하여 일정한 값 f_c보다 작게 되면 v_o/v_i 는 점차로 작아져서 "0"에 가깝게 되는 것을 [그림 2(b)]에서 알 수 있다. 따라서 $v_o=Kv_i$ 의 관계로부터 v_i 의 주파수가 f_c보다 작아질수록 v_o는 "0"에 가까워지고 v_i 에서 높은 주파수 성분만이 v_o에 나타날 수 있게 된다. 이러한 특성을 이용하여 [그림 2(a)]의 회로는 고역통과필터(HPF)로 사용할 수 있다.

• **수동 대역통과 필터**

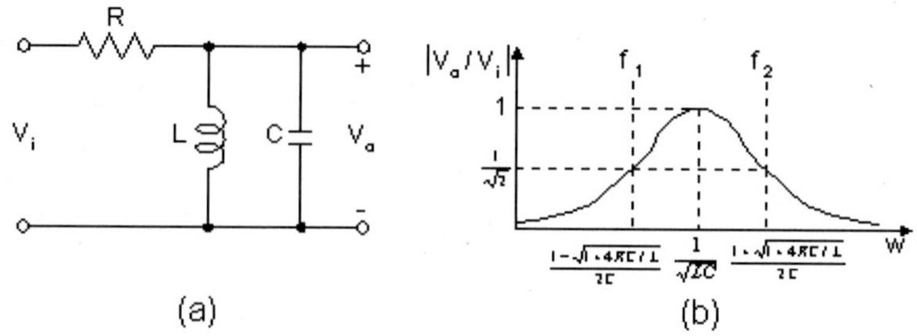

[그림 3]

[그림 3(a)]는 대역통과필터(BPF) 회로이며 여기서 v_i 와 v_o는 다음과 같은 관계를 갖는다.

$$\frac{v_o}{v_i}=\frac{\dfrac{j\omega L\dfrac{1}{j\omega C}}{j\omega L+\dfrac{1}{j\omega C}}}{R+\dfrac{j\omega L\dfrac{1}{j\omega C}}{j\omega L+\dfrac{1}{j\omega C}}}=\frac{\dfrac{j\omega L}{1-\omega^2LC}}{R+\dfrac{j\omega L}{1-\omega^2LC}}=\frac{j\omega L}{R(1-\omega^2LC)+j\omega L}=K_B \qquad (식\ 4)$$

(식 4)에서 ω즉, f 가 증가하여 일정한 값 f_1보다 크게 되면 v_o/v_i 는 점차로 커지고 f_2 보다 크게 되면 v_o/v_i 는 다시 작아져서 "0"에 가깝게 되는 것을 [그림 3(b)]에서 알 수 있다. 따라서 v_i 의 주파수가 f_1보다 크고 f_2보다 작은 범위의 주파수 성분만이 v_o에 나타날 수 있게 된다. 이러한 특성을 이용하여 [그림 3(a)]의 회로는 대역통과필터(BPF)로 사용할 수 있다.

2) 실험 과정

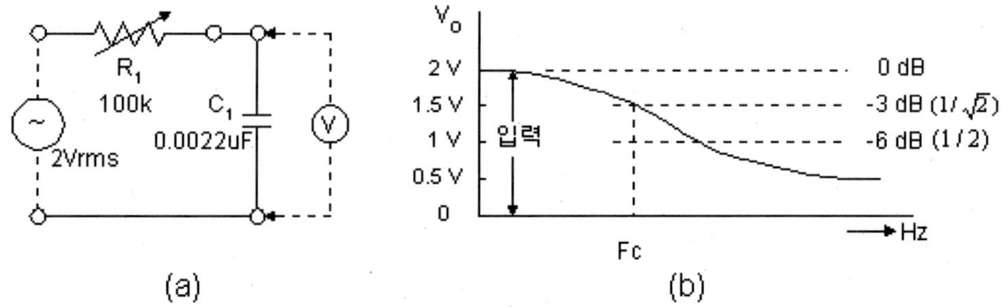

[그림 4]

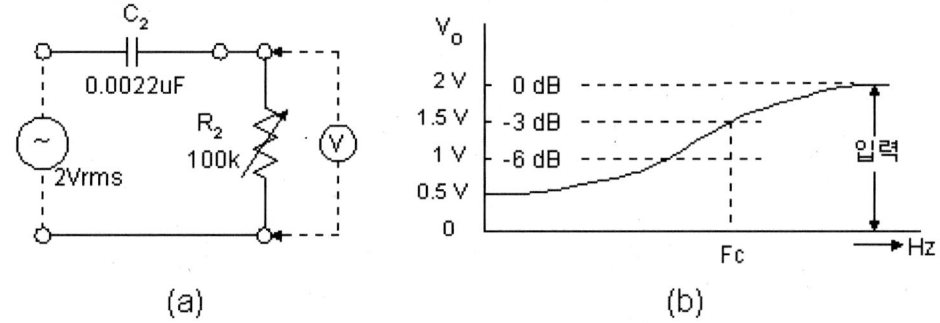

[그림 5]

(1) [그림 4(a)]와 같이 실험회로를 구성한 후 입력 전압의 크기를 2V로 하고 주파수를 변화시키면서 -3dB, -6dB가 되는 주파수를 찾아서 [표 1]의 해당란에 기록하라. 그리고 각 주파수를 계산에 의한 값을 [표 1]에 기록하라.

(2) [그림 5(a)]의 회로에서 입력 전압의 크기를 2V로 하고 주파수를 변화시키면서 -3dB, -6dB가 되는 주파수를 찾아서 [표 1]의 해당란에 기록하라. 그리고 각 주파수를 계산에 의한 값을 표에 기록하라.

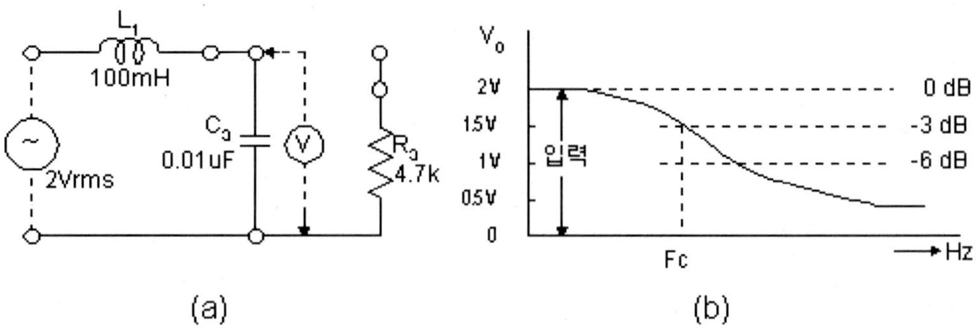

[그림 6]

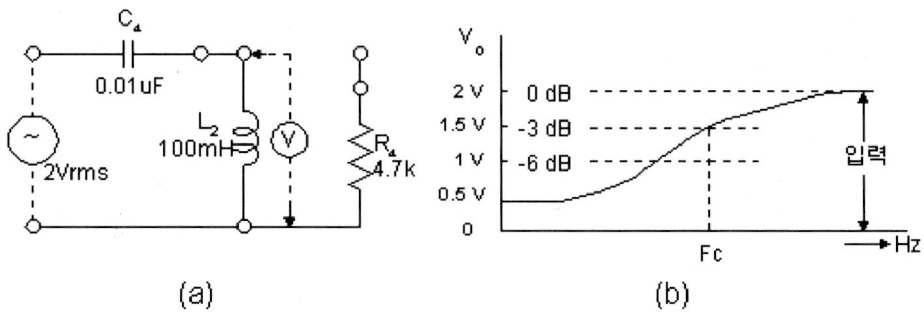

[그림 7]

(3) [그림 6(a)]의 회로에서 입력 전압의 크기를 2V로 하고 주파수를 변화시키면서 -3dB, -6dB가 되는 주파수를 찾아서 [표 2]의 해당란에 기록하라. 위 그림과 같이 회로를 단락하여 부하를 연결 후 -3dB, -6dB가 되는 주파수를 찾아 기록하라. 그리고 각 주파수를 계산에 의한 값을 [표 2]에 기록하라.

(4) [그림 7(a)]의 회로에서 입력 전압의 크기를 2V로 하고 주파수를 변화시키면서 -3dB, -6dB가 되는 주파수를 찾아서 [표 2]의 해당란에 기록하라. 위 그림과 같이 회로를 단락하여 부하를 연결 후 -3dB, -6dB가 되는 주파수를 찾아 기록하라. 그리고 각 주파수를 계산에 의한 값을 [표 2]에 기록하라.

3) 실험 결과

(1) [표 1]

회로 \ 측정		입력 Level	주파수 [Hz]		감쇠비 [dB/oct.]
			(−3dB)	(−6dB)	
[그림 4] (LPF)	측정값	2 Vrms			
	계산값	———			
[그림 5] (HPF)	측정값	2 Vrms			
	계산값	———			

비고

(2) [표 2]

회로 \ 측정		입력 Level	주파수 [Hz]		감쇠비 [dB/oct.]
			(−3dB)	(−6dB)	
[그림 6] (LPF)	무부하	2 Vrms			
	부 하	———			
	계산값	———			
[그림 7] (HPF)	무부하	2 Vrms			
	부 하	———			
	계산값	———			

비고

청진기의 발명, 라에네크

르네 라에네크(René Laennec)는 프랑스의 의학자로, 청진법의 창시자이다. 브르타뉴의 캥페르(Quimper)에서 태어났으며, 14세 때 낭트에서 개업하고 있던 숙부의 집에서 지내며 의학의 기초를 배웠다. 1801년 파리에 나와 샤리테 병원학교에 들어가서 나폴레옹의 주치의였던 코르비자르에게 사사하여 정식으로 의학을 수학하였다. 1806년 보종병원의 의사가 되어 병리해부학에 관심을 가지고 그 분야의 문제에 관한 몇 가지 논문을 발표하였다. 1816년 어린이의 놀이에서 힌트를 얻어 비대한 여성을 진찰할 때 종이를 말아서 관 모양으로 하여 가슴에 대고 청음하였다가 청진기를 발명하였다. 그 후 3년 동안 환자를 청진하여 여러 가지 음(音) 을 기록하고 죽은 후의 병형(病型)과 대조하여 이러한 음이 어떠한 병에서 나오는가를 알아냈다.

심음은 심장 전체에 걸쳐서 들을 수 있다. 흉벽에 귀를 바짝 대어도 들리지만, 보통은 청진기 등으로 외이도와 연결하여 듣는다. 심음은 심실 수축기의 시초에 내는 제1음과 심실 확장기의 시초에 내는 제2음이 있다. 일반적으로 제1음은 제2음보다 저음이고 둔하며, 소리의 지속이 길다(진동수는 매초 57~70). 제2음은 고음이고 예리하며, 소리의 지속이 짧다(진동수는 매초 90~100).

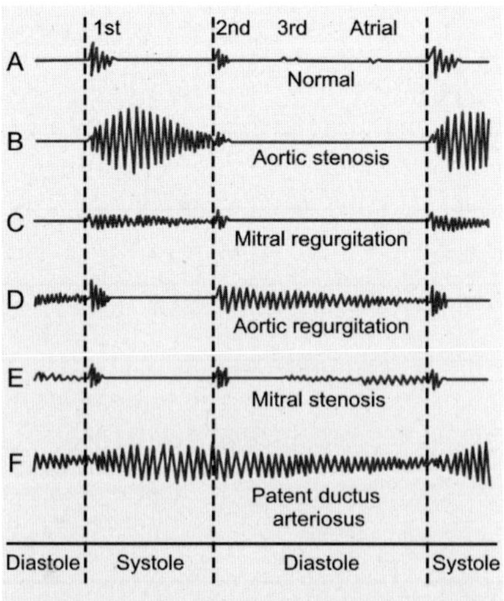

Phonocardiograms from normal and abnormal heart sounds

14. MUTUAL INDUCTANCE

1) 이론

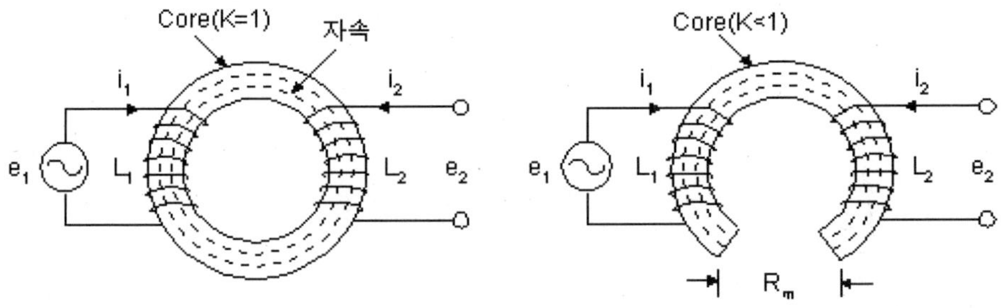

(a) 자기저항 없음 (b) 자기저항 있음

[그림 1]

변압기에는 [그림 1]에서처럼 core라 부르는 강체에 서로 절연된 2개 이상의 coil을 감아 만들고 있는데 여기에서 전류를 가해주는 코일을 1차측 코일이라 하며 반대쪽에 감긴 것을 2차측 코일이라 한다. 변압기의 1차측 코일과 2차측 코일은 도체적으로 연결시켜 주는 것은 아무것도 없으나 1차측 코일에 전류가 흐르게 되면 2차측 코일에도 가해진 전류에 비례한 2차 전류가 흐르게 되고 따라서 전압이 나타난다. 이것은 1차측과 2차측을 결합시켜주는 상호 유도작용이 있기 때문인데, 이러한 작용을 상호 인덕턴스(Mutual Inductance)라고 한다. $L1$을 1차측에 가한 전류 i_1에 의해 코일에서 발생하는 Inductance라 하고 $L2$를 2차측 코일에 상호 유도작용에 의해 발생한 Inductance, 그리고 K를 이들 사이의 결합계수라 하면, 상호 인덕턴스 M은 다음과 같이 정의된다.

$$M = K\sqrt{L1 + L2} = \frac{N^2\phi}{i_1} \qquad \text{(식 1)}$$

결합손실이 없을 때 K=1이 되고, i_1은 1차측 코일 전류, N은 2차측 코일의 Turn수, ϕ는 상호 코일을 관통하는 자속이다. 일반적으로 결합계수 K는 다음과 같은 성질이 있다.

i) **2개의 코일이 접근되어 있을수록 K는 커진다. 즉 1개의 틀(Bobbin)에 2개의 코일을 함께 감으면, 분리하여 감은 후 접근시키는 것보다 결합계수는 커진다.**

ii) **그림 4-1과 같이 코일의 자력선로를 형성해 주는 Core가 있게 되면 K는 증가한다.**

변압기의 상호 인덕턴스를 알고 있으면 2차측에 유도되는 전압, 유도 기전력 (e_2)을 다음과 같이 얻을 수 있다.

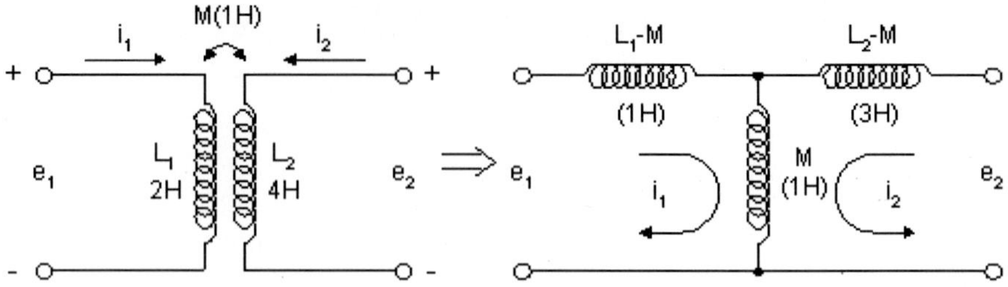

[그림 2]

$$e_1 = (L1 - M)\frac{di_1}{dt} + M\frac{d}{dt}(i_1 + i_2) = L1\frac{di_1}{dt} - M\frac{di_1}{dt} + M\frac{di_1}{dt} + M\frac{di_2}{dt} = L1\frac{di_1}{dt} + M\frac{di_2}{dt}$$

$$e_2 = (L2 - M)\frac{di_2}{dt} + M\frac{d}{dt}(i_2 + i_1) = L2\frac{di_2}{dt} - M\frac{di_2}{dt} + M\frac{di_2}{dt} + M\frac{di_1}{dt} = L2\frac{di_2}{dt} + M\frac{di_1}{dt}$$

위 식에서 e_2의 값은 M이 클수록, 그리고 1차의 코일의 전류가 클수록 또는 변화시간이 짧을수록 증가한다.

2) 실험 과정

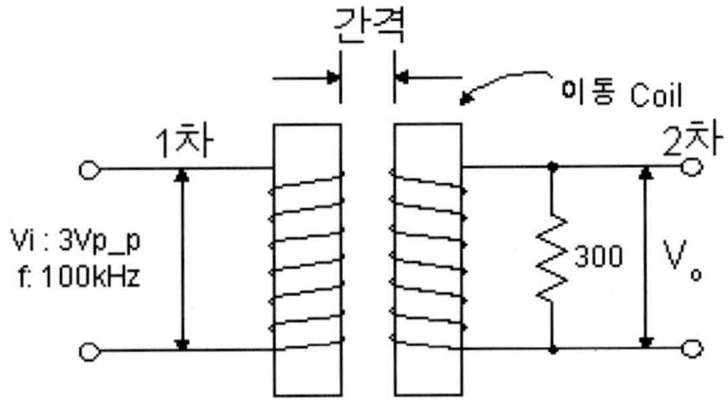

[그림 3]

(1) [그림 3]과 같이 연결되어 있으므로 출력단자로 사용한다.

(2) [표 1]에 주어진 것과 같이 1차와 2차 코일의 간격을 바꾸어가면서 2차 전압과 1차와 2차의 전압비를 해당란에 기입하라.

3) 실험 결과

(1) [표 1]

코일 간격 [비율]	0	2	4	6	8	10	12
2차 전압 [Vo]							
1, 2차 전압비 [Vo/Vi]							

비고

15. 변환 비율(TRANSFORMER TURN RATIO)

1) 이론

교류의 특징은 변압기(Transformer)에 의해 간단히 전압을 변환 시킬 수 있다는 이점이 있다. 그런 반면에 직류는 복잡한 과정을 거쳐야 한다. 그러나 직류는 충전을 시킬 수 있는 장점을 가지고 있다. 여기서 교류라 함은 50cycle 또는 60cycle의 전력선 교류뿐만 아니라 음성 주파수 또는 전파까지도 포함된 일반 범위의 주파수를 갖는 전류를 의미한다. 이러한 교류 전압을 승압 또는 강압하는 데에는 교류 주파수의 범위에 따라 변압기(트랜스)의 재질이나 제작형태 등이 아주 다양해진다. 이를 크게 분류하면 다음과 같다.

- RF Transformer 수십 kHz - 수백 MHz에 사용
- Pulse Transformer 수십 kHz - 수백 kHz에 사용
- AF Transformer 수십 Hz - 수십 kHz에 사용
- Power Transformer 50Hz - 60Hz에 사용

여기서는 수십 Hz - 수십 kHz 범위의 AF 및 Power Transformer에 대하여 설명한다. 일반적으로 이러한 AF 주파수의 변압기들은 대개 철심을 사용하며 철심은 [그림 1]에서 보는 바와 같이 1차측의 교류전류에 의하여 발생된 자력선이 2차측의 코일에 같은 주파수의 교류전류를 발생시키도록 자력선의 자로를 만들어 준다. 이는 철심의 종류에 따라 그 효율과 부피에 차이를 갖게 된다.

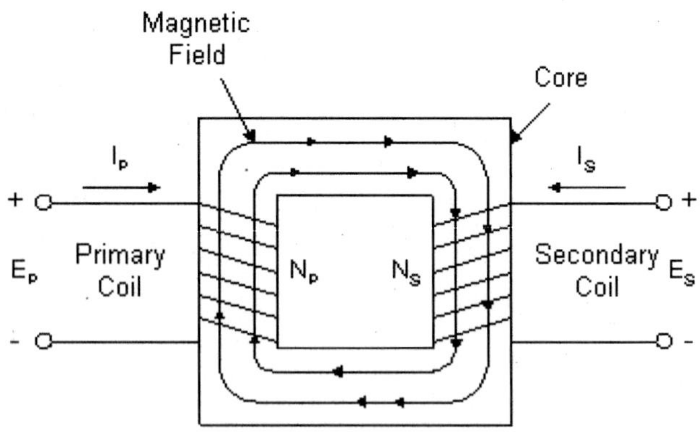

[그림 1]

변압기의 1차 코일과 2차 코일 사이에는 다음과 같은 식이 성립된다.

$$\frac{E_s}{E_p} = \frac{N_s}{N_p} \qquad \text{(식 1)}$$

여기서 E_p는 1차 코일에 가해진 전압, N_p는 1차 코일에 감은 Turn 수, E_s는 2차 코일에 나타나는 전압, N_s는 2차 Coil에 감은 Turn 수를 나타낸다. 또한 변압기는 2차에서 사용하는 출력전력 (P_o)과 이를 위한 1차의 입력전력 (P_i)이 같다고 할 때 이 변압기의 효율은 100%라고 하며 다음과 같은 식이 성립된다.

$$E_p \cdot I_p = E_s \cdot I_s \qquad \text{(식 2)}$$

여기서 1차 코일에 흐르는 전류를 I_p, 2차 코일에 흐르는 전류를 I_s로 표현한다. 실제의 변압기의 효율은 대개 85-95%이며 효율은 다음 식으로 나타낸다.

$$\eta = \frac{E_s \cdot I_s}{E_p \cdot I_p} \times 100 = \frac{P_o}{P_i} \times 100\% \qquad \text{(식 3)}$$

예를 들어 변압기의 1차 코일의 Turn수가 500회이고 2차 코일 Turn수는 600인 변압기의 1차에 정격 입력전압이 100V이었다면 2차 전압 E_s는 다음과 같다.

$$E_s = \frac{N_s \cdot E_p}{N_p} = \frac{600 \times 100\,V}{500} = 120\,V \qquad \text{(식 4)}$$

이때 1차 코일에 흐르는 전류가 1A이고 2차 코일에 흐른 전류가 0.8A이었다면 이 변압기의 효율은 다음과 같다.

$$\frac{120\,V \cdot 0.8A}{100\,V \cdot 1A} \times 100 = 96\% \qquad \text{(식 5)}$$

변압기의 입력전압이 같을 경우 코일의 감은 Turn수는 철심의 단면적과 입력전압의 주파수에 반비례하고 출력전압에는 비례하며 다음 식에 의해 1차의 Turn 수 N_p를 구할 수 있다.

$$N_p = \frac{E_p \times 10^4}{4.4 B_m A_c f} \qquad \text{(식 6)}$$

여기서 E_p는 입력전압(V)을, B_m은 자속밀도(tesla)를, A_c는 Core 단면적 (cm^2)을, f 는 입력전압의 주파수 (Hz)를 나타낸다.

2) 실험 과정

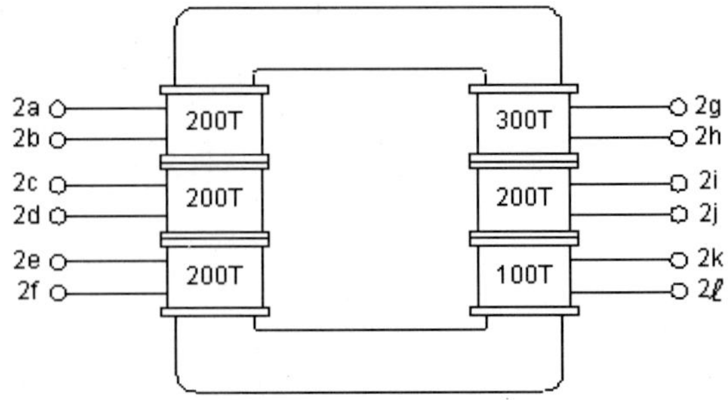

(a) Transformer 구성도

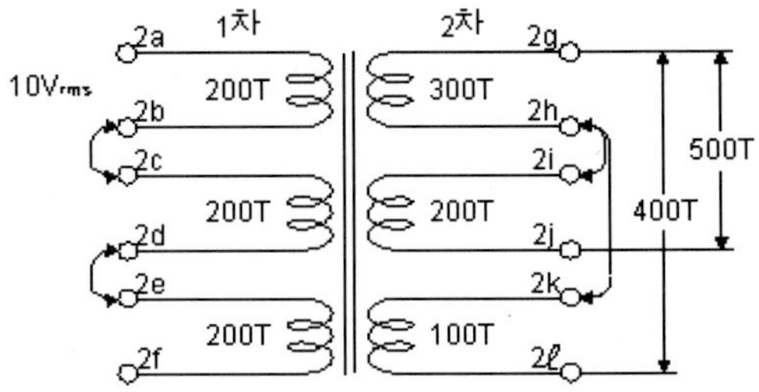

(b) Coil의 직렬연결에 의한 Turn수 증가

[그림 2]

(1) [그림 2]와 같이 회로를 연결하고 AC INPUT에 220V를 인가한 후 출력을 관찰한다.

(2) 2a-3k, 2b-3p를 연결한 후 1차코일 200T에 대한 1차측 전압(2a'-2b' 양단 전압)과 2차코일 100T, 200T, 300T에 대한 2차측 전압(2g-2h, 2i-2j, 2k-2l 양단전압)을 측정하여 [표 1]의 해당란에 기록하여라.

(3) [그림 2(b)]에서 보여주듯이 2차코일 400T에 대한 2차측 전압은 2h'-2k'를 연결한 후 2g-2l 양단의 전압을 측정하고 이어서 500T에 대한 2차측 전압은 2h'-2i'를 연결한 후 2g-2j 양단의 전압을 측정한다. 그리고 600T에 대한 2차측 전압은 2h'-2i', 2j'-2k'를 연결한 후 2g-2l단의 전압을 측정하여 [표 1]의 해당란에 기록하여라.

(4) 2b'-2c', 2a-3k, 2d-3p를 연결하고 1차코일 400T에 대한 실습을 위와 동일한 방법으로 하여 측정 결과를 [표 1]의 해당란에 기록하여라.

(5) 2b'-2c', 2d'-2e', 2a-3k, 2f-3p를 연결하고 1차코일 600T에 대한 실습을 위와 동일한 방법으로 하여 측정결과를 [표 1]의 해당란에 기록하여라.

3) 실험 결과

(1) [표 1]

2차 코일 턴수	1차 코일 턴수	200T	400T	600T
	1차 전압 [V]			
100T	2차 전압 [V]			
200T	2차 전압 [V]			
300T	2차 전압 [V]			
400T	2차 전압 [V]			
500T	2차 전압 [V]			
600T	2차 전압 [V]			

비고

16. 변압기 부하(Transformer Load)

1) 이론

변압기의 1차 및 2차 코일에는 코일의 굵기에 따라 비례하는 DC 저항성분을 갖고 있다. 따라서 부하전류가 흐르게 되면 코일 저항 (R_c)에는 $R_c \times I$ 라는 전압강하가 생기므로 출력 전압은 그만큼 낮아지게 된다. 그러므로 부하에 의한 출력전압의 변동이 적으려면 Coil의 DC저항이 적은 Coil이나 가능하면 굵은 Coil을 사용해야 한다. 변압기의 1차를 100V 및 200V의 겸용으로 하기 위해서는 [그림 1(a)]와 같은 결선 방법이 있다.

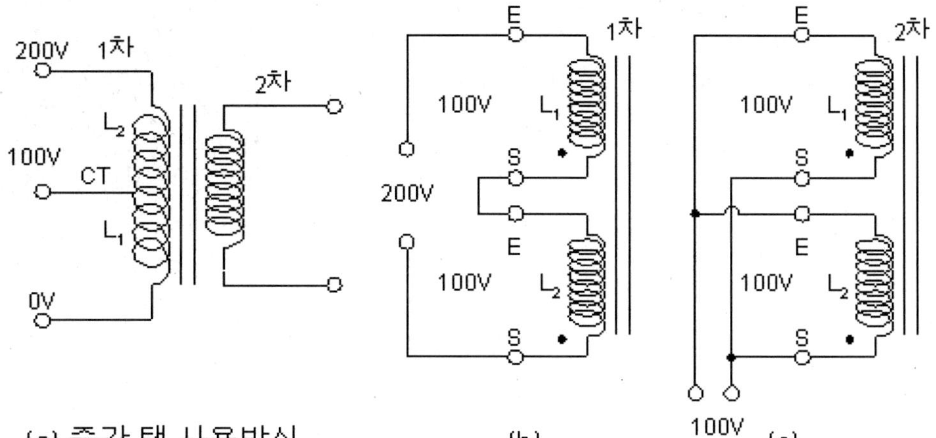

(a) 중간 탭 사용방식 (b) (c)

[그림 1]

또한 [그림 1(b)]와 [그림 1(c)]는 2개의 100V Coil ($L1$, $L2$)을 절연되게 감은 다음 $L1$과 $L2$를 [그림 1(b)]과 같이 직렬로 연결 사용하면 200V 용으로 사용할 수 있고 [그림 1(c)]과 같이 병렬로 연결하면 100V용으로 사용할 수 있게 된다. 이 경우 중요한 것은 $L1$과 $L2$의 코일의 Turn수 및 DC저항이 같아야 한다. 그리고 또한 코일의 감는 시작과 끝이 분명히 구분되어 출력되어야 한다.

변압기의 1차 전류는 2차에 부하가 없을 때 거의 흐르지 않는다. 이는 2차의 무부하로 인해서 코일의 교류저항이 증가되었기 때문이다.

2) 실험 과정

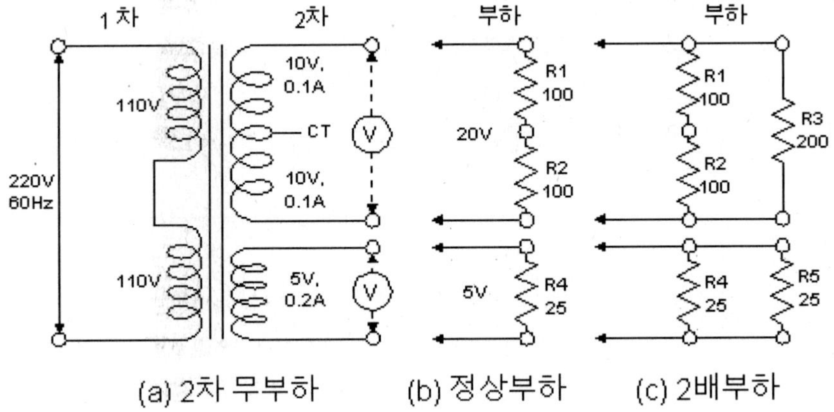

[그림 2]

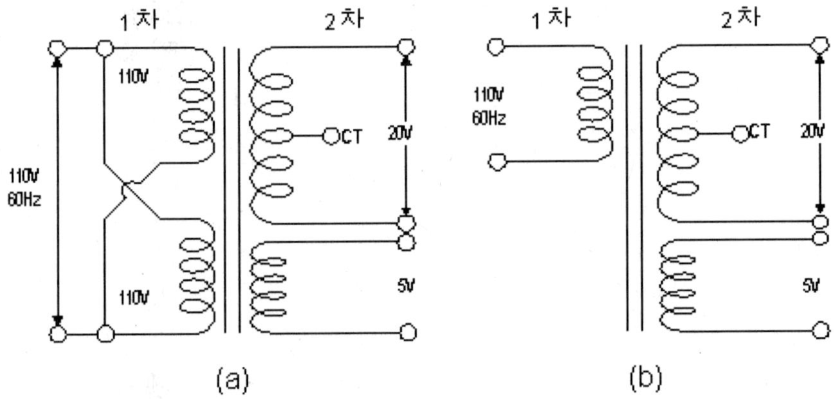

[그림 3]

(1) 입력전압을 220V 60Hz로 하여 AC 입력단자에 연결하여 [그림 2(a)]과 같이 회로를 구성한다.

(2) 무부하일 때의 2차 측의 출력전압을 측정하여 [표 1]에 기록한다.

(3) [그림 2(b)]과 같이 정상부하를 출력단에 연결한다. 그리고 2차측의 출력전압을 측정하여 [표 1]의 해당란에 기록하여라.

(4) 이번에는 [그림 2(c)]과 같이 과부하 회로를 구성하여 출력단에 연결한다. 그리고 이때의 2차측의 출력전압을 측정하여 [표 1]의 해당란에 기록하여라.

(5) [그림 3(a)]와 같이 회로를 구성한다.

(6) 2차 측의 출력전압을 측정하여 [표 1]의 해당란에 기록한다.

(7) [그림 2(b)]과 같이 회로를 구성한다. 그리고 2차측의 출력을 측정하여 [표 1]에 기록하라.

3) 실험 결과

(1) [표 1]

회로 / 전압	[그림 2]		[그림 3(a)]		[그림 3(b)]	
	20V	5V	20V	5V	20V	5V
무부하						
정상 부하						
과부하(2배 부하)						

비고

17. 단권변압기(STEP UP/DOWN TRANS)

1) 이론

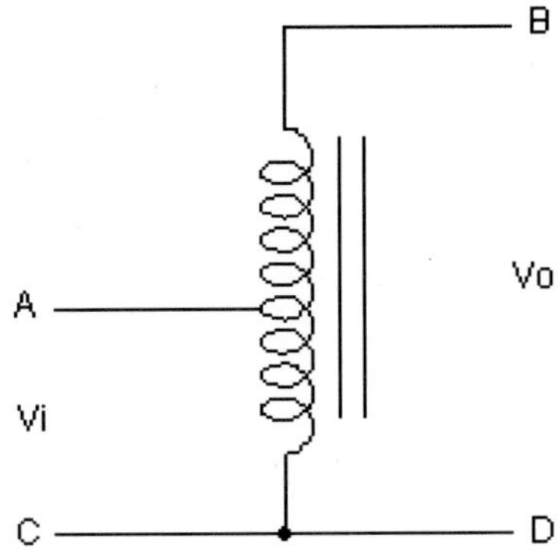

[그림 1]

단권변압기를 [그림 1]에 나타내었다. 철심에 코일이 감겨있으며, 코일 중간에 하나의 탭을 설치하였다. 만일 교류전압이 단자 A-C에 인가되면, 전체 권선이 감겨진 철심주위에서 자계가 변화하도록 전류가 흐른다. 그리고 이때 단자 B-D의 출력전압은 B-D간의 권선수를 A-C간의 권선수로 나눈 값에 비례한다. 그러므로 B-D가 2000회, A-C가 100회라고 하면 [그림 1]에서 A-C간에 12V가 인가되었을 때 출력은 240V가 될 것이다.

만일 리드선 B가 습동접점에 연결되었다면, 습동접점이 변하는 경우 B-D간 출력전압은 변하기 쉽다. 이러한 변압기는 가변교류전압이 필요한 실험실 등에 적용시키기에 적합하다. 상업적으로 이용할 수 있는 가변단권변압기를 배리액(variac)이라고 부른다.

2) 실험 과정

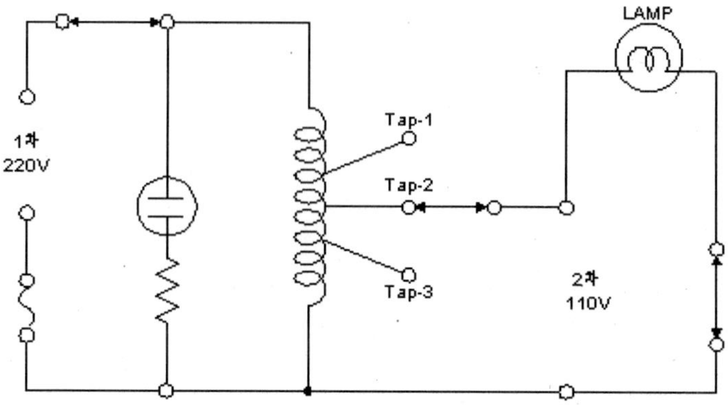

[그림 2]

(1) [그림 2]와 같이 회로를 구성한다.

(2) 2차 출력을 Tap-1, Tap-2, Tap-3에 각각 연결시켜 출력전압을 [표 1]의 해당란에 기록하여라.

3) 실험 결과

(1) [표 1]

1차 입력전압	2차 출력 전압		
	Tap−1	Tap−2	Tap−3
220V			

비고

18. 다이오드 특성(DIODE CHARACTERISTICS)

1) 이론

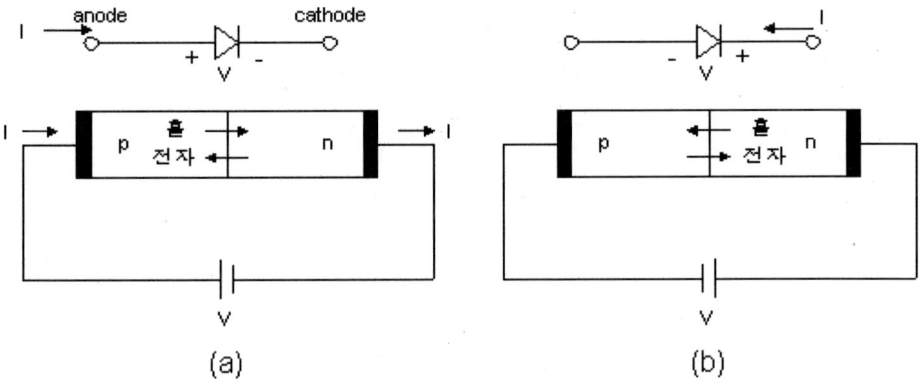

[그림 1]

반도체 다이오드는 한쪽 방향으로는 전류를 잘 통과시키지만 반대 방향으로는 거의 전류를 통과시키지 않는다. 이것은 순방향 저항은 낮은 반면에 역방향 저항은 매우 높기 때문이다. 모든 반도체 다이오드는 대체적으로 단방향적 특성을 가지고 있다.

• 순방향 전류

[그림 1(a)]와 같이 전원을 pn접합 다이오드의 p형쪽에 +극을 n형쪽에 대하여 −극을 연결할 때 순방향전압(forward voltage) 또는 순방향 바이어스(bias)가 걸려있다고 말한다. 이때 다이오드를 통하여 큰 전류 즉, 순방향 전류 (forward current)가 흐른다. 이는 p영역의 hole이 n영역으로, n영역의 전자가 p영역으로 활발히 흐름으로 인해 p영역에서 n영역으로 큰 전류 I 가 흐르게 된다.

• 역방향 전류

[그림 1(b)]과 같이 pn접합 다이오드에 외부전압이 n형쪽에 +, p형쪽에 −가 되도록 가해질 때 역방향전압(reverse voltage) 또는 역방향 바이어스(bias)가 걸렸다고 말한다. 이때 다이오드를 통해 극히 미약한 전류 즉, 역포화전류(reverse saturation current)가 n영역에서 p영역으로 흐른다. 이 전류는 낮은 역방향전압에서 쉽게 최대치에 도달하며 역방향 전압을 높여도 그 이상 더 커지지 않으므로 역포화전류 (I_s)라고 부른다.

• 다이오드의 전류식

이상적인 다이오드에 흐르는 전류는 다음과 같이 표시된다.

$$I = I_s(e^{V/nV_T} - 1) \qquad \text{(식 1)}$$

(식 1)에서 $V_T = T/11,600$(상온에서 26mV), T는 절대온도, I_s는 역포화전류이고 n는 Ge에 대해서는 1, Si에 대해서는 2의 값을 가지는 정수이다. 위 식에서 보면 V=0이면 I=0이 되고 V > 0.1V인 경우 $I \cong I_s \varepsilon^{40V}$에 의해 I 는 지수적으로 증가하고 V < -0.1V인 경우 $I \cong I_s$로 포화상태가 된다. [그림 2]는 접합 다이오드의 v-i특성을 나타내며, [그림 2(b)]는 Germanium 다이오드와 Silicon 다이오드의 v-i특성을 나타낸 것이다. 이 [그림 2(b)]에서 Si 다이오드는 약 0.7V, Ge 다이오드에서는 약 0.2 V 이상에서 전류가 급격히 증가함을 볼 수 있다. 이 전압을 다이오드의 cut in 전압 또는 문턱전압 (threshold voltage)이라고 한다.

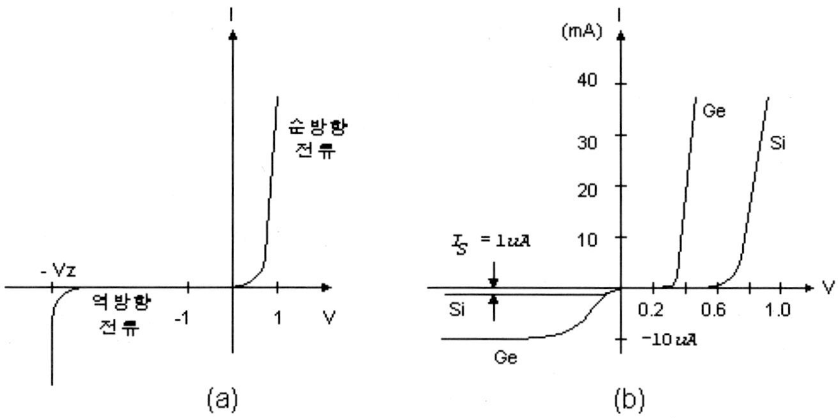

[그림 2]

2) 실험 과정

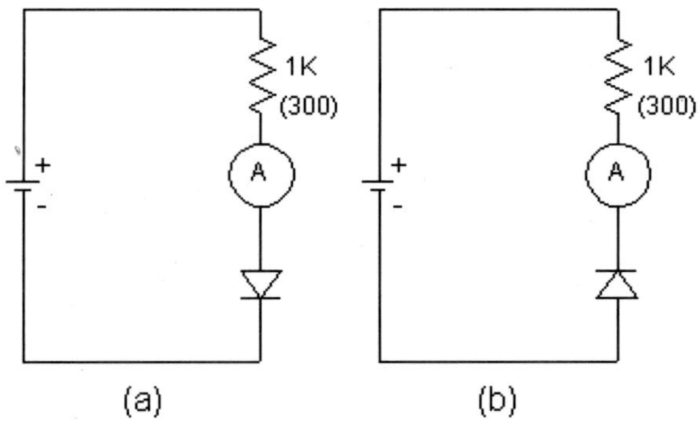

[그림 3]

(1) [그림 3(a)]과 같은 회로를 구성한다. 입력전압을 [표 1]과 같이 변화시키며 순방향 전류 (I_F)를 측정하여 기록한다.

(2) [그림 3(b)]과 같이 회로를 구성한다. 입력전압을 [표 1]과 같이 변화시키며 역방향 전류 (I_R)를 측정하여 기록한다.

(3) [그림 3(a)]과 같은 회로를 구성한다. 입력전압을 [표 1]과 같이 변화시키며 순방향 전류 (I_F)를 측정하여 기록한다.

(4) [그림 3(b)]과 같이 회로를 구성한다. 입력전압을 [표 1]과 같이 변화시키며 역방향 전류 (I_R)를 측정하여 기록한다.

3) 실험 결과

(1) [표 1]

입력전압 \ 전류	Ge Diode		Si Diode	
	순방향 [IF]	역방향 [IR]	순방향 [IF]	역방향 [IR]
1V				
2V				
3V				
4V				
5V				
6V				
7V				
8V				

비고

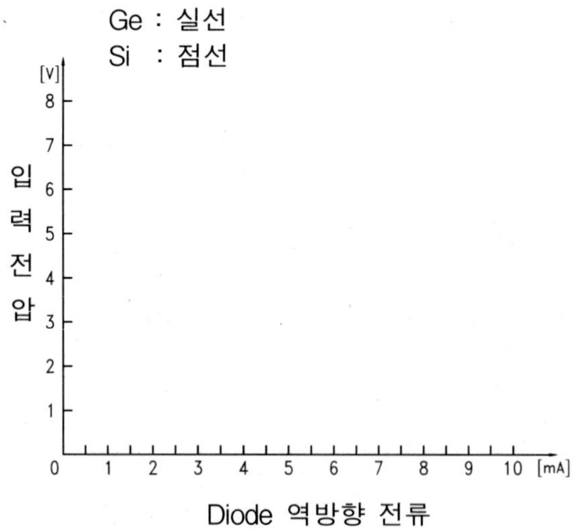

[Graph 1]

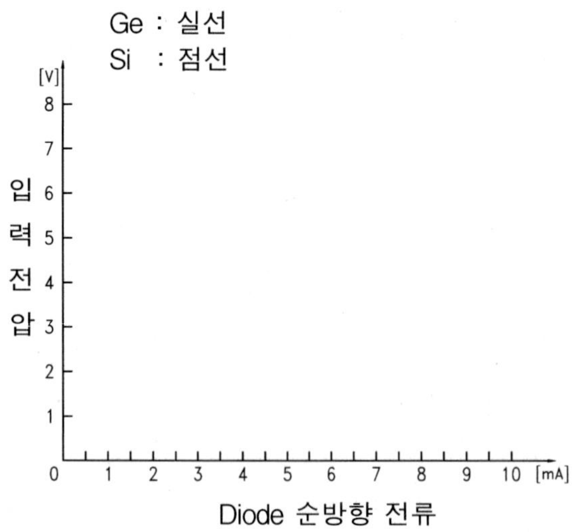

[Graph 2]

19. 제너다이오드의 특성(ZENER Diode)

1) 이론

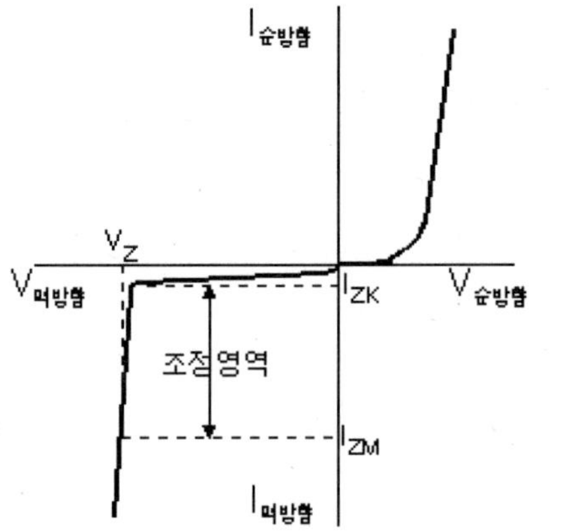

(a) 제너다이오드의 특성곡선

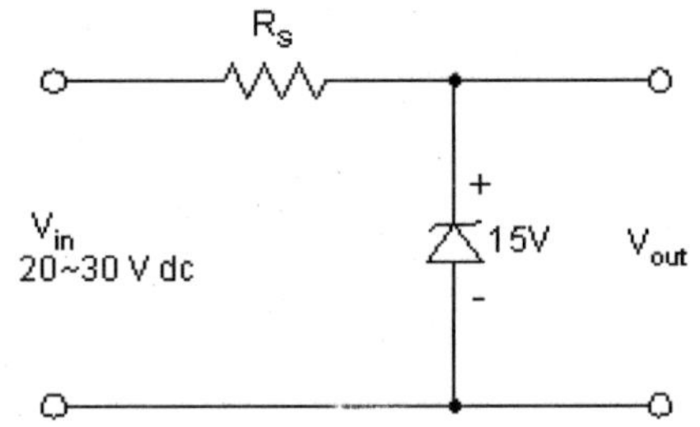

(b) 제너다이오드를 이용한 회로

[그림 1]

제너다이오드는 역방향 항복점을 이용하는 것을 제외하고는 보통의 다이오드와 비슷하다. 따라서 역방향 항복점은 제조과정에서 조심스럽게 조절되어지며, 이러한 제너전압은 2~3V로부터 200V이상까지 어떤 값이나 얻을 수 있다. [그림 1(a)]는 적절한 전류와 전압에 대한 제너다이오드의 특성곡선을 나타낸 것이다. I_{ZK}는 다이오드가 항복영역 내에서 동작할 때의 최소 역방향 전류이며, I_{ZM}은 다이오드가 전력정격을 초과하지 않고 견딜 수 있는 최대 역방향 전류이다. I_{ZK}와 I_{ZM}사이에서 곡선의 기울기는 제너임피던스 Z_Z로 알려져 있다. 곡선의 기울기는 수평축에 따른 변화량을 수직축에 따른 변화량으로 나누어 줌으로써 구할 수 있다. 전압, 전류 또는 다른 변수들의 변화는 그리스 문자 Δ(델타)로서 나타낸다. 그러므로 [그림 1]에 나타낸 곡선의 기울기는 $\Delta V/\Delta I$ 로 주어진다.

제너다이오드를 I_{ZK}와 I_{ZM}사이에서 동작시킬 경우 다이오드 양단의 전압은 비교적 일정하게 된다. 이러한 원리가 [그림 1(b)]에 보인 회로에서 실제로 적용되었다. 안정화 되지 않은 20~30V의 직류전압원이 회로에 인가되어 제너다이오드는 역방향 바이어스가 걸리게 되며, I_{ZK}를 넘어서 다이오드가 [그림 1(a)]에 보인 조정영역에 놓이도록 충분한 역방향 전류가 공급된다고 가정한다. 그러면 출력전압은 비록 입력이 20V에서 30V까지 변한다고 하여도 비교적 일정하게 유지될 것이다. 그러므로 제너다이오드는 출력전압을 조정하게 되며, 출력회로에 대하여 병렬로 놓여있으므로 병렬조정기라고 부르기도 한다. $V_{out} = V_z$임을 유의하라. [그림 1(b)]에서 R_s는 제너조정기를 유지하고, 필요한 부하전류를 공급하기 위하여 항상 충분한 전류가 흐를 수 있도록 정확하게 선택하여야 한다. 만약 회로의 역방향 제너전류를 I_{ZK}에서 동작시킬 때, 부하는 보통 어떤 특정한 범위 이내에서 변화하게 된다. 만일 부하가 0에서 100mA까지 변화하고, 제너다이오드에서 I_{ZK}가 10mA라면, R_s양단의 전압이 최소일 때 R_s를 통하여 흐르는 전류는 최소가 될 것이다. 그러므로 R_s는 모든 조건하에서 적당한 회로동작이 가능하도록 제너다이오드의 I_{ZK}와 100mA의 최대부하전류를 공급하기 위하여 충분히 작아야 한다. 그러므로 R_s는 다음과 같이 결정된다.

$$R_s = \frac{V_{R_s}\min}{I_{in}\min + I_{ZK}} = \frac{V_{IN}\min - V_Z}{I_L\max + I_{ZK}} = \frac{20V - 15V}{100mA + 10mA} = \frac{5V}{110mA} = 45.5\Omega \qquad \text{(식 1)}$$

불안정한 입력의 최소값 ($V_{R_s}\min$)이 20V이고, 부하에 100mA의 최대전류 ($I_{IN}\max$)가 흐를 때, 만일 45.5Ω 보다 큰 R_s를 사용하였다면 제너는 충분한 역방향전류를 갖지 못하게 된다. 따라서, 안전요소 (safety factor)를 고려하여 정확한 계산값보다 조금 작게 R_s를 선택하는 것이 바람직하다.

일단 제너다이오드 병렬조정기에 대한 적절한 값을 선택하였다면, R_s가 최소입력전압, 또는 최대부하전류 조건보다 더 큰 전류가 흐를 때 제너다이오드의 정격전력을 초과하지 않도록 안전하게 할 필요가 있다(제너다이오드 전류는 부하전류가 감소하면 반대로 증가하게 된다). 만일 입력전압이 20V의 최소값으로부터 증가한다면, 제너전압은 비교적 일정하게 유지되므로 R_s 양단의 전압은 증가하게 된다. 비슷하게 만일 부하가 100mA보다 작게 전류가 흐르도록 변화한다면, 부하전류의 감소가 제너다이오드를 통하여 나타난다. 그러므로 병렬조정기의 제너다이오드에서 최대전력소모는 입력전압이 변화 범위에서 최대일 때, 그리고 부하전류가 최소값일 때 나타난다는 것을 알 수 있다. 그러므로 [그림 1(b)]의 회로에서 45.5Ω의 R_s에 대하여 최대 제너전류는 다음과 같이 계산된다.

$$I_Z\max = \frac{V_{R_s}\max}{R_s} - I_L\min$$

여기서 $I_L\min$: 최소 부하 전류
$I_Z\max$: 최대 제너 전류

$V_{R_s}\max$는 30V에서 15V까지, $I_L\min$은 0으로 주어졌으므로

$$I_Z\max = \frac{30V - 15V}{45.5\Omega} - 0mA = 330mA$$

제너다이오드에서 소모되는 최대전력은 제너전압과 전류의 곱과 같다.

$$P_Z = V_Z \cdot I_Z$$

제너다이오드에서 소모되는 최대전력은 I_Z 가 최대일 때 나타난다.

그러므로 $P_Z = 15\,V \times 330\,mA = 4.95\,W$ 가 된다.

2) 실험 과정

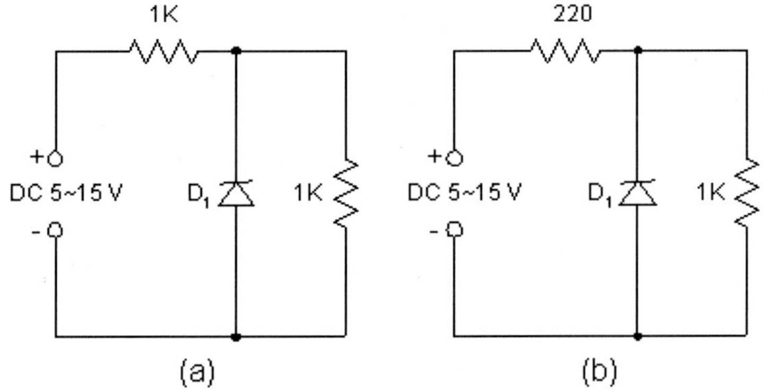

[그림 2]

(1) [그림 2(a)]와 같이 회로를 구성한다.
(2) 입력전압을 6V로 조정 후 부하저항을 [표 1]과 같이 변화시키며 Zener Diode에 걸리는 전압을 측정하여 기록한다.
(3) [그림 2(b)]와 같이 회로를 구성한다.
(4) 입력전압을 6V로 그대로 두고 부하저항을 [표 1]과 같이 변화시키며 Zener Diode에 걸리는 전압을 측정하여 기록한다.
(5) 입력전압을 8V로 조정 후 [그림 2(a)]와 [그림 2(b)] 회로를 1항과 3항을 참고하여 결선하고 부하저항을 변화시켜 가며 전압을 측정한다.
(6) 입력전압을 10V, 12V, 14V, 15V로 조정하여 나머지 실험을 진행한다.
(7) 1~6항을 참고하여 Zener Diode를 9.1V ($D2$)로 교체 후 [표 2]에 측정값을 기록한다.
(8) 실험이 끝나면 [Graph 1] 및 [Graph 2]에 특성 곡선을 그린다.

3) 실험 결과

(1) [표 1]

입력부하 / 입력전압	부하 1kΩ				부하 220Ω			
	1kΩ	470Ω	220Ω	100Ω	1kΩ	470Ω	220Ω	100Ω
6V								
8V								
10V								
12V								
14V								
16V								

비고

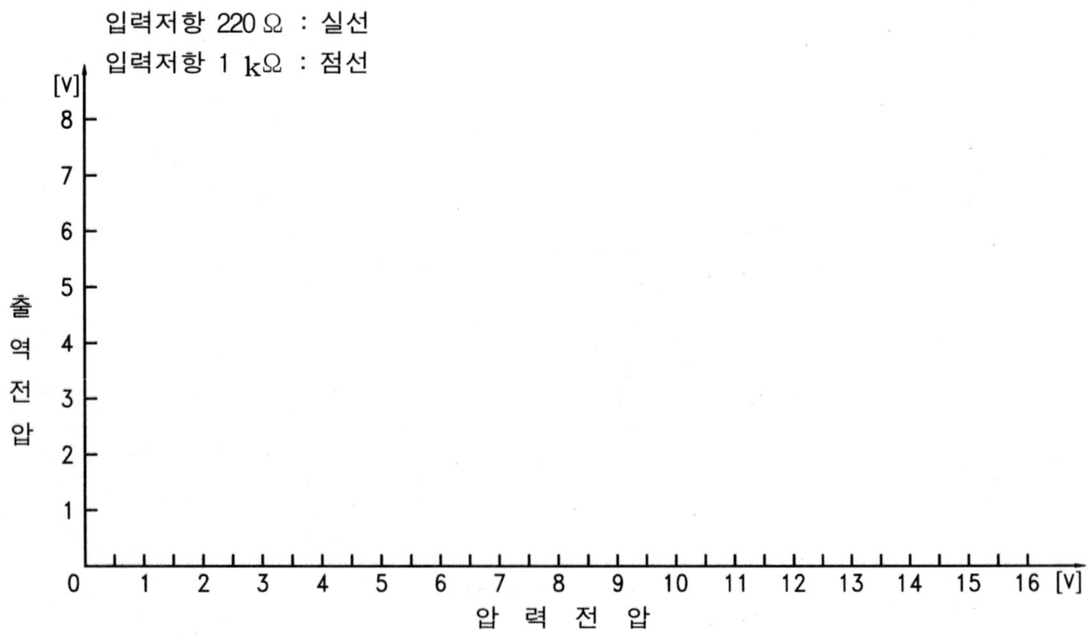

[Graph 1]

(2) [표 2]

입력부하 \ 입력전압	부하 1kΩ				부하 220Ω			
	1kΩ	470Ω	220Ω	100Ω	1kΩ	470Ω	220Ω	100Ω
6V								
8V								
10V								
12V								
14V								
16V								

비고

입력저항 220 Ω : 실선
입력저항 1 kΩ : 점선

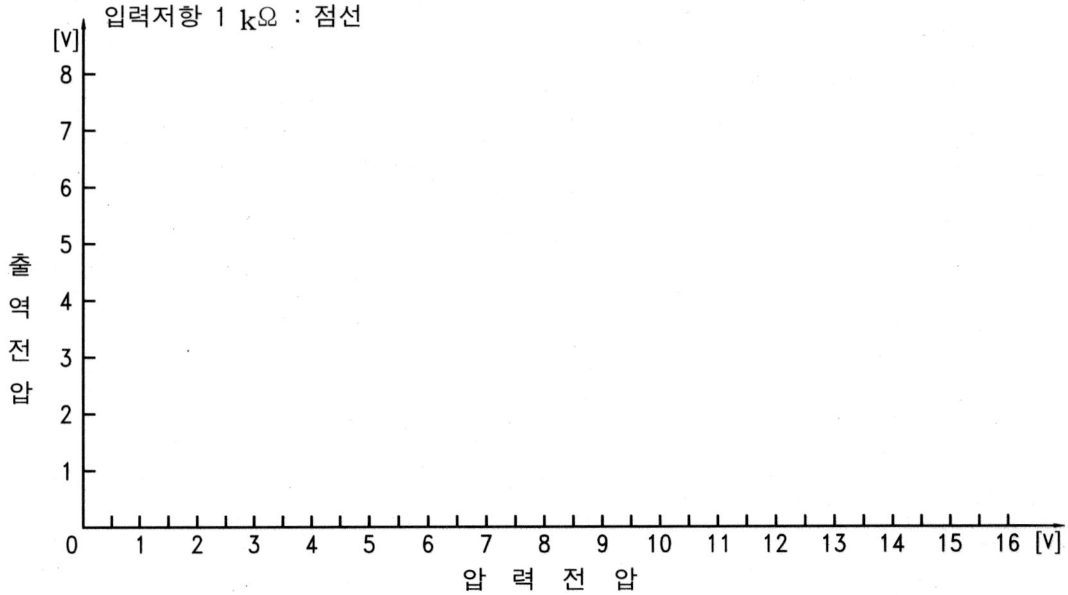

[Graph 2]

20. 트랜지스터(NPN/PNP TRANSISTOR)

1) 이론

- NPN 트랜지스터

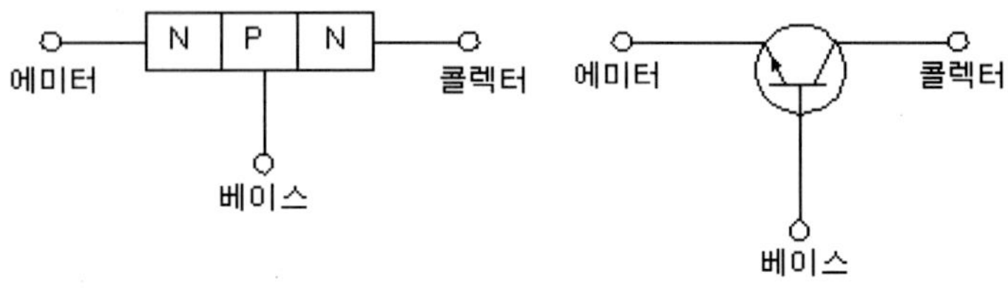

(a) npn 구조 (b) npn 기호

[그림 1]

트랜지스터는 두 개의 반도체 접합부를 서로 아주 근접하도록 형성시켜서 만든다. npn트랜지스터는 [그림 1(a)]과 같은 두 개의 n형 물질과 p형 물질로서 구성되어 있다. n형물질의 한 영역을 콜렉터(collector), 그리고 또 다른 n영역은 에미터(emitter), 중앙에 있는 p형 영역은 베이스(base)라고 부른다. [그림 1(b)]에서 에미터 단자의 화살표는 트랜지스터가 npn형 또는 pnp형인가에 따라 방향이 바뀐다. 다이오드에서와 마찬가지로 화살표의 앞부분은 에미터와 베이스 사이의 전류의 방향을 나타낸다.

트랜지스터의 에미터가 입력과 출력사이에 공통단자로 되었을 때를 공통에미터(common emitter ; CE)구조라고 부르며, 콜렉터는 출력 단자이고, 베이스는 입력단자가 된다. CE 순방향 전류이득은 가장 중요한 트랜지스터특성이며, β 또는 h_{FE}로 표시한다. 여기서는 직류 CE순방향 전류이득은 h_{FE}로 표시하며 다음과 같이 정의한다.

$$h_{FE} = \beta = \frac{I_C}{I_B} \qquad \text{(식 1)}$$

[그림 2]은 CE구조에서 베이스-에미터접합이 순방향 바이어스, 베이스-콜렉터접합이 역방향 바이어스된 회로를 보인 것이다. [그림 2]의 CE회로의 대표적인 특성곡선을 [그림 3]에 나타내었다.

$I_B = 20\mu A$ 및 $I_C = 2.2mA$의 Q점 조건에 대한 h_{FE}의 계산은 다음과 같이 된다.

$$h_{FE} = \frac{I_C}{I_B} = \frac{2.2mA}{20\mu A} = 110$$

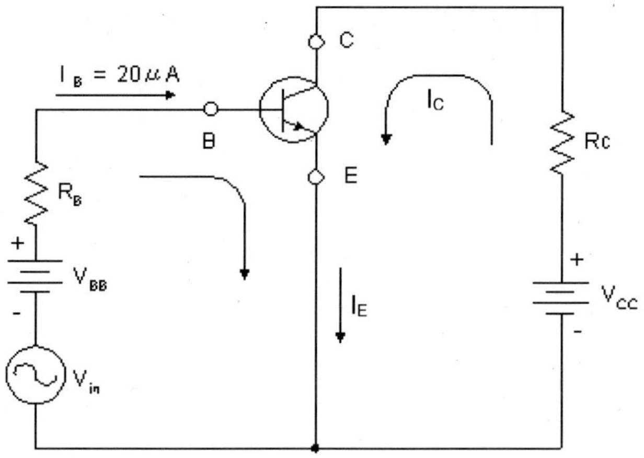

[그림 2]

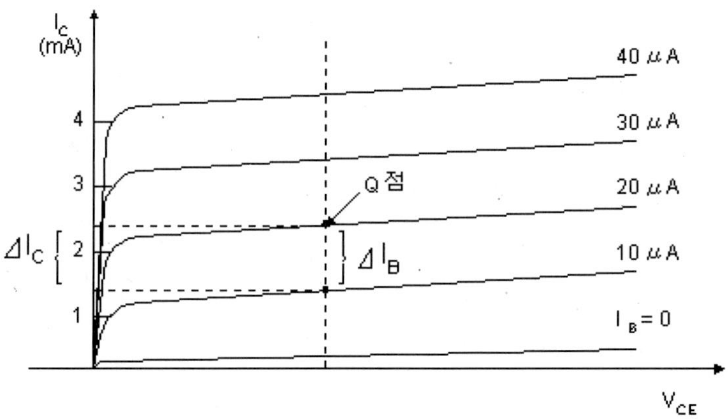

[그림 3]

h_{FE}와 함께 CE회로에 대한 교류 전류이득이 자주 사용되는데 이것은 다음과 같이 정의된다.

$$h_{fe} = \frac{\Delta I_C}{\Delta I_B}\Bigg|_{V_{CE}=\text{일정}} \quad \text{(식 2)}$$

[그림 2]에 나타낸 트랜지스터에서 Q점과 A점사이에서의 교류전류이득은 다음과 같이 계산된다.

$$h_{fe} = \frac{\Delta I_C}{\Delta I_B}\Bigg|_{V_{CE}=\text{일정}} = \frac{2.2mA - 1.5mA}{20\mu A - 10\mu A} = \frac{0.7mA}{10\mu A} = 70$$

교류전류이득 h_{fe}는 직류전류이득 h_{FE}와 중요한 차이를 나타낸다. 이 점에서 CE회로는 교류신호에 대하여 전류이득 h_{fe}가 보다 큰 값으로 규정된다는 것을 알 수 있다. 또한 보는 바와 같이 이는 중요한 전압이득을 나타낸다. 작은 신호를 받아서 같은 형태의 큰 신호로 변환할 수 있는 능력은 트랜지스터의 가장 유용한 특성이다. 이러한 과정을 증폭이라고 부른다.

키르히호프의 전류법칙에 의하여 트랜지스터의 전류는 다음과 같이 쉽게 나타낼 수 있다.

$$I_B = I_E - I_C$$

베이스전류는 에미터와 콜렉터전류에 비하여 매우 작으며, 두 전류값의 차와 같다. 대부분의 계산에서 에미터와 콜렉터전류는 서로 같다고 가정하여도 무방하다.

• PNP 트랜지스터

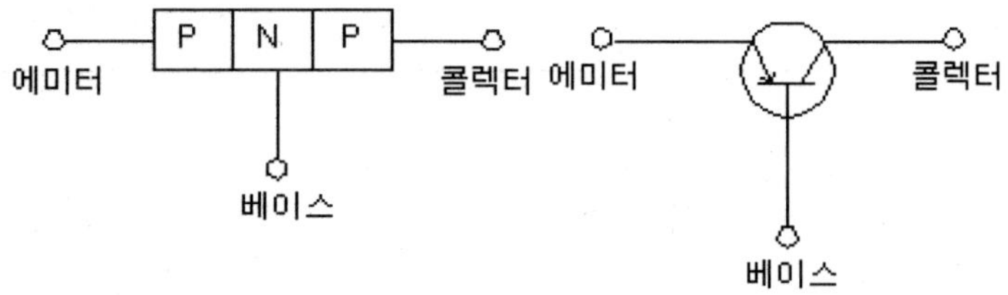

(a) pnp 구조　　(b) pnp 기호

[그림 4]

pnp트랜지스터는 [그림 4(a)]과 같이 두 개의 p형 물질과 n형 물질로서 구성되어 있다. p형 물질의 한 영역을 콜렉터(collector), 그리고 또 다른 p영역은 에미터(emitter), 중앙에 있는 n형 영역은 베이스(base)라고 부른다. [그림 4(b)]는 그 기호를 나타낸 것이다.

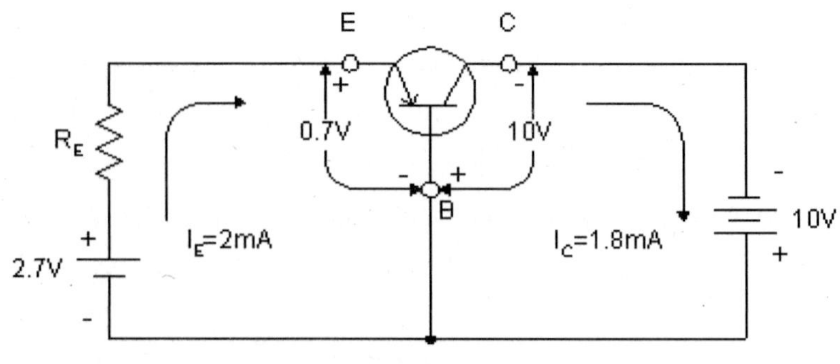

[그림 5]

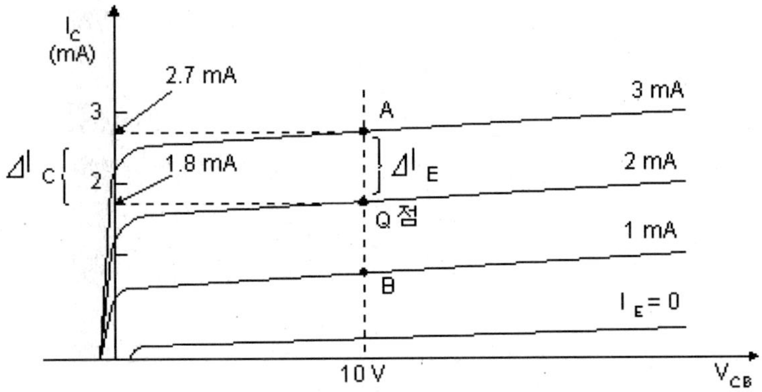

[그림 6]

[그림 5]는 베이스-에미터 접합이 순방향바이어스 되고, 베이스-콜렉터 접합이 역방향바이어스 된 pnp트랜지스터 회로를 보여주고 있다. 저항은 회로에서 전류의 흐름을 제한하기 위한 것이다. 직류에미터전류 I_E는 2.7V에서 0.7(실리콘의 경우)의 V_{EB}를 빼고, 이것을 R_E로 나눔으로써 $2V/1k\Omega = 2mA$ 가 된다. [그림 5]와 같이 결선된 트랜지스터를 공통베이스(common base ; CB)형이라고 부르며, 이는 베이스가 회로의 양측에 모두 공통으로 되어있기 때문이다. CB회로에 대한 특성곡선을 [그림 6]에 나타내었다. 곡선은 인가된 V_{CB}와 콜렉터전류와의 관계를 입력 에미터전류의 여러 값에 대하여 나타낸 것이다. 이들 곡선에서 2mA의 에미터전류와 10V의 베이스-콜렉터접합 역바이어스 전압으로부터 1.8mA의 콜렉터전류가 결정된다.

CB회로에서 콜렉터와 에미터전류사이에는 중요한 관계가 존재한다. 콜렉터전류는 출력전류이고, 에미터전류는 입력전류이므로 I_C/I_E를 직류 CB순방향 전류이득이라고 부르며, 기호는 α 또는 h_{FB}로 나타낸다. 여기에서는 순방향 전류이득을 h_{FB}로 표시할 것이다.

$$h_{FB} = \alpha = \frac{I_C}{I_E} \qquad (식\ 3)$$

[그림 5]의 회로에서 h_{FB}는 1.8mA/2.0mA, 즉 0.9가 된다. h_{FB}의 대표적인 값은 0.9로부터 0.99정도의 범위를 가지며, 항상 1미만이 된다.

[그림 5]의 회로에서 입력측(에미터)에 교류신호가 인가되었다면, CB순방향 전류이득의 교류값 h_{fb}는 중요한 의미를 갖는다(교류에 대해서는 h_{fb}와 같이 소문자첨자로 표시함을 유의하라). 전류이득은 다음과 같이 정의된다.

$$h_{fb} = \frac{\Delta I_C}{\Delta I_E} \bigg|_{V_{CB}=\text{일정}} \quad \text{(식 4)}$$

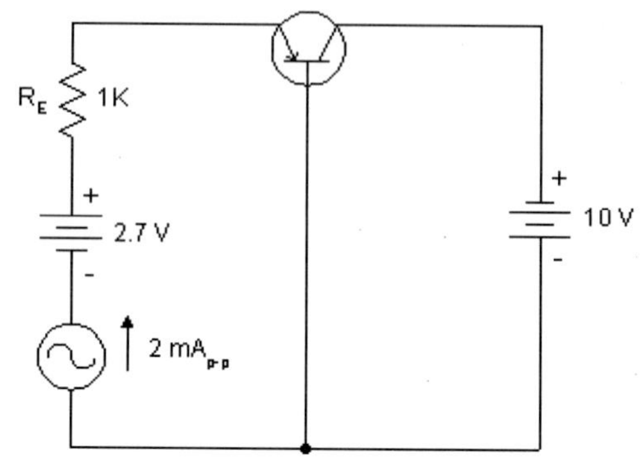

[그림 7]

[그림 7]은 $2mA_{P-P}$의 교류입력전류에 대한 [그림 5]의 CB회로를 보인 것이다. $2mA_{P-P}$ 전류는 특정한 직류바이어스 레벨 근처에서 변하는 에미터전류에 기인한 것이다. 이러한 바이어스레벨(이 경우 2mA)을 정 동작전류 (quiescent current)라고 부르며, 보통 줄여서 Q점(Q-point)이라고 한다. [그림 6]에 이것을 나타냈으며, 여기서 에미터전류는 2mA의 정동작전류 근처인 3mA와 1mA([그림 6]의 A 및 B점)에서 변한다. 교류전류이득(h_{fb})은 [그림 6]의 곡선으로부터 다음과 같이 계산된다.

$$h_{fb} = \frac{\Delta I_C}{\Delta I_E} \bigg|_{V_{CB}=\text{일정}} \cong \frac{2.7mA - 1.8mA}{3mA - 2mA} \bigg|_{V_{CB}=\text{일정}} = 0.9$$

이 경우 h_{fb} 는 [그림 6]의 A점과 Q점 사이에서 계산되지만, B점과 Q점 사이에서 계산된 값과 같게 된다. 이 경우에 직류와 교류전류이득은 같음에 유의하라. 실제의 문제에 있어서 보통 두 값은 정확하게 같지는 않다. CB회로에서는 전류이득이 1보다 조금 작은 값으로 주어지나, 상당히 큰 전압이득을 얻을 수 있다.

2) 실험 과정

• NPN 트랜지스터 실험

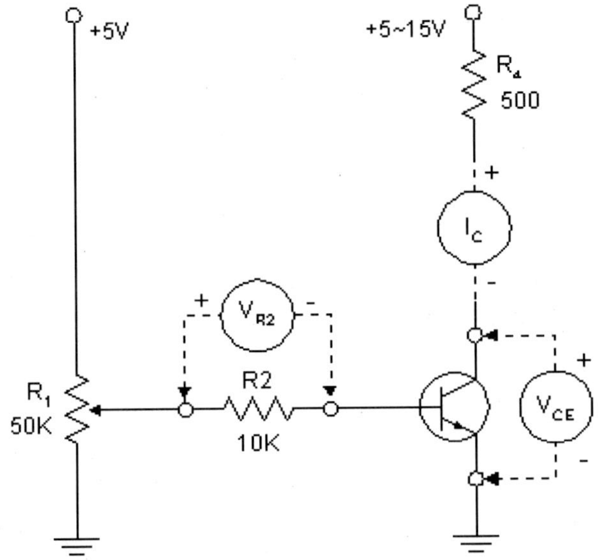

[그림 8]

(1) npn 트랜지스터의 특성을 실험하기 위해 [그림 8]과 같이 회로를 구성한다.

(2) I_B 가 10μA가 되도록 $R1$을 조정한다. I_B 와 V_{R2}의 관계는 아래 식과 같다. 그리고 V_{CE} 의 전압이 10V가 되도록 전압을 인가한다.(0~20V출력의 +를 4i에 GND를 4k에 연결) 그리고 전류계로 부터 콜렉터전류 I_C를 측정하여 [표 1]에 기록한다. ($R4$)

$$I_B = \frac{V_{R2}}{R_2}, \qquad I_C = \frac{V_{R4}}{R_4}$$

(3) 베이스전류 I_B를 [표 1]에서와 같이 $R1$을 이용하여 변화시키면서 베이스전류(I_B)에 따른 콜렉터전류 I_C를 측정하여 해당란에 기록하여라. ($R4$)

(4) 베이스전류 I_B를 20μA로 조정한 후, V_{CE} 를 [표 2]과 같이 변화시키면서 콜렉터전류 I_C를 측정하여 기록하여라. ($R4$)

(5) 베이스전류 I_B를 40, 60, 80 μA로 변화시키면서 각각의 V_{CE}에 대하여 콜렉터전류를 측정하여 [표 2]의 해당란에 기록하여라. ($R4$)

• PNP 트랜지스터 실험

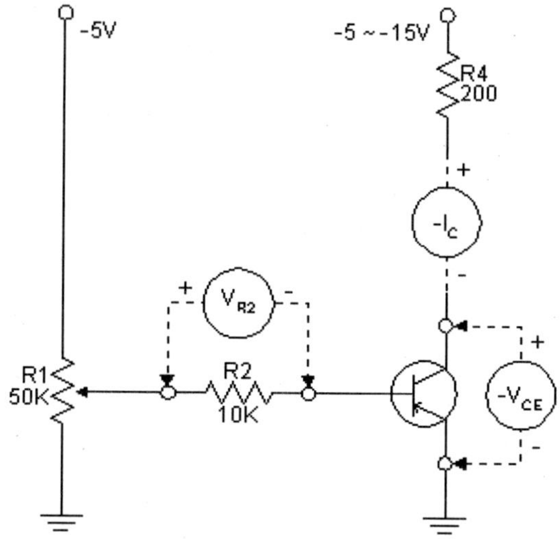

[그림 9]

(1) PNP 트랜지스터의 특성을 실험하기 위해 [그림 9]와 같이 회로를 구성한다.

(2) I_B가 -10 μA가 되도록 $R1$을 조정한다. I_B와 V_{R2}의 관계는 아래 식과 같다. 그리고 V_{CE}의 전압이 -10V가 되도록 -5V ~ -15V 사이의 전압을 인가한다. (0~20V 출력의 +를 5k에 GND를 5i에 연결) 그리고 전류계로부터 콜렉터전류 I_C를 측정하여 [표 3]에 기록한다.($R4$)

$$-I_B = \frac{-V_{R2}}{R2}, \qquad -I_C = \frac{-V_{R4}}{R4}$$

(3) 베이스전류 I_B를 [표 3]에서와 같이 $R1$을 이용하여 변화시키면서 베이스전류(I_B)에 따른 콜렉터전류 I_C를 측정하여 해당란에 기록하여라. ($R4$)

(4) 베이스전류 I_B를 20 μA로 조정한 후, V_{CE}를 [표 4]과 같이 변화시키면서 콜렉터전류 I_C를 측정하여 기록하여라. ($R4$)

(5) 베이스전류 I_B를 40, 60, 80 μA로 변화시키면서 각각의 V_{CE}에 대하여 콜렉터전류를 측정하여 [표 4]의 해당란에 기록하여라. ($R4$)

3) 실험 결과

(1) [표 1]

IB [μA]		10	20	30	40	50	60	70	80
IC [mA]	R4								
	R3						—	—	—

비고

(2) [표 2]

VCE [V]			4	6	8	10	12	14	16
IC [mA]	IB : 20μA	R4							
		R3							
	IB : 40μA	R4							
		R3						—	—
	IB : 60μA	R4							—
		R3				—	—	—	—
	IB : 80μA	R4						—	—
		R3			—	—	—	—	—

비고

(3) [표 3]

IB [μA]		−10	−20	−30	−40	−50	−60	−70	−80
IC [mA]	R4								
	R3						—	—	—

비고

(4) [표 4]

VCE [V]			−4	−6	−8	−10	−12	−14	−16
IC [mA]	IB : 20μA	R4							
		R3							
	IB : 40μA	R4							
		R3						—	—
	IB : 60μA	R4							
		R3					—	—	—
	IB : 80μA	R4							
		R3				—	—	—	—

비고

21. FET(J-FET/MOS-FET)

1) 이론

- J-FET

J-FET는 n형 또는 p형 채널과 게이트(gate)라고 하는 채널과 반대되는 물질로서 이루어져 있다. 물리적인 구조를 [그림 1(a)]에 나타내었다. 또한 FET의 3개 단자의 명칭을 나타내었다. 드레인(drain)과 소스(source) 단자는 흔히 서로 교환될 수 있으며, 이들 단자와 전원 전압의 극성이 어떻게 연결되었는가에 따라 결정된다. n채널 소자에게 드레인은 전지의 정(+)측과 연결된 단자이며, p채널 소자에서는 부(-)측과 연결된다.

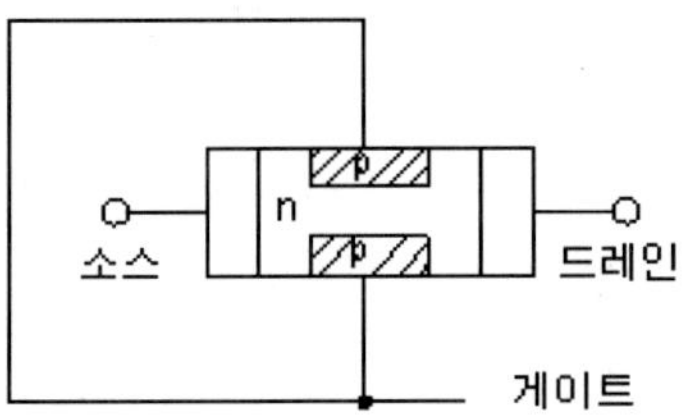

(a) n 채널 JFET 구조

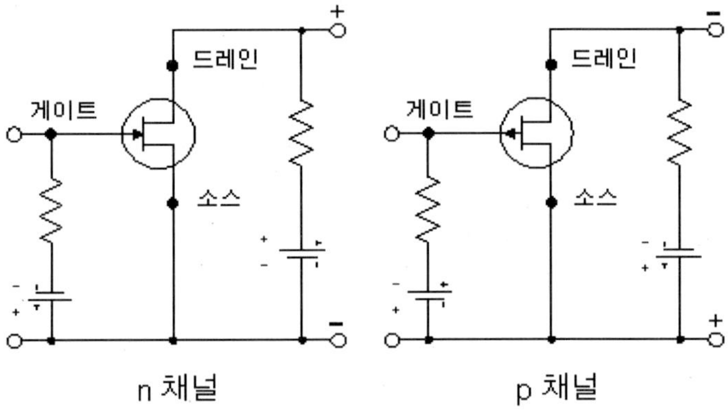

(b) JFET의 기호 및 필요한 전압극성

[그림 1]

J-FET와 쌍극성 트랜지스터에서 게이트와 베이스, 드레인과 콜렉터, 그리고 소스와 에미터 사이에는 개략적인 유사성이 나타난다. 그러나 J-FET에서의 전기전도는 게이트-소스접합에 대한 역방향바이어스 전압에 의하여 제어되며, 이에 따라 전계가 발생한다.

쌍극성 트랜지스터의 전도제어는 순방향바이어스된 베이스-에미터접합에서의 베이스전류에 의하여 이루어진다. 이러한 것은 J-FET의 입력(게이트)이 역방향 바이어스된 접합이므로, J-FET의 높은 입력임피던스에 대한 설명이 되는 것이다.

[그림 2]은 드레인 전류 I_D대 드레인-소스 사이의 전압 V_{DS}의 특성곡선을 나타낸 것이다. 바이어스 전압, 즉 게이트-소스 사이의 전압 V_{GS}는 이 경우 "0"이 된다. "0"에서 A까지의 첫 번째 영역, 즉 저항성영역(ohmic region)에서 J-FET는 보통의 저항과 같이 동작한다. 전류는 인가전압이 증가함에 따라 선형적으로 증가한다. 이러한 동작은 핀치오프 (pinch-off)

영역이 시작될 때까지 대략 1V에서 3V 범위 내에서 발생한다. 이 범위에서(A에서 B까지) 게이트와 채널간의 pn접합에 대한 역방향바이어스가 공핍영역 (depletion region)의 원인이 된다. 핀치오프영역에 도달하기위하여 역방향바이어스가 충분히 커질 때까지 공핍층은 서로 맞닿을 수 있을 만큼 충분히 넓혀지지 않는다. 두 층이 서로 맞닿을 수 있게끔 충분히 바이어스가 가해졌을 때, 채널에서는 전하가 결핍되어 핀치오프가 된다. 핀치오프는 V_{DS}의 광범위한 변화에 대하여 전류의 흐름이 거의 일정한 영역을 말한다. [그림 2]에 따르면 A에서 B까지의 이 영역에서 곡선은 거의 수평을 이룬다. 채널의 폭이 0으로 감소됨에 따라 전류의 흐름이 감소되려는 경향이 있으며, 이는 채널을 따라서 전압의 기울기를 완화시키는 원인이 된다. 이러한 것은 공핍영역의 폭을 감소시키며, 이는 전류가 증가하게 되는 원인이 된다. 이 마지막 결과는 전류의 안정된 값이 되며, 평형상태에 이르게 된다.

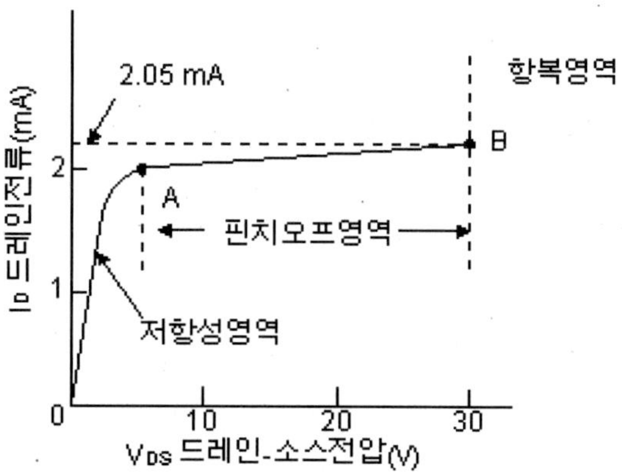

[그림 2]

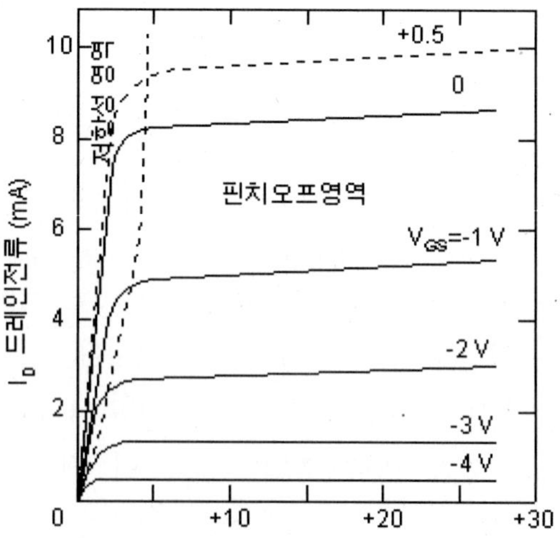

[그림 3]

- **동적 드레인 저항(dynamic drain resistance)**

r_{ds}는 핀치오프영역에서 곡선의 기울기로서 정의된다.

$$r_{ds} \cong \left. \frac{\Delta V_{DS}}{\Delta I_D} \right|_{V_{DS}=\text{일정}} \qquad (\text{식 } 1)$$

이 값은 매우 높으며, [그림 2]의 A점과 B점 사이에서의 r_{ds}는 다음과 같다.

$$r_{ds} \cong \frac{30V - 5V}{2.05mA - 2mA} = \frac{25V}{0.05mA} = 500\,\text{k}\Omega$$

이는 V_{DS}로서 변화하는 저항이므로 채널의 교류저항이 된다. 한편, 주어진 V_{DS}에서 채널의 정적 또는 직류저항 (R_{DS})은 낮은 저항값을 가지며, V_{DS}에 대한 I_D의 비에 의하여 간단하게 주어진다. 그러므로 [그림 2]에서, $V_{DS} = 20V$ 인 경우는 다음과 같다.

$$R_{DS} = \frac{V_{DS}}{I_D} \cong \frac{20V}{2mA} = 10\,\text{k}\Omega$$

B점을 넘어선 전압에 대한 항복(breakdown)영역을 역시 [그림 2]에 보였다. 항복은 역바이어스된 게이트-채널 pn접합에 사태항복(avalanceh breakdown)이 일어날 때 생긴다. 이는 제너다이오드의 일정전압영역과 비슷하며, FET의 전력정격이 초과되지 않는 한 파괴되지 않는다. V_{DS}값의 증가에 따라 J-FET가 처음에는 저항(저항성영역), 다음에는 일정전류원(핀치오프영역), 그리고 마지막으로 일정전압원(항복영역)처럼 보이는 것은 흥미있는 일이다.

게이트와 소스는 같은 전위였다. ($V_{GS}=0$) 만일 I_D대 V_{DS}의 도표가 다른 V_{GS}값들에서 만들어졌다면 결과적으로 [그림 3]에 보인 것과 같은 드레인 특성 곡선이 생길 것이다. 이들 곡선 상에는 관례적으로 항복(제너)영역을 나타내지 않으며, 이는 J-FET가 이 영역에서는 좀처럼 동작하지 않기 때문이다. 여러 가지 바이어스전위 (V_{GS})는 결국 핀치오프영역 안에서 드레인전류값의 감소로 끝남을 유의하라. 이러한 것이 J-FET의 증폭능력에 대한 근거가 되며, 여기서 전달 컨덕턴스(transcoductance) g_{fs}는 V_{GS}의 변화에 대한 드레인 전류의 변화로서 측정되어진다.

$$g_{fs} = \left. \frac{\Delta I_D}{\Delta V_{GS}} \right|_{V_{DS}=\text{일정}}$$

[그림 3]에서 바이어스전압에 의한 I-V 변화에 대하여 I_D의 간격이 같지 않음을 보인 것처럼, 전달컨덕턴스는 어떤 범위 안에서 변할 수 있다. 특정한 형의 FET에 있어서 소자마다 g_{fs}에 비례하므로, 이러한 가변성은 곤란한 문제가 될 수 있다.

-1V에서 -2V까지의 V_{GS}변화에 대한 [그림 3]의 특성에 의하여 표현된 전달컨덕턴스는 다음과 같이 된다.

$$g_{fs} = \frac{\Delta I_D}{\Delta V_{GS}} \cong \frac{5.5mA - 3mA}{1V} = 2500\mu\Omega$$

또한 [그림 3]으로부터 게이트-채널접합이 전도상태에 있지 않는 동안은 작은 순방향 게이트-소스바이어스에 의한 동작이 허용됨을 유의하라. FET는 보통 실리콘재료로 만들기 때문에 양전압이 대략 0.5V를 넘지 않음을 의미한다. 물론 전도는 중요한 전류의 흐름을 의미하며, 아마도 pn접합에서 가열효과 때문에 소자가 파괴되는 원인이 될 것이다.

J-FET는 n채널이든 p채널이든 상관없으나, 보통 n채널이 사용된다. p채널소자가 정공의 전도에 의하여 동작하는데 반하여 n채널에서는 전자에 의한 전도로 나타낸다. 다른 인자들은 모두 같으나 전자가 정공보다 이동도가 더 크므로, 더 높은 주파수에서 동작이 가능하다. 또한 p채널과 비교하여 회로에 더욱 작은 잡음이 전달된다. [그림 3]의 n채널 특성곡선은 p채널소자에 대하여 동일하게 적용시킬 수 있다. 그러나 모든 전압극성은 반대로 되어야 한다.

• MOS - FET

MOS-FET의 게이트는 매우 작고 뛰어난 특성을 갖는 커패시터이며, 채널을 통한 전도는 게이트와 소스사이에 인가된 전압에 의하여 제어된다. 그러므로 MOS-FET의 입력전류는 J-FET에 비한다면 입력전류와 대립이 되는 커패시터의 누설전류로서, 이는 역방향바이어스된 pn접합의 누설전류이다. 따라서 MOS-FET의 입력임피던스는 J-FET에 비하여 수십 배 또는 그 이상의 큰 값을 갖는다.

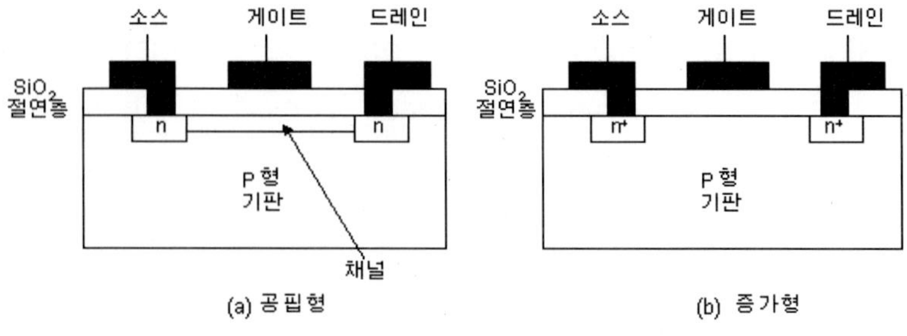

[그림 4]

MOS-FET의 Gate는 절연물질의 SiO_2층을 채널전면에 걸쳐서 침착시키는데 이러한 얇은 SiO_2층 위에 금속물질이 놓이게 된다. [그림 4]은 대표적인 MOS-FET의 구조형태를 보인 것이다.

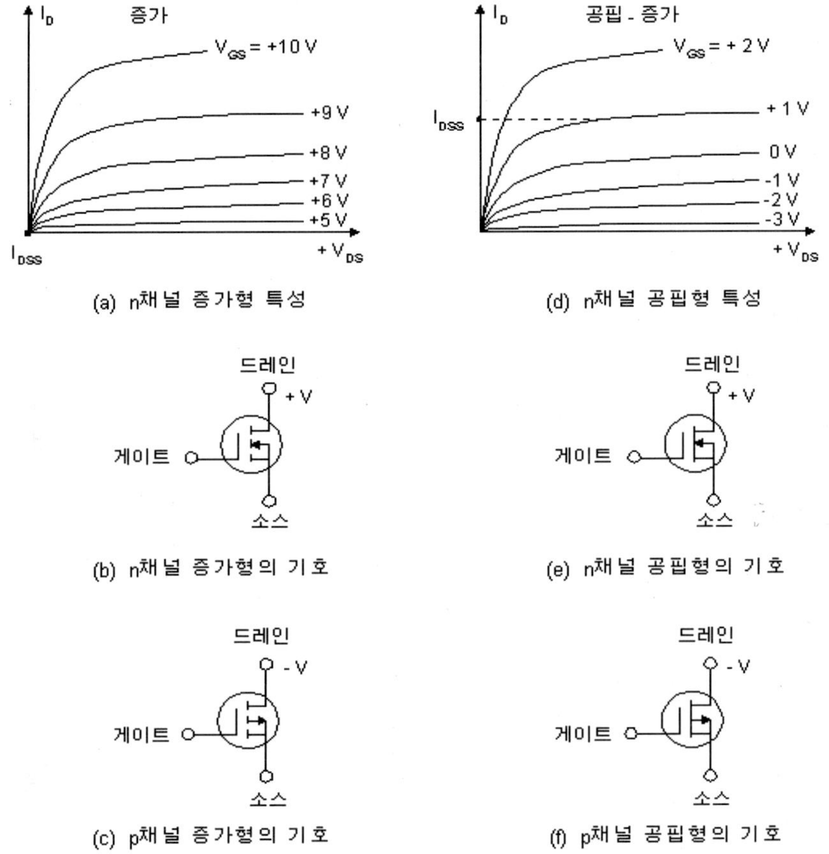

[그림 5]

MOS-FET의 동작 특성으로는 세부적인 구조에 따라 구분되는 공핍형(depletion-mode)이나 증가형(enhancement- mode)이 있다. [그림 5(a)]는 n채널 MOS-FET의 특성을 나타낸 것이다. 공핍형에서 채널은 정상적으로 도체이며, 이 때문에 J-FET에서와 같이 전류의 흐름이 감소될 수도 있고, 충분한 게이트전압이 인가됨에 의하여 차단까지도 가능하다. 증가형에서는 채널이 정상적으로 차단상태이며, 게이트전압을 인가함에 따라 줄이거나 또는 늘릴(증가) 수 있으며, 제어할 수가 있게 된다. 공핍형 MOS-FET는 [그림 5(d)]에 나타낸 것처럼 증가형에서도 동작할 수 있다.

게이트의 정전용량은 매우 작으며, 따라서 입력임피던스는 매우 높다. 그래서 게이트는 어떤 전압레벨 이상에서 매우 쉽게 하전될 수 있으므로, 커패시터의 좁은 SiO_2유전체가 파괴될 수 있다. 대략 50V정도의 전압으로 파괴되며, 이는 정상적인 취급에 따라 발생하는 정전하들에 의하여 쉽게 유도될 수 있음을 의미한다. 이러한 이유 때문에 이들 소자들은 리이드들을 서로 단락시켜서 흔히 패키지화한다.

게이트와 드레인 사이 및 게이트와 소스 사이의 고유의 정전용량(고주파응답을 제한)은 대체로 MOS-FET에서 더 낮으므로, 일반적으로 고주파응답이 J-FET에 비하여 더욱 좋다. JFET가 온도에 따라 지수적으로 증가하는 입력누설전류를 갖는데 반하여, MOS-FET에서는 온도의 영향이 최소가 된다. MOS-FET는 오늘날 보편적으로 이용할 수 있는 온도의 영향을 적게 받는 반도체소자이다.

2) 실험 과정

- J-FET

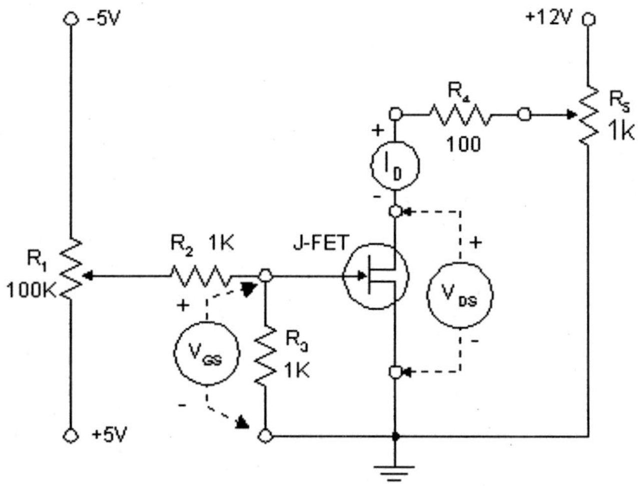

[그림 6]

(1) J-FET의 특성을 실험하기 위해 [그림 6]과 같이 회로를 구성한다.

(2) $R1$ 양단의 전압에는 -5V, +5V가 인가되어 있으며, $R5\,R_5$에는 +12V와 그라운드를 연결한다.

(3) 가변저항 $R5$를 조정하여 V_{DS}가 10V가 되게 한다. 그리고 가변저항 $R1$을 조정하여 [표 1]에 주어진 것과 같이 V_{GS}를 변화시키면서 I_D를 측정하여 [표 1]에 기록한다.

(4) 다음에는 V_{GS}를 -0.2V로 고정시키고, V_{DS}를 [표 2]과 같이 변화시키면서 드레인 전류 I_D 를 측정하여 [표 2]에 기록하여라.

(5) [표 2]에서 각각의 V_{GS}에 대하여 V_{DS}를 변화시키면서 드레인 전류 I_D 를 측정하여 [표 2]에 기록하여라.

• MOS - FET

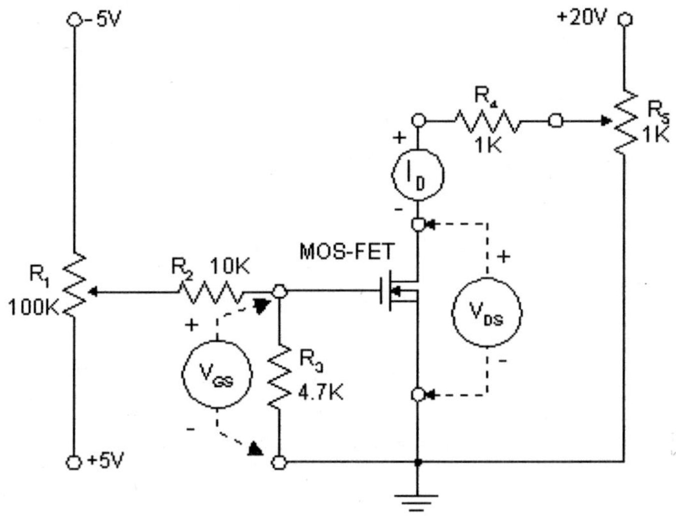

[그림 7]

(1) MOS-FET의 특성을 실험하기 위해 [그림 7]과 같이 회로를 구성한다.

(2) R_1양단의 전압에는 -5V, +5V가 인가되어 있으며, R_5에는 +20V와 그라운드를 연결한다.

(3) 가변저항 R_5를 조정하여 V_{DS}가 10V가 되게 한다. 그리고 가변저항 R_1을 조정하여 [표 3]에 주어진 것과 같이 V_{GS}를 변화시키면서 I_D 를 측정하여 [표 3]에 기록한다.

(4) 다음에는 V_{GS}를 -0.3V로 고정시키고, V_{DS}를 [표 4]와 같이 변화시키면서 드레인 전류 I_D 를 측정하여 [표 4]에 기록하여라.

(5) [표 4]에서 각각의 V_{GS}에 대하여 V_{DS}를 변화시키면서 드레인 전류 I_D 를 측정하여 [표 4]에 기록하여라.

3) 실험 결과

(1) [표 1]

VGS [V]	−0.3	−0.2	−0.1	0	+0.1	+0.2	+0.3	+0.4
ID [mA]								

비고

(2) [표 2]

VDS [V]		2	4	6	8	10	12
ID [mA]	VGS : −0.2V						
	VGS : −0.1V						
	VGS : 0						
	VGS : +0.1V						
	VGS : +0.2V						

비고

(3) [표 3]

VGS [V]	−0.5	−0.4	−0.3	−0.2	−0.1	0	+0.1	+0.2
ID [mA]								

비고

(4) [표 4]

VDS [V]		2	4	6	8	10	12
ID [mA]	VGS : −0.3V						
	VGS : −0.2V						
	VGS : −0.1V						
	VGS : 0						
	VGS : +0.1V						

비고

22. SCR 특성(SCR CHARACTERISTIC)

1) 이론

보통의 스위칭 TR에서 ON상태의 내부저항을 낮게 하기 위해서는 콜렉터의 불순물농도를 높여야 하는데 그러면 콜렉터의 역전압이 낮아진다. 이를 극복하기 위해 고역전압, 대전력용 스위칭 소자로 개발된 것이 [그림 1(a)]와 같이 4층구조와 3개 단자를 갖는 SCR(silicon controlled rectifier)이다. 이것을 사이리스터(thyristor)라고도 한다. 이러한 SCR은 게이트에 어느 정도 이상의 펄스전류를 흘려주어야만 애노드에서 캐소드로 순방향 전류를 흘릴 수 있다(스위치 ON).

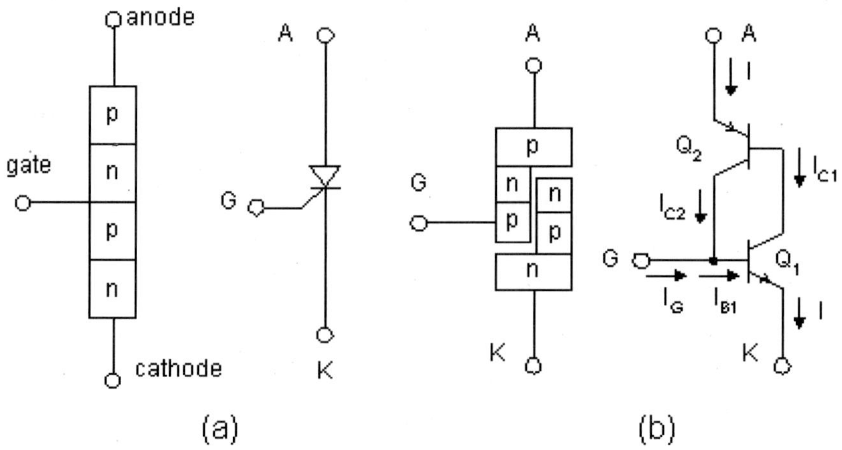

[그림 1]

- **동작원리**

SCR의 동작을 해석하기 위하여 [그림 1(b)]와 같이 중간의 두 층을 반으로 쪼개어 pnp TR과 npn TR가 접속된 것으로 생각하자.

- 게이트가 접지되면 Q_1이 차단, 이 때 $I_{CI}=I_{B2}=I_{CO1}$은 Q_2를 turn ON시키기에는 너무 작다. 즉 $V_{GK}=0$에서 SCR은 OFF.
- 게이트에 충분히 큰 + 전압(보통 펄스)을 인가하면 Q_1이 turn ON, $I_{C1}=I_{B2}$가 Q_2를 turn ON, $I_{C2}=I_{B1}$은 Q_1을 더욱 turn ON시킨다. 즉, Q_1, Q_2 루우프 내에서 정궤환(regeneration)이 일어나서 이 두 TR가 turn ON된다. 게이트에 전압이 인가되는

순간부터 SCR이 ON될 때까지의 시간을 SCR의 turn ON 시간이라 하며 보통 $0.1 \sim 1\mu s$이다.

- 일단 SCR이 turn ON되면 게이트전압을 제거해도 ON상태가 유지된다. SCR을 turn OFF시키려면 애노드전압을 0 또는 -로 구동해야 한다. turn OFF시간은 $1 \sim 30\mu s$이다.
- 해석적으로 생각하면 (전류의 극성에 관해서는 [그림 1(b)]참조)

$$I_{C1} = \alpha_1 I + I_{CO1}, \qquad I_{C2} = \alpha_2 I + I_{CO2}$$

- Q_2에 유입하는 전류, 즉 애노드전류 1은

$$I = I_{C1} + I_{C2} = \alpha_1 I + I_{CO1} + \alpha_2 I + I_{CO2}$$

$$\therefore\ I = \frac{I_{CO1} + I_{CO2}}{1 - (\alpha_1 + \alpha_2)}$$

게이트전류가 흐르면 α값이 증가하여 $\alpha_1 + \alpha_2$가 1에 이르면 애노드전류 1이 매우 크게 된다. 즉 SCR이 ON된다. 이와 같은 상태에서 게이트전류를 제거해도 SCR은 계속 ON 상태를 유지한다.

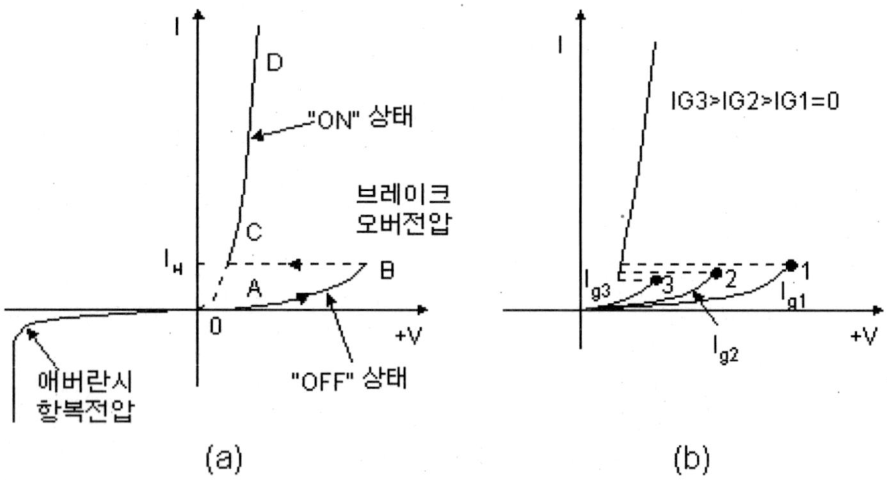

[그림 2]

• **특성**

[그림 2(a)]는 게이트전류를 0로 유지하고 애노드전압을 변화시킬 때의 애노드전류의 변화를 그렸다. 애노드전압을 -방향으로 증가시키면 SCR의 애버란시항복이 일어난다. +방향으로 증가시키면 OA영역에서는 $\alpha_1 + \alpha_2$가 작고 SCR은 역바이어스된 접합과 마찬가지로 동작한다. AB영역에서는 α값이 증가하여 breakover전압에서 $\alpha_1 + \alpha_2 = 1$에 이른다. 전류가 더 증가하면 SCR은 순방향으로 바이어스된 접합과 마찬가지로 동작한다. 즉 애노드전압이 급격히 떨어진 CD영역에서 동작한다. 이제 전류를 점 C에 대응하는 홀드전류(hold current)를 I_H 이하로 감소시키면 동작점은 C에서 원점 0로 이동하여 SCR은 OFF된다.

게이트에 전류 I_G를 흘리면 α값이 증가되고 브레이크오우버 전압이 낮아진다[그림 2(b)]. 보통 애노드전압을 $I_G = 0$시의 브레이크오우버 전압보다 낮게 걸고 게이트에 트리거신호를 걸어서 ON시킨다. 트리거 신호로서는 피이크전압 수 V, 피이크전류 수 mA ~ 수 10mA의 짧은 펄스를 쓴다.

2) 실험 과정

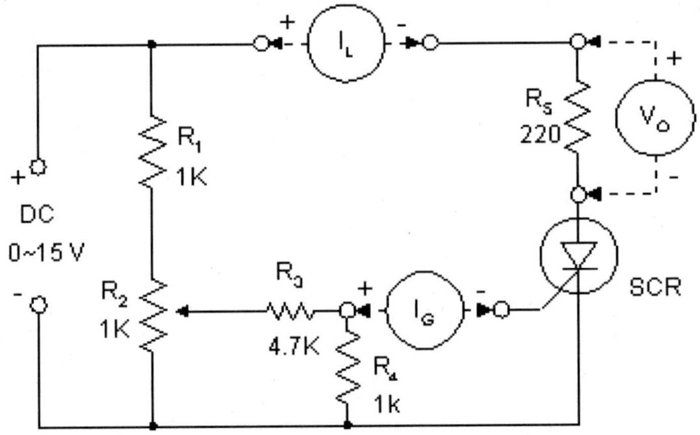

[그림 3]

(1) [그림 3]와 같이 회로를 구성한다.

(2) [표 1]에 주어진 것과 같이 입력전압을 변화시키면서 전압계와 전류계로부터 I_G, I_L, V_O를 측정하여 해당란에 기록하라. 그리고 다시 입력전압을 서서히 줄이면서 Turn-OFF 되는 지점의 전류(Turn-OFF 전류)를 기록하라. (단, R_2는 최대가 되도록 시계방향으로 최대로 한다.)

3) 실험 결과

(1) [표 1]

측정 / 입력전압	게이트 전류 [IG]	부하 전류 [IL]	부하 전압 [VO]	Turn-OFF 전류
5V				
5.5V				
6V				
6.5V				
7V				
7.5V				
8V				
8.5V				

비고

23. AMPLIFIER BIASING

1) 이론

Common Emitter(에미터 공통)구성에서 트랜지스터의 전류이득은 β 로 나타내며 다음과 같이 정의한다.

$$\beta = \frac{\Delta I_C}{\Delta I_B} \qquad (V_{CE}\ const) \qquad \text{(식 1)}$$

여기서 얻은 β 의 바이어스 조건은 다음과 같다.

- 에미터-베이스 접합은 순방향 바이어스이다.
- 콜렉터-베이스 접합은 역방향 바이어스이다.

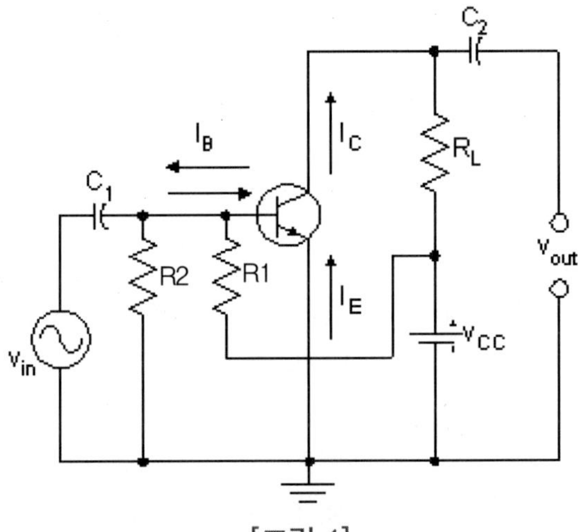

[그림 1]

트랜지스터 증폭기는 dc 혹은 ac 전류나 전압을 증폭하는데 사용된다. [그림 1]은 에미터가 접지된 ac 증폭기로 연결된 NPN 트랜지스터의 회로이다. $R1$과 $R2$는 베이스-에미터 회로를 순방향 바이어스 하는데 사용된다. V_{cc}는 콜렉터전류와 베이스 바이어스 전압 분배기 $R1$과 $R2$를 위한 전원전압을 공급한다. 입력신호 V_{in}은 $C1$을 통해 베이스와 연결된다. I 권에서 트랜지스터 특성에 관한 실험에서 베이스전류의 작은 증가가 상대적으로 큰 콜렉터전류의 증가를 가져온다는 사실을 알았다. 또한 베이스전류의 작은 감소로 상대적으로 큰 콜렉터전류의 감소를 야기한다. 그러므로 베이스와 콜렉터회로의 전류는 동 위상이다. 에미터공통 회로에서 콜렉터전류의 조절 정도는 트랜지스터의 β 에 의존한다.

• **바이어스 방법과 안정화**

왜곡없는 증폭을 하기 위해서 입력 신호를 트랜지스터 특성의 선형 영역에서 동작하도록 베이스는 적절하게 바이어스 되어져야 한다. 그렇지 않으면 출력은 차단 혹은 포화 영역에서 구동되어 왜곡된 출력이 된다. 즉, 트랜지스터를 바이어스하는 방법에 따라 주어진 입력 신호에 따른 출력 신호의 충실도가 결정된다.

2) 실험 과정

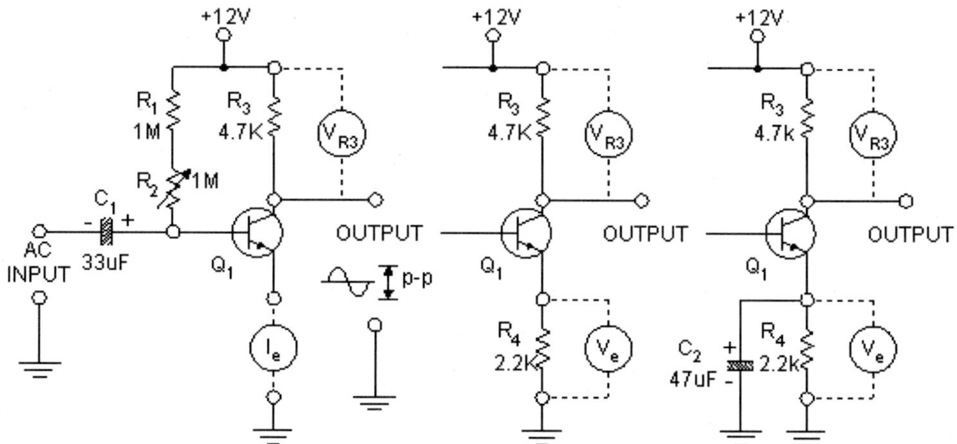

(a) Non-Feedback Bias (b) Feedback Bias (c) By-Pass Bias

[그림 2]

(1) [그림 2(a)]와 같이 회로를 구성한다. 단, AC Input은 가하지 않는다.

(2) R_2를 조절하여 $I_C = V_{R3}/R_3$식에 의하여 I_C값이 1mA가 되도록 조절한다. 그리고 [그림 2(a)]에서 I_e를 측정하여 $I_B = I_e - I_C$식을 이용하여 I_B값을 [표 1]에 기록하여라.

(3) 1000Hz 정현파를 가한 후 정현파 전압의 크기를 변화시키며 왜곡되지 않는 최대 출력전압 (V_{P-P})과 왜곡되지 않는 최대 입력전압 (V_{P-P})을 [표 1]의 해당란에 기록하여라. 단, 전압계는 제거한 후 오실로스코우프로 측정한다.

(4) I_C가 1.25, 1.5, 1.75mA의 각각의 경우에 대하여 과정 2,3을 반복하여라.

(5) [그림 2(b)]와 같이 회로를 구성한다. 단, AC Input은 가하지 않는다.

(6) R_2를 조절하여 $I_C = V_{R3}/R_3$식에 의하여 I_C값이 1mA가 되도록 조절한다. 그리고 [그림 2(b)]에서 V_e 의 측정값을 가지고 $I_e = V_e/R_4$, $I_B = I_e - I_C$식을 이용하여 I_B값

을 계산 하여 [표 2]의 해당란에 기록하여라.

(7) 1000Hz 정현파를 가한 후 정현파 전압의 크기를 변화시키며 왜곡되지 않는 최대 출력 전압 (V_{P-P})과 왜곡되지 않는 최대 입력전압 (V_{P-P})을 [표 2]에 기록하여라. 단, 전압계는 제거한 후 오실로스코우프로 측정한다.

(8) I_C가 1.1, 1.2, 1.3mA의 각각의 경우에 대하여 과정 6,7을 반복하여라.

(9) [그림 2(c)]와 같이 회로를 구성한다. 단, AC Input는 가하지 않는다.

(10) R_2를 조절하여 $I_C = V_{R3}/R_3$식에 의하여 I_C값이 1mA가 되도록 조절한다. 그리고 [그림 2(c)]에서 V_e의 측정값을 가지고 $I_e = V_e/R_4$, $I_B = I_e - I_C$식을 이용하여 I_B 값을 계산하여 [표 3]의 해당란에 기록하여라.

(11) 1000Hz 정현파를 가한 후 정현파 전압의 크기를 변화시키며 왜곡되지 않는 최대 출력전압 (V_{P-P})과 왜곡되지 않는 최대 입력전압 (V_{P-P})을 [표 3]에 기록하여라. 단, 전압계는 제거한 후 오실로스코우프로 측정한다.

(12) I_C가 1.1, 1.2, 1.3mA의 각각의 경우에 대하여 과정 10, 11을 반복하여라.

3) 실험 결과

(1) [표 1]

DC	IC [mA]	1	1.25	1.5	1.75
	IB [μA]				
AC	무의 최대 출력 [VP−P]				
	무의 최대 입력 [VP−P]				

비고

(2) [표 2]

DC	IC [mA]	1	1.1	1.2	1.3
	IB [μA]				
AC	무의 최대 출력 [VP−P]				
	무의 최대 입력 [VP−P]				

비고

(3) [표 3]

DC	IC [mA]	1	1.1	1.2	1.3
	IB [μA]				
AC	무의 최대 출력 [VP−P]				
	무의 최대 입력 [VP−P]				

비고

24. COMMON EMITTER AMP

1) 이론

• 입력 임피던스

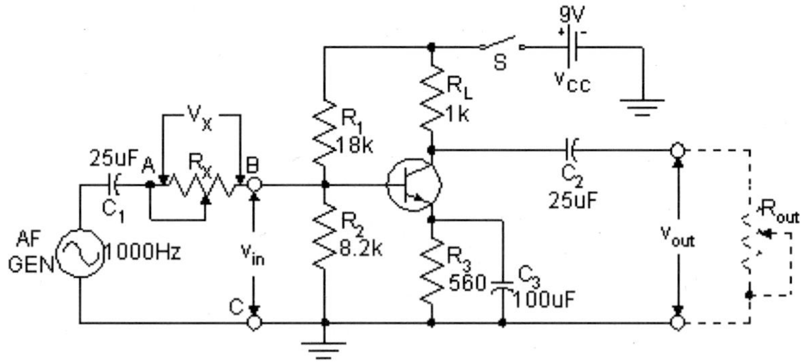

[그림 1]

증폭기의 입력 임피던스 Z_{in}혹은 R_{in}은 출력 왜곡이 없는 입력 신호 전압 V_{in}과 입력 신호 전류 i_{in}의 비로 결정된다.

$$R_{in} = \frac{V_{in}}{i_{in}} \qquad \text{(식 1)}$$

그러므로 R_{in}은 실험에서 V_{in}과 i_{in}을 측정하여 위식에 대입하면 얻을 수 있다.

교류 마이크로 암미터나 밀리 암미터로 증폭기의 입력(베이스)전류를 측정할 수도 있고 전압계-저항계 방법으로 i_{in}을 결정하기 위해 [그림 1]을 변형할 수도 있다. 전위차계 R_X가 [그림 1]에서처럼 점 A와 B사이에 연결되어 있다. R_X는 R_X양단의 전압 V_X가 B와 C 사이에서 측정된 신호 전압 V_{in}과 같아질 때까지 변화시킨다. R_X를 회로에서 분리하여 측정한 값은 R_{in}과 같다. 에미터공통 증폭기의 입력 임피던스는 입력회로에 축퇴 귀환을 시킴으로서 증가될 수 있다. 같은 V_{in}값에서 베이스 대 에미터의 입력 신호 전류는 $R3$로 인해서 줄어든다. 그러나 회로에서와 같이 C_3이 있으면 AC 적으로는 바이패스가 가능해진다. 그런 까닭에 에미터 회로에서 축퇴가 있을 때 R_{in}의 값은 더욱 커진다.

$$\text{즉, } \frac{V_X}{R_X} = \frac{V_{in}}{R_{in}} \qquad \therefore V_X = V_{in} \text{ 면 } R_X = R_{in}$$

• 출력 임피던스

증폭기의 출력 임피던스 Z_{out}은 회로의 출력에 가변저항기 R_{out}을 첨가함으로써 실험적으로 얻을 수 있으며, 그 과정은 다음과 같다. 먼저 부하를 걸지 않고 출력신호 V_{out}을 측정한다. 다음에 부하를 연결하고 새로운 출력 신호 V_{out}이 앞에서 측정된 값 V_{out}의 반이 될 때 까지 부하(R_{out})를 조정한 다음 R_{out}을 회로에서 분리하여 그 값을 측정한다. 측정된 저항값이 출력 임피던스 Z_{out}이다. 입·출력 임피던스 측정시 입·출력 신호에 왜곡이 없도록 해야 한다는 점을 주의하라.

• 전압 이득

에미터 접지 증폭기는 전류, 전압 및 전력 증폭기이다. 실험적으로 입력에 측정된 신호전압을 넣어 증폭기의 전압이득을 결정할 수 있다. 출력-신호 전압은 측정되어지며(오실로스코프 혹은 교류 전압계) 입력신호 대 출력신호의 비는 전압 이득이 된다.

$$Voltage\ Gain\ =\ \frac{V_{out}}{V_{in}}$$

중요한 것은 이 과정동안 증폭기는 선형영역에서 동작되어야 한다는 것이다. 실험적으로 이 증폭기의 선형 동작 범위를 결정할 수 있다. 오디오 신호의 100Hz 정현파를 입력에 넣고 오실로스코우프로 콜렉터에서 출력을 살펴본다. 신호 발생기의 출력을 초기에는 최소치에 둔다. 이때 발생기의 출력이 점점 증가되어지면 그 파형을 오실로스코우프로 관측한다. 그리고 오실로스코프의 화면에 이 측정값이 왜곡이 일어나지 않는 점까지 입력하였다면 이것이 바로 신호 입력의 범위이다.

2) 실험 과정

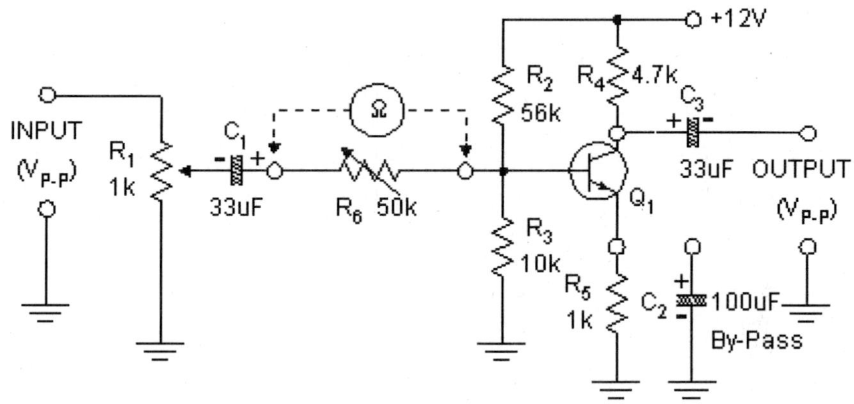

[그림 2]

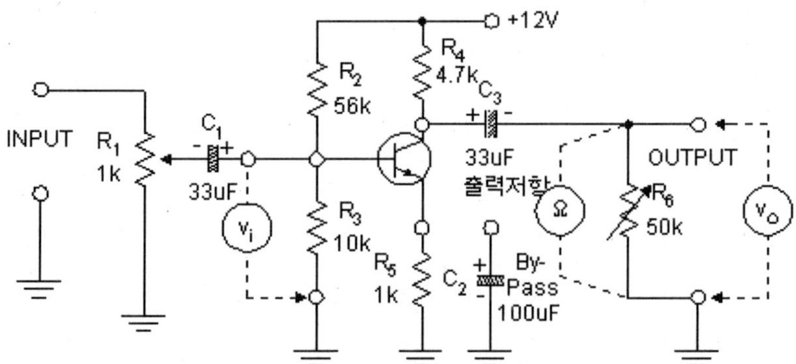

[그림 3]

(1) [그림 2]와 같이 회로를 구성한다. 그리고, 입력 주파수는 1000Hz 정현파로 한다.

(2) R_1은 최대, R_6는 최소 (0Ω)가 되게 조정한 후 입력 주파수의 전압을 가변하여 출력 전압이 $8V_{P-P}$가 되도록 한다. 단, 출력 파형은 왜곡이 없어야 한다.

(3) R_6를 가변하여 출력 전압이 $4V_{P-P}$가 되도록 한 후 입력전압 V_{R6}, V_{R3}을 측정하여 [표 1]에 기록하여라.

(4) R_6를 회로에서 분리한 후 저항값을 측정하여 [표 1]의 입력 저항란에 기록하여라. 단, R_6를 회로에서 분리 시 저항값이 변하지 않도록 조심한다.

(5) C_2를 연결한 후 과정 2~4를 반복하여 측정값은 [표 1]의 By Pass란에 기록하여라.

(6) [그림 3]와 같이 회로를 구성한다. 그리고, 입력 주파수는 1000Hz 정현파로 하고 R_6는 연결 하지 않는다.(여기서는 C_2를 연결치 말 것.)

(7) R_1과 입력신호의 전압을 가변하여 출력전압이 왜곡이 없는 최대값이 되도록 하고 무부하시 V_o를 측정하여 [표 2]에 기록하여라.

(8) R_6를 회로에 연결한 후 가변하여 무부하시 V_o의 1/2이 되도록 정확히 조정하고 이때의 V_i 와 1/2부하 시 V_o를 측정하여 [표 2]에 기록하여라.

(9) R_6를 회로에서 분리한 후 저항값을 측정하여 [표 2]의 출력 저항란에 기록하여라. 단, R_6를 회로에서 분리시 저항값이 변하지 않도록 조심한다.

(10) C_2를 연결한 후 과정 7~9를 반복하여 측정값은 [표 2]의 By-Pass란에 기록하여라.

(11) [그림 3]에서 C_2를 연결하고 입력 신호를 [표 3]과 같이 무부하, 정격부하시 무의 최대출력, 무의 최대 입력을 측정한 후 [표 3]에 기록하여라. 단, 정격부하는 [표 2]의 By-Pass시의 출력 저항값을 사용한다.

(12) 각각에 대하여 증폭도 $(\frac{V_o}{V_i})$를 계산하여 [표 3]에 기록하여라.

3) 실험 결과

(1) [표 1]

측정 / 회로	입력			
	입력 전압 [VP−P]	VR6 [VP−P]	VR3 [VP−P]	입력 저항 [Ω]
Non By Pass				
By Pass				

비고

(2) [표 2]

측정 / 회로	출력			
	Vi [VP−P]	Vo(무부하) [VP−P]	Vo(1/2 부하) [VP−P]	출력 저항 [Ω]
Non By Pass				
By Pass				

비고

(3) [표 3]

Vo / Vi	무의 최대 입력 [VP−P]	무의 최대 출력 [VP−P]		증폭도 [Vo/Vi]
		무부하	정격 부하	
100㎐				
300㎐				
1㎑				
3㎑				
10㎑				

비고

25. DARLINGTON AMP

1) 이론

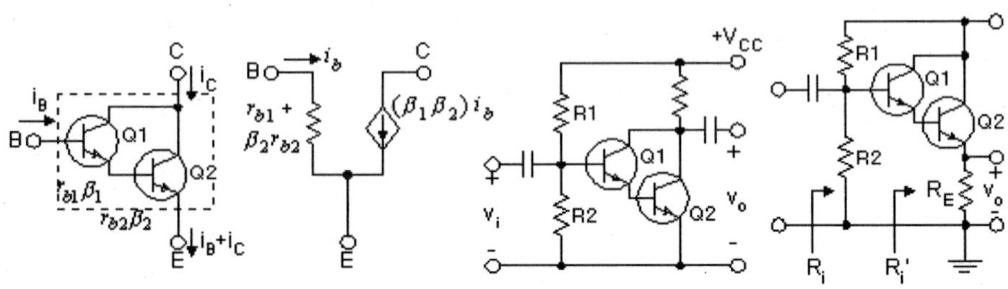

(a) D-P　(b) D-P의 근사적 소신호 모델　(c) D-P를 이용한 CE 증폭기　(d) D-P를 이용한 CC 증폭기

[그림 1]

2개의 npn TR을 [그림 1(a)]와 같이 연결한 것을 Darlington-Pair(D-P)라 부르며 B, C, E 3개의 단자를 갖는 하나의 TR로 생각할 수 있다. 이는 매우 큰 β 가 필요할 때 흔히 쓰인다 ($\beta \cong \beta_1\beta_2$). 첨자 1,2를 붙여서 두 TR $Q1$, $Q2$에 관한 양을 구별하면.

$$i_c = i_{c1} + i_{c2} = \beta_1 i_{b1} + \beta_2 i_{b2} = \beta_1 i_{b1} + \beta_2(1+\beta_1)i_{b1} = (\beta_1 + \beta_2 + \beta_1\beta_2)i_b$$

그러므로

$$D-P\text{의 } \beta = \beta_1 + \beta_2 + \beta_1\beta_2 \cong \beta_1\beta_2$$

또

$$D-P\text{의 } r_b = r_{b1} + (1+\beta_2)r_{b2}$$

(I_{B1}이 작으므로 r_{b1}을 무시할 수 없다)

이상으로 D-P의 근사적 소신호모델은 [그림 1(b)]와 같이 된다.

[그림 1(c), (d)]는 각각 D-P를 이용한 CE, CC증폭기이며 그 해석은 위의 두식을 관련된 제식에 대입하면 된다. $Q1$의 베이스전류는 매우 작으므로 ($\cong I_C$ / $\beta_1\beta_2$) $R1$, $R2$를 크게 할 수 있고 따라서 [그림 1(c)]에서는 $R1//R2$의 shunt효과를 무시할 수 있다. [그림 1(d)]에서 전원에서 본 입력 임피던스 R_i 는 매우 크게 된다. R_i 를 더욱 크게 하려면 여기에다 bootstrap 바이어스를 이용하면 된다.

[그림 1(a)]의 D-P에서는 $Q2$의 베이스가 떠 있기 때문에 ON시 $Q2$의 베이스영역에 축적된 전하가 OFF될 때 빨리 밖으로(베이스단자를 통하여) 빠져 나갈 수 없어 고속동작을 하지 못한다. 이 문제를 해결하기 위하여 [그림 2]과 같이 저항 R 을 연결한다. 이 R 은 또 $Q1$의 에미터전류에 포함되는 역포화전류성분 $I_{CBO}(1+\beta_1)$이 $Q2$의 베이스에 유입하는 것을 방지하는 역할도 한다. R 의 값은 소신호용 D-P에서는 수 kΩ, 전력용에서는 수 100Ω (너무 적으면 필요한 I_{B2}를 얻을 수 없다)이다. 또한 pnp의 D-P도 있으며 포토트랜지스터보다 훨씬 더 민감한 (β 배 만큼) 포토-Darlington도 있다[그림 3]. 이것들은 하나의 칩(chip) 위에 만들어져 있다.

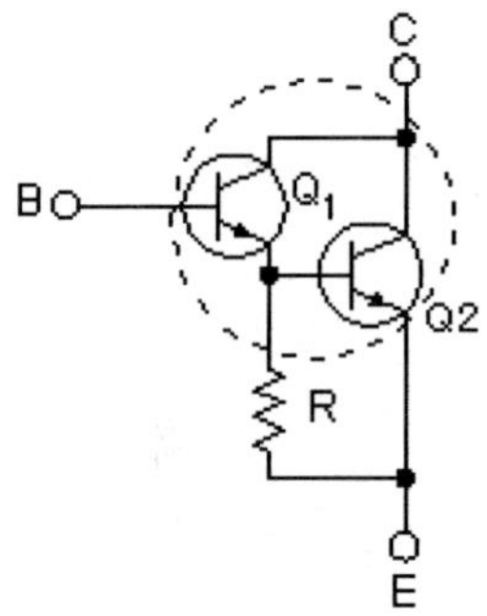

[그림 2]

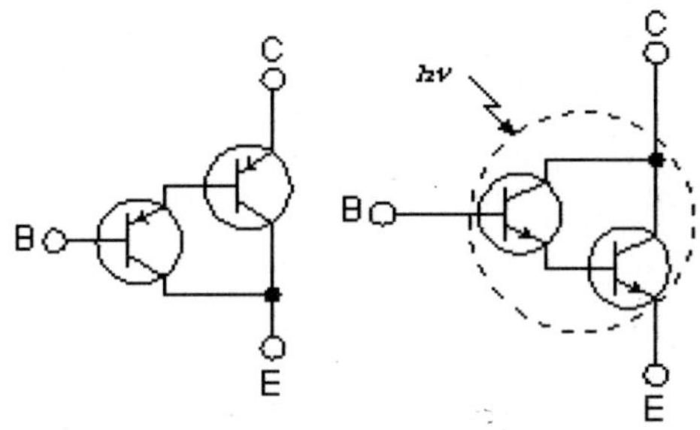

(a) pnp D-P (b) Photo-Darlington

[그림 3]

- **상보적** Darlington-Pair(complementary D-P)

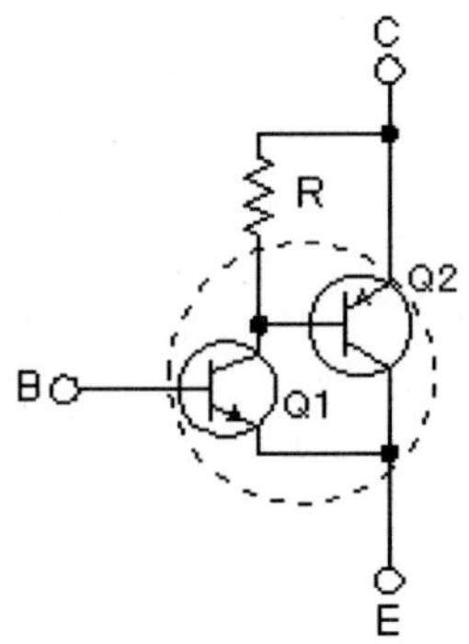

[그림 4]

이것은 [그림 4]와 같이 pnp TR과 npn TR의 연결로 된 것으로서 전체의 β 가 역시 $\beta_1\beta_2$인 하나의 npn TR로서 동작한다. $B-E$ 간의 전압이 먼저와 달리 0.7V이고, $Q2$의 포화전압은 먼저와 마찬가지로(0.7+0.2)V 이하로 떨어질 수 없다. $Q2$의 $B-E$ 간에 저항 R 을 연결한 칩도 있다.

2) 실험 과정

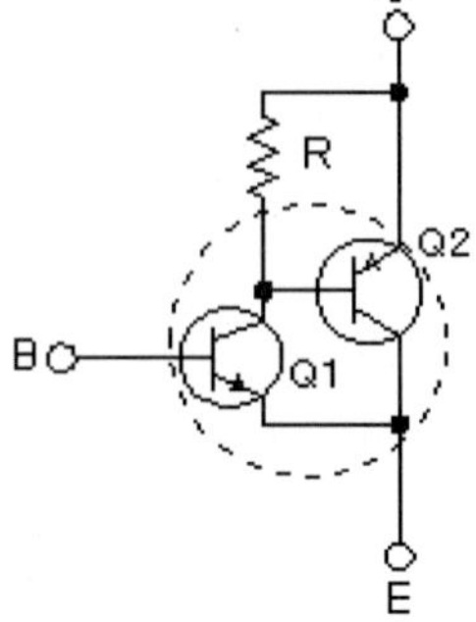

[그림 5]

(1) [그림 5]와 같이 연결하고 컬렉터에 DC0.5V를 인가한다.

(2) DC 전압계를 연결하여 출력전압을 측정한 후 [표 1]의 (R_e: 1kΩ)란에 기록하여라.

(3) 출력전압을 측정하여 [표 1]의 (R_e: 1kΩ∥330Ω)란에 기록하여라.

(4) 입력전압 1.0V, 1.5V, 2.0V에 대해 과정 2~3과 동일한 방법으로 측정하여 [표 1]에 기록하여라.

3) 실험 결과

(1) [표 1]

출력 / 입력	Darlington	
	Re : 1kΩ	Re : 1kΩ∥330Ω
DC 0.5V		
DC 1.0V		
DC 1.5V		
DC 2.0V		

비고

26. COMPLEMENTARY AMP

1) 이론

• 상보 대칭(2대의 전원 공급기)

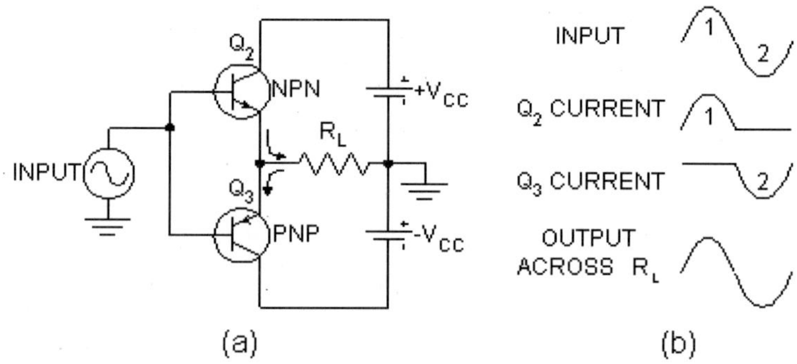

[그림 1]

상보 대칭 회로는 같은 특징을 가진 트랜지스터를 2개 사용한다. 그러나 하나는 PNP이고 다른 하나는 NPN이다. [그림 1]은 이상적인 상보 대칭 푸쉬-풀 증폭기이다. Q_2는 NPN이고 Q_3은 PNP 트랜지스터이며, 각각은 에미터가 서로 연결된 에미터폴로워이다. 에미터회로의 부하 R_L은 Q_2와 Q_3에 공통이며 Q_2의 콜렉터는 정극성전원 $+V_{cc}$로 가고 Q_3의 콜렉터는 부극성 전원 $-V_{cc}$로부터 직류 전압을 받는다.

Q_2와 Q_3은 차단상태가 되도록 직류 바이어스된다고 가정한다. 정극성 변화 (1)동안 Q_2의 베이스는 에미터에 비해 양으로 구동되고, NPN 트랜지스터 Q_2는 턴온된다. 이 정극성 변화 (1)동안 Q_2는 ON이 되며 Q_2의 전류 파형은 [그림 1(b)]와 같다. 양의 변화 동안 PNP트랜지스터 Q_3은 역방향 바이어스이고 차단 상태이며, 음의 변화 동안 (2)에는 Q_2가 차단일 때 Q_3은 순방향 바이어스가 되어 턴온된다. [그림 1(b)]는 Q_3의 전류방향이 Q_2 전류의 반대임을 보여준다. 이것은 Q_2는 NPN, Q_3은 PNP 트랜지스터이기때문이다. [그림 1(a)]의 화살표는 Q_2, Q_3 및 부하 R_L의 전자 전류방향을 나타낸다. 결국 R_L양단의 전압은 입력과 같이 정현파이다. Q_2와 Q_3의 동작은 각각 수행되고 대칭이기 때문에 [그림 1(a)]는 상보 대칭이라 부른다. 상보 대칭회로는 콜렉터공통과 마찬가지로 에미터공통으로 할 수도 있다.

상보 대칭 증폭기는 열 폭주나 전력 트랜지스터의 파괴를 방지하기 위해 주의해서 설계되어져야 한다. 전력 트랜지스터의 불균형이나 누설은 오차를 배가시킬 수도 있다. 대개는 다이오드에 의한 안정화 열 보상법을 이용한다. 이러한 조건은 주로 구동단과 출력단을 연결하여 사용한다.

• 상보 대칭(1대의 전원 공급기)

[그림 2]의 푸쉬-풀 상보 대칭증폭기에서는 1대의 전원만 사용한다. 회로의 대칭은 2개의 같은 전압 분배기 R_1과 R_2에 의해 유지된다. 위쪽 구동단은 Q_2에 순방향 바이어스를 아래쪽 구동단은 Q_3에 순방향 바이어스를 제공하며, 각 트랜지스터의 크로스오버 왜곡을 제거하기 위해 낮은 유휴전류가 흐르게 한다.

[그림 2]의 화살표는 Q_2와 Q_3의 외부회로에서 이러한 유휴전류의 경로를 나타낸 것이다. 유휴전류의 경로는 Q_3, Q_2 및 전원공급기까지 포함된다. Q_2와 Q_3이 동일한 특성을 가진 것으로 가정하기 때문에 D 점은 회로의 직류전압 중간 점 즉 $V_{AD}= V_{DG}= V_{cc}/2$이다. 마찬가지로 R_1들의 저항값은 같고 R_2의 저항값도 같으며 Q_2와 Q_3이 동일한 특성을 가진다면 C 점은 점 A와 G사이의 전압 분배기 중간점이 될 것이다. 그러므로 점 C와 D 에 연결된 직류 전압계는 C와 D 가 접지에 대해 같은 직류 전위에 있기 때문에 0V가 될 것이다. 위쪽 R_1 및 R_2의 전압 분배작용에 의해 점 B_1은 점 C와 점 D 보다 양의 값이다. 그렇기 때문에 Q_2의 베이스 (B_1)는 에미터 (D)에 비해 양이고 Q_2(NPN)에 낮은 유휴전류가 흐르도록 순방향 바이어스를 제공한다.

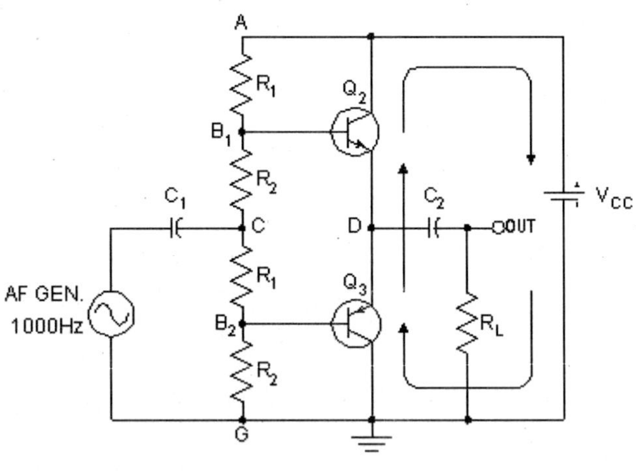

[그림 2]

R_1과 R_2의 비는 Q_2와 Q_3에 낮은 유효전류가 흐르도록 순방향 바이어스를 설정하는 데 중요한 요소이다. 입력신호는 Q_2와 Q_3의 베이스에 C_1로 연결되고 각 베이스에 같은 신호를 제공한다. 캐패시터 Q_2는 R_L에 출력신호를 연결하며 R_L에 직류전류가 흐르는 것을 막아준다.

Q_2는 신호의 정극성 변화에 의해 순방향 바이어스되며 이때 전류 흐름은 R_L 양단에 정극성으로 나타난다. Q_3는 신호의 부극성에 의해 순방향 바이어스되며 양단에 부극성이 나타난다. [그림 2]에서 다른 부품의 동작은 두개의 전원 공급기를 사용하는 경우와 같다.

상보 대칭 푸쉬-풀 증폭기는 고출력 오디오증폭기의 출력단에 사용된다. 이러한 시스템에서 스피커 음성코일은 부하로 작용하며 R_L의 위치에 둔다. 회로에서 캐패시터 C_2를 제거하고 부하가 바로 에미터와 접지 사이에 연결되도록 설계할 수도 있다. 이것은 에미터 폴로워 설계의 출력 임피던스가 낮기 때문에 가능하다.

2) 실험 과정

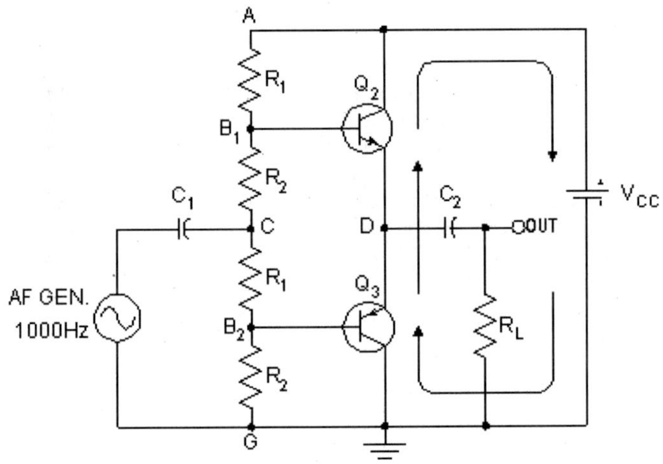

[그림 3]

(1) [그림 3]에서 입력은 1000Hz의 주파수에서 출력이 왜곡되지 않는 최대 입력전압을 인가한다.

(2) 위의 입력 전압에서 주파수를 100Hz로 하여 무부하일 때의 출력 (V_{P-P})을 측정하여 [표 1]에 기록하여라. 그리고 부하가 50Ω(R_7)일 때 출력을 측정하여 [표 1]에 기록하여라.

(3) 출력이 찌그러질 경우 [표 1]의 해당란에 표시하여라.

(4) 입력 주파수를 300, 1000, 3000, 10000Hz로 하여 과정 2, 3을 반복하여 [표 1]에 기록하여라.

(5) DC 전압계를 사용하여 C-E 전압 밸런스와 B-E Bias 밸런스를 측정하여 해당란에 기록하여라.

3) 실험 결과

(1) [표 1]

주파수 [Hz] / 출력		100	300	1000	3000	10000
무부하 출력 [VP−P]						
부하 출력 [VP−P]						
파형	상부 찌그러짐					
	하부 찌그러짐					
비고						

27. DIFFERENTIAL AMP

1) 이론

• 간단한 차동증폭기

차동증폭기는 연산증폭기(OP amp)와 같은 직접결합(DC Coupling) 선형 직접회로(IC)에 대단히 많이 응용된다.

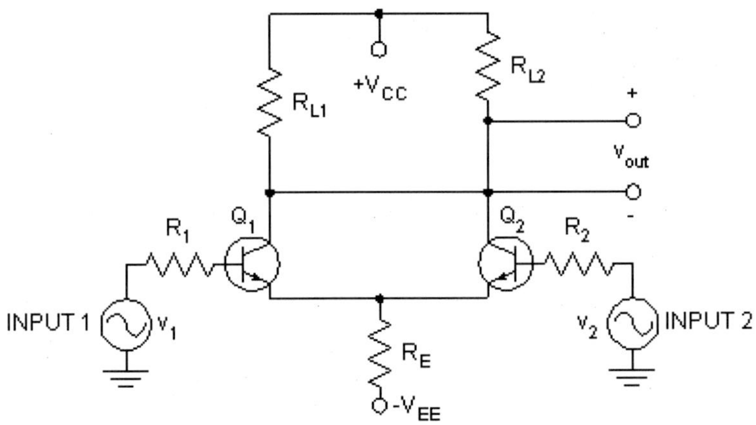

[그림 1]

[그림 1]는 기본적인 차동증폭기의 개략도를 보여준다. 그것은 두 입력과 하나의 출력을 가진 두개의 트랜지스터로 구성되어 있으며 그 회로는 대칭적이다. 즉, 두 트랜지스터 Q_1과 Q_2는 동일한 특성을 갖는다. 에미터 저항 R_E는 두 트랜지스터에 공통이며 콜렉터저항은 서로 같다. 즉 $R_{L1} = R_{L2}$이며 두개의 입력회로 역시 동일하다. 즉 $V_1 = V_2$이고 $R_1 = R_2$이다.

출력신호는 두 신호입력의 차에 비례하며 V_{out}에 대한 식은 다음과 같다.

$$V_{out} = A(V_1 - V_2)$$

여기서 A는 각 트랜지스터의 이득이고 V_1과 V_2는 접지에 대한 각 베이스의 신호전압이다. 두개의 신호의 위상이 같을 때 공통모드 동작조건은 $V_1 - V_2 = 0$과 $V_{out} = A(0) = 0$이다. 즉 공통모드에서 DA증폭기는 공통모드 신호를 제거하므로 공통모드에 대한 출력은 이상적일 경우 "0"이다. 실제적으로 DA증폭기는 완전히 평형을 이루기 힘들므로 공통모드 신호에 대한 매우 작은 출력이 존재할 수 있다.

두개의 신호가 크기는 같고 위상이 180° 차이가 날 경우 차동모드에 대한 조건은 $V_1 = -V_2$ or $V_2 = -V_1$, $V_{out} = A[V_1 - (-V_1)] = A(2V_1)$이 된다. 따라서 차동 혹은 공통모드가 아닌 경우의 동작에서 DA는 입력신호 만을 증폭하게 되고, 출력은 입력신호의 두 배의 이득을 곱해준 크기가 된다.

• **한 단자입력**

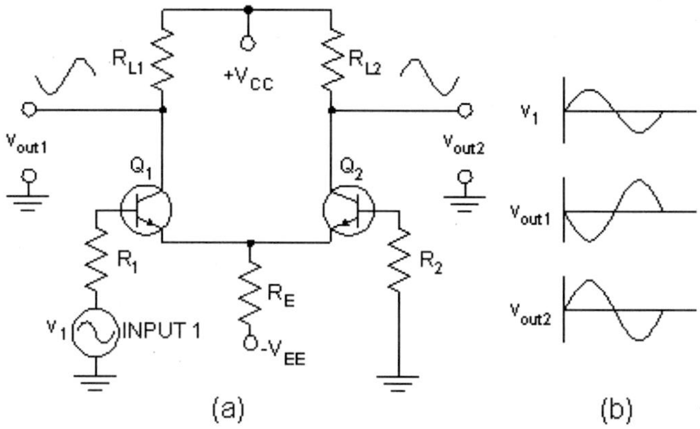

[그림 2]

DA는 보통 [그림 1]에서 보여주는 것처럼 두 단자 입력으로 동작한다. 그러나 그것은 [그림 2]에서 보여주는 것처럼 한 단자 입력만으로도 작동이 가능하며 출력은 [그림 1]에서 보여주는 것처럼 두개의 콜렉터 사이에서 취하던지 [그림 2]에서 보여주는 것처럼 각 콜렉터에서 접지사이의 두개의 분리된 출력 $V_{out\,1}$과 $V_{out\,2}$를 취할 수 있다. 만일 한 단자 입력을 먼저 고려하여 본다면 두 단자 입력 DA를 이해하기가 쉬워진다.

[그림 2(b)]에서 보여주는 것과 같은 극성을 갖는 정현파 입력 V_1이 INPUT-1에 인가된다고 가정해 보자. Q_1의 콜렉터와 접지 사이에 나타나는 증폭된 신호 $V_{out\,1}$은 입력신호에 대해 180° 의 위상차를 갖는다. 더욱이 에미터저항 R_E가 바이패스되지 않았기 때문에 입력 V_1과 위상이 같은 정현파가 R_E 양단에 나타나게 된다. Q_2의 베이스는 접지되어 있기 때문에 Q_2의 베이스와 접지 사이에 아무런 신호가 걸리지 않지만, 베이스 2에서 에미터에 연결된 오실로스코우프는 입력과 위상이 180° 차이가 나는 정현파 V_2를 보여줄 것이다. 이는 R_E 저항 때문으로 V_2의 크기는 V_1의 크기와 같다. 다시 말하면 Q_2의 베이스와 에미터 사이의 정현파 V_2는 실제적으로 베이스공통으로 동작하는 Q_2의 입력이 된다. 그리고 출력은 Q_2의 콜렉터와 접지사이의 양방향으로 가는 정현파 $V_{out\,2}$로 나타난다([그림 2(b)] 참조).

V_1과 V_2의 크기가 같으므로 출력파형의 크기는 같고 위상이 180° 다르게 나타난다. 만일 [그림 2]의 DA로 부터 한 개의 출력이 Q_1의 콜렉터를 기준으로 하여 Q_2의 콜렉터로부터 취해진다면 출력파형 $V_{out\,2}$는 입력 V_1과 같은 위상이 된다. 따라서 Q_1에 Input-1은 $V_{out\,2}$에 대해 비반전 입력이라고 부른다.

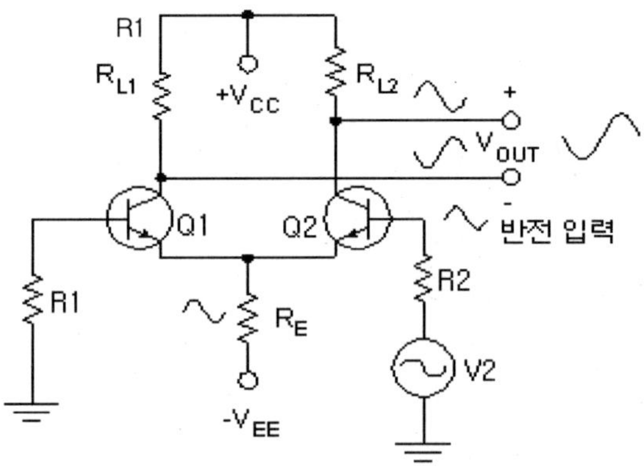

[그림 3]

[그림 3]에서 보여주는 것처럼 만일 Q_1의 베이스저항이 접지되고 입력신호가 Q_2의 베이스에 인가되고 한 개의 출력파형이 Q_1의 콜렉터를 기준으로 하여 Q_2의 콜렉터로부터 취해진다면 출력파형 V_{out} 은 입력과 180° 의 위상차가 생긴다. 입력 2(Q_2에)는 반전입력이라 부른다.

- **차동모드 입력(비 공통모드 동작)**

차동모드 입력을 가진 DA의 동작은 [그림 4]에서 보여준다. 차동증폭기로 연결된 트랜지스터 Q_1과 Q_2는 변압기 T 의 2차측 끝에서의 입력 정현파를 받는다. Q_1과 Q_2의 베이스 입력신호는 차동모드 동작조건인 크기는 같고 180° 의 위상차를 갖는다. 베이스 1에 정현파가 정(+)으로 가고 베이스 2에 정현파가 부(-)로 간다고 가정하자. Q_2가 없다고 하고 Q_1의 동작을 생각해 보면 Q_1 베이스의 신호가 정으로 갈 때 콜렉터 1에는 부로 가는 파형이 생긴다. 아울러 Q_2의 에미터 폴로워 동작으로 인하여 바이패스되지 않은 저항 R_E양단에 정으로 가는 정현파가 생긴다.

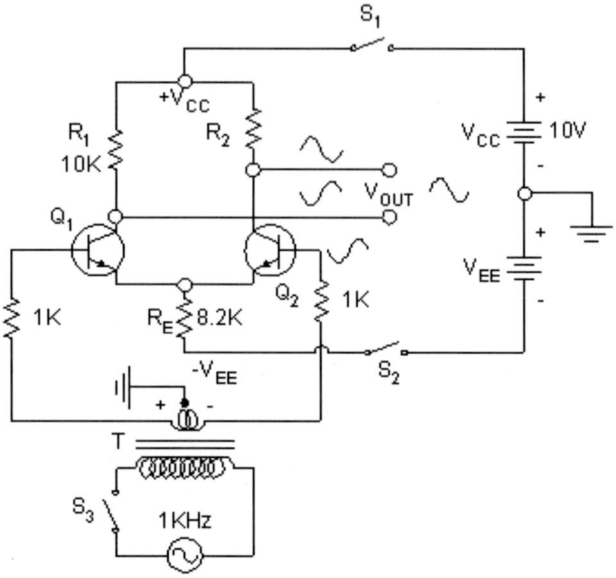

[그림 4]

이제 반대로 회로에 Q_1이 없고 Q_2가 있을 때를 고려해 보자. Q_2 베이스에 부로 가는 신호는 콜렉터에 증폭되어 정으로 가는 신호를 나타낸다. 더욱이 Q_2의 에미터 폴로워 동작으로 인해 R_2 양단에 부로 가는 신호가 생긴다. Q_1과 Q_2의 반대작용으로 인해 R_2 양단에 생기는 신호전압은 크기는 같고 위상이 $180°$ 다르게 된다. 따라서 Q_1과 Q_2가 같이 동작하는 것을 고려하여 볼 때 에미터 저항 사이의 전압은 서로 상쇄되고 에미터 저항 양단에는 아무런 신호가 나타나지 않는다. 결과적으로 에미터 저항에 아무런 전류도 흐르지 않게 되고 마치 ac에 대해서 바이패스되어 있는 것과 같이 동작한다. 이상적으로 Q_1과 Q_2 사이에 아무런 결합이 되지 않으면 각 콜렉터에서의 출력은 베이스사이의 입력에 대해 $180°$ 의 위상차를 가진 증폭된 신호가 출력된다. 여기서 V_{out}이 Q_1과 Q_2 콜렉터 사이의 신호라면 V_{out}은 콜렉터로 부터 접지사이의 신호전압에 두 배의 크기를 갖는 정으로 가는 신호이다.

DA로부터 두개의 출력(접지에 대한 Q_1의 콜렉터와 Q_2의 콜렉터)을 측정하는 것이 가능하다. 이 신호 전압들은 크기가 같고 위상이 $180°$ 차이가 난다.

- **공통모드 입력 (공통모드 동작)**

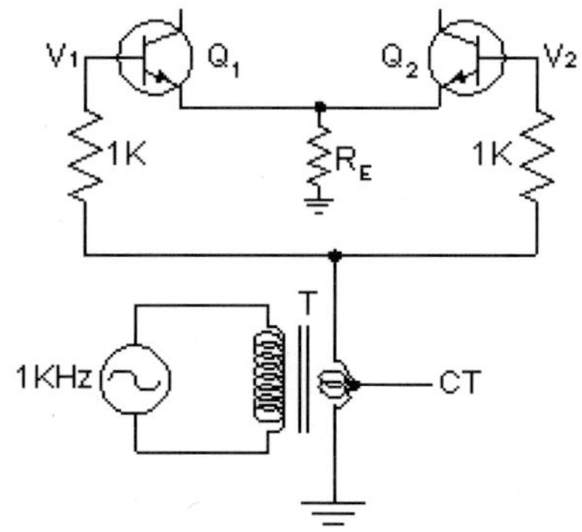

[그림 5]

[그림 5]의 회로는 공통모드 입력을 위한 DA증폭기를 보여준다. 변압기 T 의 2차측은 Q_1과 Q_2의 베이스에 크기와 위상이 같은 전압 V_1과 V_2를 공급한다. Q_1과 Q_2의 베이스에 서로 위상이 같은 신호는 서로 더해지는 동위상의 전압을 야기한다. 더욱이 R_E 양단의 합해진 신호의 위상은 Q_1과 Q_2의 베이스 신호와 서로 같은 위상이다.

R_E 는 각 증폭기에 부궤환을 제공하게 되며 R_E 는 Q_1과 Q_2에 공통이므로 그것의 축퇴효과는 각 트랜지스터가 홀로 작동할 때 보다 두 배의 효과를 낸다. 따라서 각 증폭기가 느끼는 유효신호(베이스에서 에미터)는 무시할 수 있을 정도로 작다. 그리고 각 콜렉터의 출력도 무시할 수 있을 만큼 작다. 이상적이라면 출력은 0이 되고 실제적으로 이것은 이루어질 수 없다.

[그림 5]의 기본적인 DA회로는 차동모드와 공통모드 둘 다에서 동작 가능하다. 공통모드 동작은 Q_1과 Q_2의 베이스에 위상이 같고 크기가 같은 신호가 나타날 때 생긴다. Q_1과 Q_2의 베이스에 두개의 신호가 동시에 존재할 때 DA는 공통모드 신호를 차단하고 반면 차동모드 신호는 증폭하게 된다.

- **공통모드 제거비(Common Mode Rejection Ratio ; CMRR)**

차동증폭기는 차동모드 신호에 대해서는 매우 높은 이득을 가져야 하고 공통모드 신호에 대해서는 매우 낮은 이득을 가져야 한다. 차동모드 신호의 증폭기 이득은 A_{DM} 이라 하고 공통모드 신호의 이득을 A_{CM} 이라고 하자. 그 비율 A_{DM}/A_{CM} 은 공통모드 제거비(CMRR)로 정의한다. 즉

$$CMRR = \frac{A_{DM}}{A_{CM}}$$

이다. 따라서 CMRR의 값은 DA증폭기의 효율을 나타내는 지표이다. 즉 그 비율이 크면 클수록 더 좋은 DA가 된다.

• DA 동작에 바이패스되지 않은 에미터저항 R_E 의 효과

공통모드 신호에 대해서 바이패스되지 않은 에미터저항 R_E 의 효과는 축퇴 혹은 부궤환을 제공한다. 따라서 R_E 의 저항값이 크면 클수록 공통모드퇴 혹큰 부궤환 전압이 걸리고 DA는 더 효과적으로 공통모드 신호를 제거하게 된다. 차동모드퇴 혹 R_E 는 마치 그것이 바이패스된 것처럼 동작하고 차동모드 신호에 대해서 증폭기의 이득을 줄이지 않는다. 따라서 DA를 위해서는 큰 R_E 값이 바람직을 제공왜냐하면 그것은 차동모드 이득 (A_{DM})에 영향을 주지 않으면서 공통모드이득 (A_{CM})을 줄여주기 때문이다. 즉 R_E 가 클수록 더 높은 CMRR값을 갖는다.

실제적으로 R_E 의 값은 제한을 받는다. 왜냐하면 R_E 는 에미터전류 I_E 를 결정한다. I_E 에 대한 대략적인 식은 아래와 같다.

$$I_E = \frac{V_{EE}}{R_E}$$

더욱이 에미터는 DA의 두개의 콜렉터에 같은 전류를 공급한다. 그러므로 R_E 를 증가시키면 에미터와 콜렉터전류를 감소시킨다.

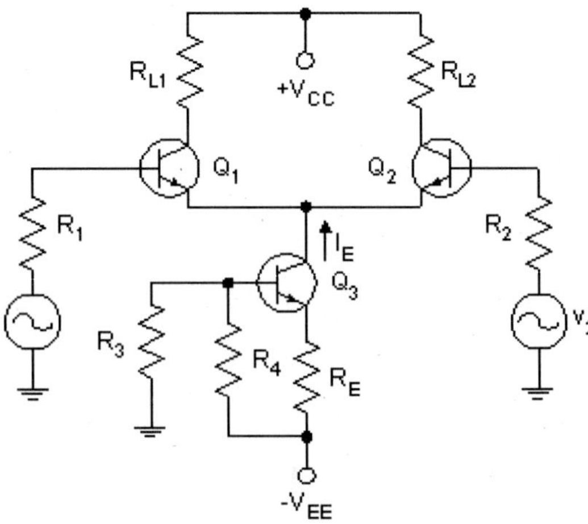

[그림 6]

[그림 6]에서 보여주는 것처럼 R_E 를 정전류 트랜지스터 Q_3로 대치시킬 수 있다. Q_3의 콜렉터-에미터 저항은 Q_3의 콜렉터전류 I_E 를 심하게 제한하지 않으면서도 크다. 따라서 Q_1과 Q_2의 콜렉터전류를 공급하는 I_E 를 제한하지 않게 된다. [그림 6]에서 에미터 저항 R_E 는 비교적 작은 값이 될 수 있다. Q_3의 DC 바이어스는 전압분배기 R_3과 R_4에 의해서 결정된다. 따라서 회로에 Q_3의 첨가는 Q_1과 Q_2의 콜렉터전류를 제한하지 않으면서 높은 에미터 저항 R_E 를 보장한다.

• **DA 회로 기호**

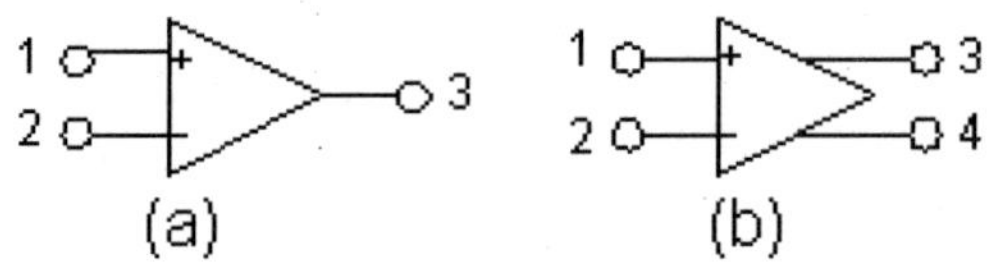

[그림 7]

실제 DA 회로는 [그림 7]에서 보여주는 회로보다 복잡하다. 따라서 일반적인 회로기호를 사용하여 DA를 표현하는 것보다 블럭으로 DA를 표현하는 것이 간편하다([그림 7] 참조). [그림 7(a)]는 두개의 입력과 한 개의 출력을 갖는 DA이며, [그림 7(b)]는 두개의 분리된 출력을 갖는 두개의 입력 DA의 블럭기호를 보여주고 있다. 마이너스와 플러스(-와 +) 기호는 출력 3에 대한 반전 입력과 비반전 입력을 나타낸다.

2) 실험 과정

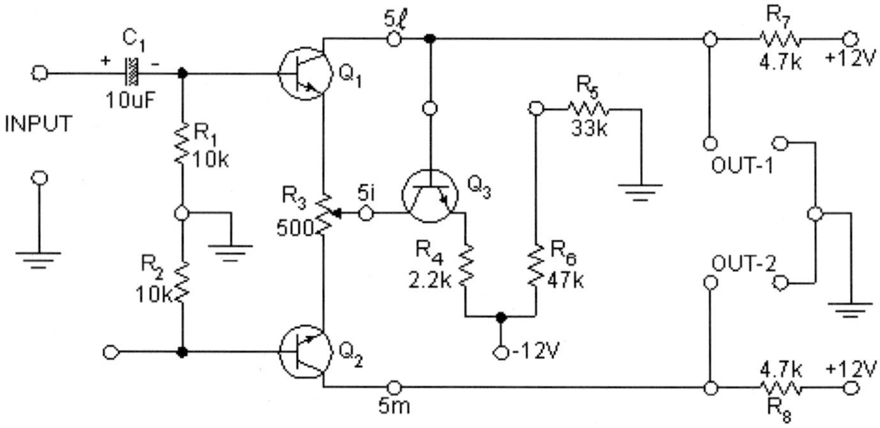

[그림 8]

(1) [그림 8]과 같이 회로를 구성한다.

(2) 입력 주파수를 300Hz로 하고 입력 전압을 [표 1]와 같이 변화시키면서 출력 OUT-1, OUT-2를 측정하여 [표 1]의 해당란에 기록한다.

(3) 입력 주파수를 3000Hz로 하고 출력 OUT-1, OUT-2를 측정하여 [표 1]에 기록하여라.

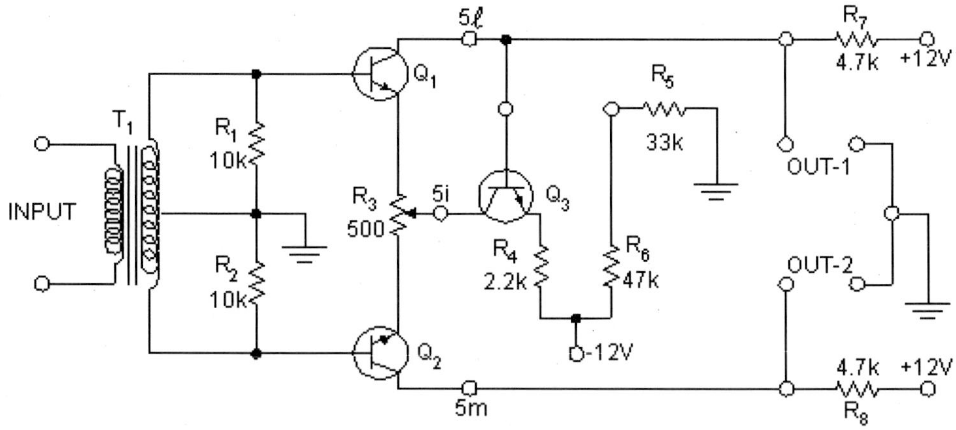

[그림 9]

(4) [그림 9]와 같이 회로를 구성한다.

(5) 입력 주파수를 300Hz로 하고 입력 전압을 [표 1]과 같이 변화시키면서 출력 OUT-1, OUT-2를 측정하여 [표 1]의 해당란에 기록한다.

(6) 입력 주파수를 3000Hz로 하여 출력 OUT-1, OUT-2를 측정하여 [표 1]에 기록하여라.

3) 실험 결과

(1) [표 1]

입력 [VP-P] / 출력 [VP-P]		300㎐				3000㎐			
		0.1	0.4	0.7	1.0	0.1	0.4	0.7	1.0
[그림 8]	OUT-1								
	OUT-2								
[그림 9]	OUT-1								
	OUT-2								

비고

28. 반전 증폭기(INVERTING AMP)

1) 이론

우선 연산증폭기란 어떤 것인가에 대한 개념을 얻기 위해서는 연산증폭기의 이상적인 특성에 대해 고려해야한다.

이상적 연산증폭기는
- 무한대의 입력 전압 이득(voltage gain)과 무한대의 대역폭(bandwidth)를 갖는다.
- 개방(open)상태에서는 입력 임피던스가 무한대이기 때문에 구동을 위한 전원이 연산증폭기 내부로 유입되지 않는다.
- 출력 임피던스가 0이다.

실제 연산증폭기는 이상적 연산증폭기 특성에는 못 미치지만, 이상적 연상증폭기의 관점에서 소자를 해석하고 이해하는 것이 훨씬 쉽다.

실제 연산증폭기는
- 매우 높은 전압이득을 갖는다.
- 매우 높은 입력 임피던스를 갖는다.
- 매우 작은 출력 임피던스를 갖는다.

이상적 연산증폭기와 실제 연산증폭기의 특성을 다음과 같이 그림으로 나타내었다.

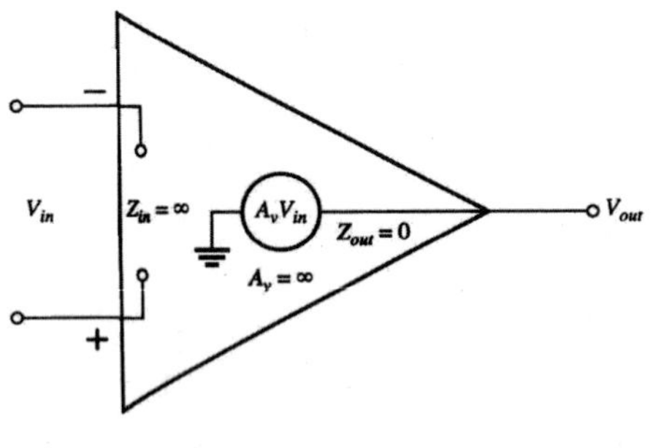

(a) 이상적 연산증폭기 표현

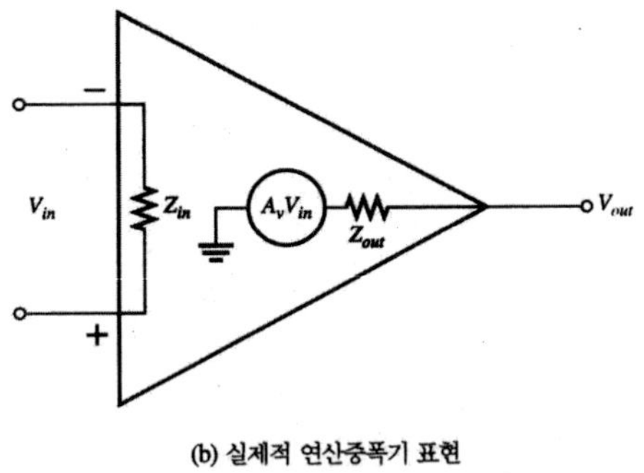

(b) 실제적 연산증폭기 표현

[그림 1]

연산증폭기를 사용하여 전압 이득이 조절 가능한 반전 증폭기(inverting amplifier) 회로를 [그림 2]에서 보여주고 있다. 입력 신호는 직렬 입력저항 R_i를 통해 반전(-) 입력 단자에 인가되며, 또한 출력도 R_f를 통해 동일 입력 단자로 귀환된다. 이때 비반전(+) 입력 단자는 접지에 연결시킨다.

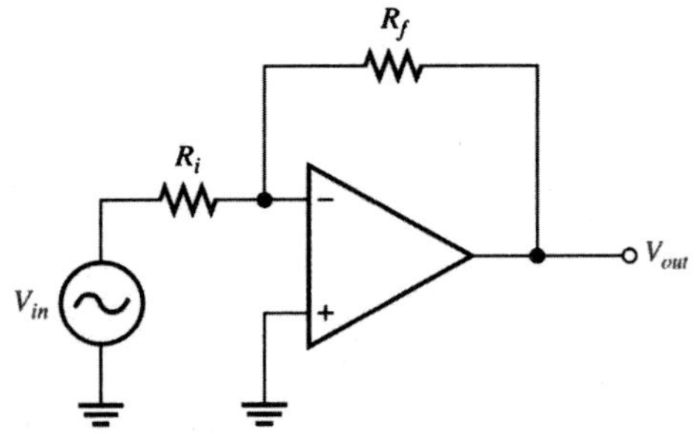

[그림 2]

무한대의 입력 임피던스는 반전 입력 단자에 흐르는 전류가 0임을 의미한다. 만약 입력 임피던스를 통해 흐르는 전류가 0이라면, 이때 반전 입력 단자와 비반전 입력 단자 사이의 전압강하는 0이다. 이것은 비반전(+) 입력 단자가 접지되었으므로 반전(-) 입력 단자에서의 전압이 0이라는 것을 의미한다. 이와 같이 반전 입력 단자에서의 0V 전위를 가상접지(virtual ground)라고 하고, 이와 같은 상태를 [그림 3(a)]에 나타내었다.

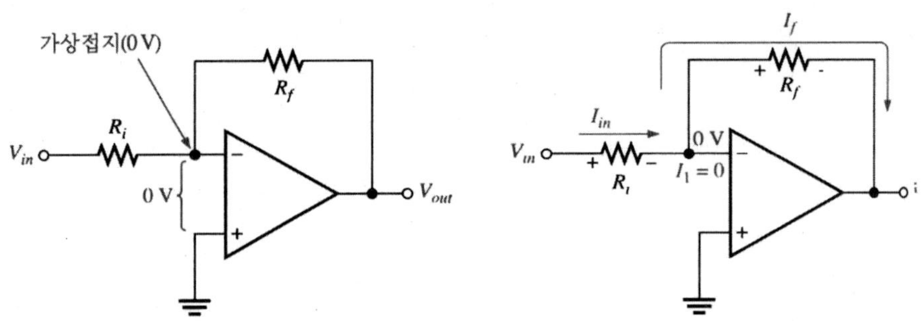

(a) 가상접지

(b) $I_{in} = I_f$이고, 따라서 반전 입력 단자(I_1)로 흐르는 전류는 0임.

[그림 3]

반전 입력 단자로 유입되는 전류가 0이므로, [그림 3(b)]에서 보는 것처럼 R_i를 통해 흐르는 전류와 R_f를 통해 흐르는 전류는 같다.

$$I_{in} = I_f$$

저항이 연산증폭기의 반전 입력에서 가상접지에 연결되었으므로 R_i양단의 전압은 V_{in}과 동일하다. 그러므로

$$I_{in} = \frac{V_{in}}{R_i}$$

이 된다. 또한 가상접지 때문에 R_f양단의 전압은 $-V_{out}$과 동일하므로

$$I_f = \frac{-V_{out}}{R_f}$$

이며, $I_f = I_{in}$이므로

$$\frac{-V_{out}}{R_f} = \frac{V_{in}}{R_i}$$

이다. 이를 다시 정리하면, 다음과 같은 식을 얻는다.

$$\frac{V_{out}}{V_{in}} = -\frac{R_f}{R_i}$$

위 식으로부터 알 수 있듯이 반전 증폭기의 폐루프 전압이득은 저항R_i에 대한 귀환저항 R_f의 비에 의해 결정된다. 폐루프 이득은 연상증폭기 내부의 개루프 이득과는 무관하므로, 부귀환의 경우 전압 이득이 안정적으로 된다(여기서 음(-)의 부호는 반전을 나타낸다).

즉, 반전 증폭기의 전압 이득A_V은 다음과 같이 나타낼 수 있다.

$$A_V = -\frac{R_f}{R_i}$$

위의 식을 예로 풀어보면, $R_i = 2.2k\Omega$, $A_{cl(I)} = -100$인 반전 증폭기가 아래와 같이 있다. 그렇다면 R_f는

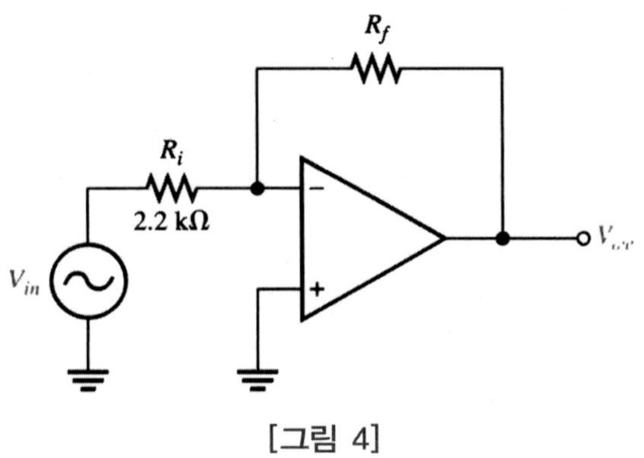

[그림 4]

$$A_{cl(I)} = -\frac{R_f}{R_i}$$

$$R_f = -A_{cl(I)}R_i = -(-100)(2.2k\Omega) = 220k\Omega$$

으로 구할 수 있다.

2) 실험 과정

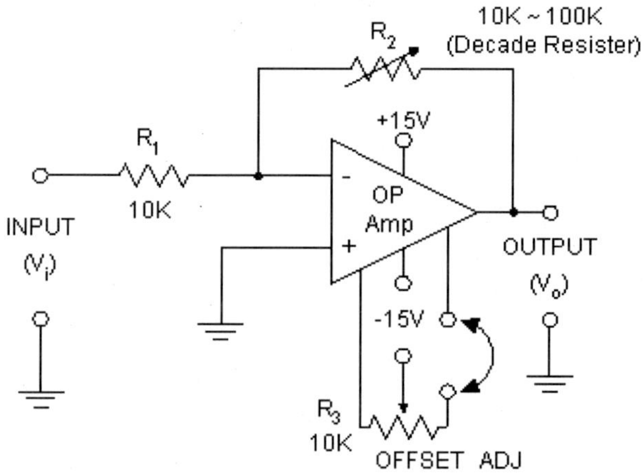

[그림 5]

(1) [그림 5]와 같이 반전 증폭기를 구성하여라. 단, 200mVp-p 1kHz의 사인파를 입력단자에 인가한다.

(2) R_2를 최대(SW를 모두 "H"상태로 전환)로 하고 V_o가 0V가 되도록 R_3를 가변하여 offset을 조정한다.

(3) 궤환요소 R_2의 값을 [표 1]에서와 같이 변화시키면서 출력전압을 측정하여 해당란에 기록하여라. 측정한 출력전압을 가지고 전압이득을 계산하여 기록하여라.

(4) 4Vp-p 1kHz의 구형파(square wave)를 입력단자에 인가 (1)~(3)을 반복. [표 2]에 기록하여라.

3) 실험 결과

(1) [표 1]

R_2 [kΩ]	10	20	30	40	50	60	70	80	90	100
출 력 [V]										
전압 이득										

비고

(2) [표 2]

R_2 [kΩ]	10	20	30	40	50	60	70	80	90	100
출 력 [V]										
전압 이득										

비고

트랜지스터의 아버지, 쇼클리

윌리엄 브래드퍼드 쇼클리(William Bradford Shockley)는 미국 물리학자이다. 존 바딘, 월터 하우저 브래튼과 함께 트랜지스터를 공동 발명했고 1956년 노벨 물리학상을 수상했다. 1950년대와 60년대 새로운 트랜지스터 디자인을 상업화하려한 그의 노력은 실리콘 밸리의 탄생으로 이어졌다.

그는 영국 런던에서 태어났으나, 부모는 미국인이었던 이유로 미국 캘리포니아 주에서 자랐다. 1932년 캘리포니아 공과대학에서 학사를 졸업하고, 1936년 MIT에서 박사학위를 받는다. 박사학위의 제목은 <염화나트륨 결정에서 전자 파동함수의 계산> 이었다. 박사학위를 받은 후, 쇼클리는 바로 데이비슨이 이끌던 벨 연구소(뉴저지 소재)에 합류한다. 그리고 1940년대에 바딘과 브래튼이 속해있던 쇼클리의 그룹은 진공관을 대체할 소자를 개발하기 위한 연구를 진행하는데, 앰프에 사용되는 부품인 진공관이 쉽게 깨지는 문제가 있었기 때문이다.

쇼클리는 트랜지스터에 관해 연구하던 중 전자의 유동(drift), 확산(diffusion)에 대한 획기적인 아이디어를 생각해 내고, 고체 결정에서 전자 흐름을 결정하는 미분방정식을 세우는 작업을 한다. 그는 또한 마이너리티 캐리어 인젝션(minority carrier injection)의 가능성을 생각해 내는데, 이 생각은 몇 주 후 샌드위치 트랜지스터 개념으로 발전한다. 이로서 1951년 쇼클리는 접합 트랜지스터(BJT)를 발명하게 되고, 이 발명에 대한 특허권도 그가 갖게 된다.

그의 다소 괴팍한 지도 스타일은 벨 연구소에서 그가 경영진으로 승진하는 데 도움이 되지 않았고, 그는 연구자, 이론가로서만 평가받았다. 쇼클리는 당연히 받아야 한다고 생각한 권력과 이득을 원했으며, 따라서 그는 1953년 벨 연구소를 그만두고 캘리포니아 공과대학으로 돌아간다.

마침내 그는 대학동창의 전자회사의 한 부서로, 독립적인 그룹을 이끌게 된다. 1955년에 그는 Beckman Instruments에 취직했고, 거기서 Beckman의 새로운 부서인 쇼클리 반도체 연구소(Shockley Semiconductor Laboratory)를 이끌게 된다. 쇼클리는 자신의 명성과 Beckman의 자금을 이용해서 벨 연구소에서 일하는 옛 동료들을 자신의 연구소로 데려오려 했으나, 아무도 쇼클리의 연구소로 옮기지 않았다. 그래서 쇼클리는 대신 "자기식"으로 일할 회사를 처음부터 만들기 위해 대학을 돌며 뛰어난 졸업생을 찾아다녔다.

1957년 말, 쇼클리의 회사에 있던 연구원 8명이 회사를 그만두고, 페어차일드 카메라와 기계 회사로 옮겨가서 반도체 사업부를 만들었고, 쇼클리는 이들은 배신자들이라고 비난했다. "배신자 8인"은 나중에 페어차일드를 떠나 인텔을 차린 로버트 노이스와 고든 무어도 있었다. 인텔뿐만 아니라, 내셔널 세미컨덕터와 어드밴스트 마이크로 디바이시스도 페어차일드에서 갈라져 나온 회사이고, 이런 움직임이 바로 실리콘밸리의 탄생이었다.

오늘날 반도체 업계에 종사하는 사람들은 이렇게 말한다. "그는 같이 일하고 싶은 스타일은 아니지만, 실리콘밸리에 실리콘을 가져온 사람이 바로 쇼클리이다." 라고.

29. 직류 OFFSET(DC OFFSET)

1) 이론

이상적인 OP-Amp라면 입력전압이 “0”일 때 출력전압이 “0”이다. 그러나 실제의 OP-Amp는 약간의 출력값을 가지게 된다. 즉, 입력이 접지되어 있어도 완전히 출력이 “0”이 되지 않는다. 이 직류 출력전압을 출력 오프셋 전압이라고 한다. 직류 출력 오프셋 전압은 다음 세 항의 결과로 나타난다.

- 입력 오프셋 전류
- 입력 바이어스 전류
- 입력 오프셋 전압

입력 바이어스전류는 OP-Amp가 적당하게 동작하도록 OP-Amp 두 입력(+,- 단자)에 가해져야 한다. [그림 1]의 반전 증폭기에 대해서 설명하면, 입력 바이어스전류는 입력신호가 없어도 두 입력단자와 궤환저항을 통해서 흐르게 된다. 옴의 법칙에 의해서 알고 있는 저항을 통해서 전류가 흐를 때, 두 저항 양단에 걸리게 된다. (V=IR)

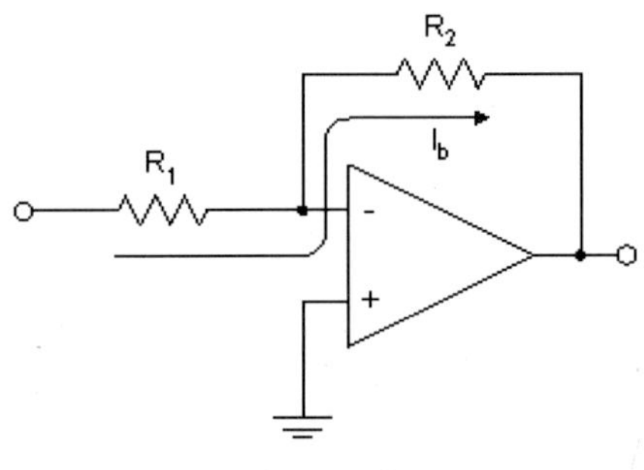

[그림 1]

여기서 OP-Amp의 비 반전입력은 접지되었으므로 전압은 이 저항양단에서 직류 입력전압으로 나타나고, 이것이 OP-Amp에 의해서 증폭된다. [그림 1]의 반전 증폭기 회로에 대한 출력전압(V_{OS})은 입력 바이어스전류 (I_b)의 결과로 발생된다.

$$V_{OS} = I_b R_2$$

입력 바이어스 전류에 기인되는 출력 오프셋 전압을 교정하는 일반적인 방법은 [그림 2]와 같이 비반전(+) 입력단자와 접지 사이에 저항 R_3를 삽입하는 방법이다. 부가되는 이 저항값은 R_1과 R_2를 병렬합성한 값과 같다.

$$R_3 = \frac{R_1 R_2}{R_1 + R_2}$$

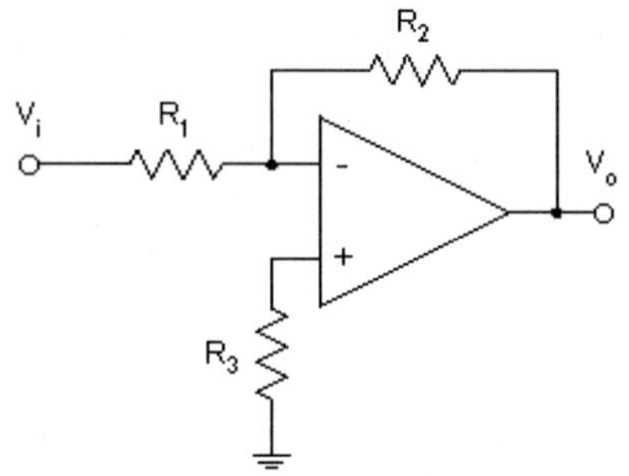

[그림 2]

그래서 R_3의 양단전압은 R_1과 R_2의 병렬합성 저항 양단전압의 크기와 같고 극성이 반대가 된다. 두 전압이 크기가 같고 극성이 반대이므로 서로 상쇄된다. 그러나 위의 내용은 두 입력단자에 흐르는 바이어스 전류가 같다는 것을 뜻한다. 불행하게도 일반적인 OP-Amp에서 두 바이어스 전류가 정확하게 같지 않고, I_b의 값은 두 입력 바이어스전류의 평균치가 된다. 입력 오프셋전류 I_{OS}라는 두 바이어스전류의 차이가 존재하기 때문에 직류출력 오프셋 전압이 약간 존재하게 되며, 그것은 다음과 같이 된다.

$$V_{OS} = I_{OS} R_2$$

출력 오프셋전압의 또 하나의 원인은 OP-Amp의 입력 오프셋 전압에 기인되는데, 이것은 내부회로와 OP-Amp의 외부회로와의 부정합(mis-matches)에서 야기된다.

이상의 출력 offset은 입력이 없음에도 약간이나마 출력전압이 있게 되는 문제를 해결하려는 것이었다. 그러나, 어떤 경우에는 DC offset 출력을 필요로 하게 되는 경우도 있다.

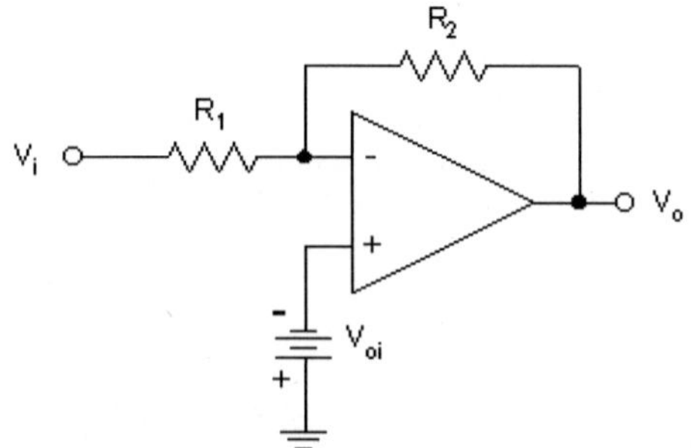

[그림 3]

[그림 3]과 같이 비반전증폭 회로에 대하여 입력 오프셋전압 V_{oi} 는 이상적인 OP-Amp의 비반전(+)입력에 직렬로 배터리를 연결한 것으로 표현될 수 있다. [그림 3]의 회로에서 직류 출력 오프셋전압은 입력 오프셋전압의 결과로서 계산된다.

$$V_{OS} = [1 + \frac{R_2}{R_1}]\, V_{oi}$$

2) 실험 과정

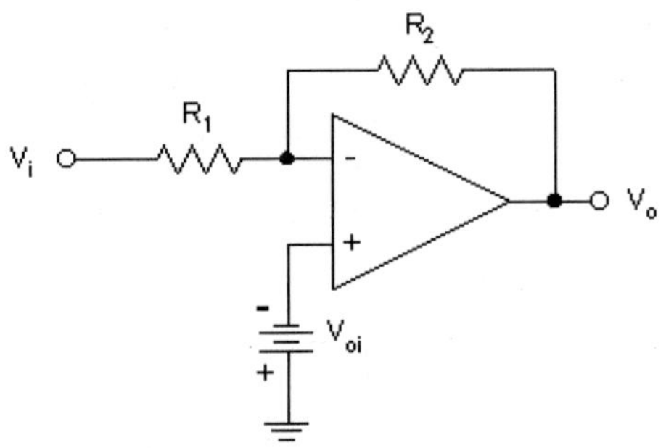

[그림 4]

(1) [그림 4]회로를 구성한다.

(2) 200 mVp-p 1kHz의 구형파(square wave)를 입력단자에 인가하고, 각각 R를 조절하여 출력 오프셋 전압을 [표 1]의 값으로 만든 후 각각에 대해 출력 파형을 그려라.

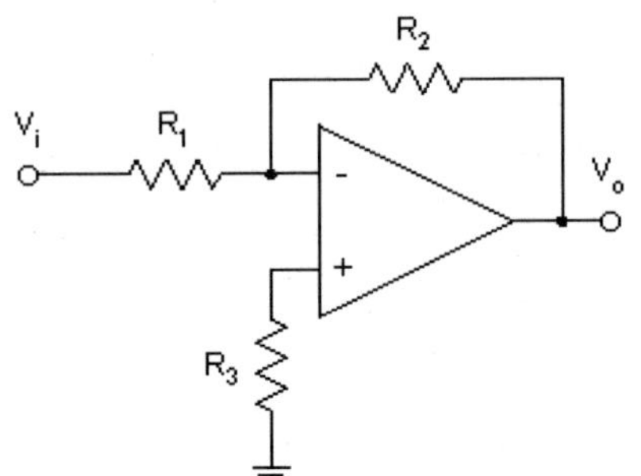

[그림 5]

(3) 반전 증폭기의 오프셋 전압 실험을 위해서는 [그림 5]를, 비반전 증폭기의 실험을 위해서는 [그림 4]을 구성한다.

(4) 100mV 100Hz의 사인파(sine wave)를 입력단자에 인가하고, 각각 R를 조절하여 출력 오프 셋 전압을 [표 2]의 값으로 만든 후 각각에 대해 출력 파형을 그려라.

3) 실험 결과

(1) [표 1]

Offset \ 회로		Inverting Amp.	Non-Inverting Amp.
출력 옵셋 전압	−1V		
	+1V		
	−3V		
	+3V		

비고

(2) [표 2]

Offset \ 회로		Inverting Amp.	Non-Inverting Amp.
출력 옵셋 전압	−1V		
	+1V		
	−3V		
	+3V		

비고

Einthoven과 심전계

최초의 심전계는 1895년에 네덜란드의 라이덴대학의 아인트호벤(Willem Einthoven)교수에 의해 발명되어 심전도 파형이 P, Q, R, S, T 등으로 구성되어 있음을 발견하였으며 그는 이 업적으로 1924년에 노벨의학상을 수상하였다. 1949년 미국 몬타나의 의사 홀터(N. J. Holter)는 등에 짊어지고 심전도를 기록할 수 있는 홀터심전계(Holter ECG)를 개발하였으며, 이것은 후에 크기가 작아지고 테이프와 디지털기록을 할 수 있는 휴대용 ECG가 되었다. 1963년 브루스(R. Bruce)는 트레이드 밀에서 운동하여 심장에 부하를 걸었을 때 심전도를 기록할 수 있는 부하심전계(스트레스심전계)를 개발하였다. 1980년에 GE는 12개리드ECG로 동시에 얻은 데이터를 분석하기 위한 "GE12SL ECG 컴퓨터분석 프로그램"을 도입하여 심장신호를 정밀하게 측정하고 신호의 리듬과 파형분석을 함으로써 이 프로그램은 전산화 ECG분석에 있어 표준방법이 되었다.

30. 비반전 증폭기(NON-INVERTING AMP)

1) 이론

연산증폭기를 폐루프(closed-loop)로 구성한 경우, 전압 이득을 조절할 수 있는 비반전증폭기가 되며 이는 [그림 1]과 같다. 입력 신호는 비반전 입력 단자에 인가되며, 출력은 R_i와 R_f로 구성된 귀환회로를 통해 반전 입력 단자로 귀환한다. R_i와 R_f는 전압분배회로(voltage divider circuit)를 이루고, 이로 인해 V_{out}이 감소되며 감소된 V_f전압을 반전 입력 단자에 연결시켜 부귀환을 형성시킨다. 귀환전압을 식으로 표현하면 다음과 같다.

$$V_f = \left(\frac{R_i}{R_i + R_f}\right) V_{out}$$

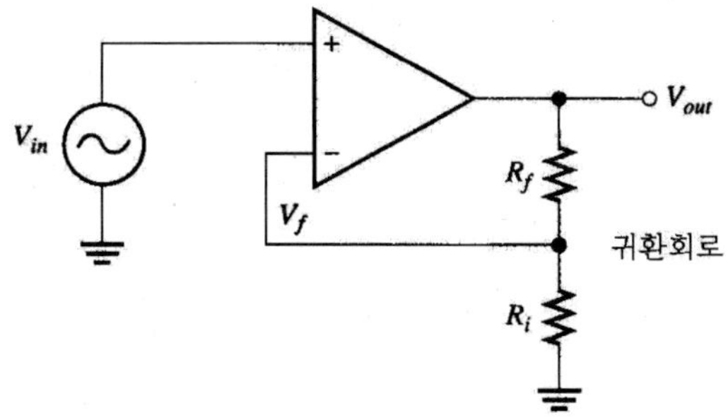

[그림 1]

[그림 2]에 나타낸 것처럼, 입력전압 V_{in}과 귀환전압 V_f의 차이는 연산증폭기의 차동입력과 같다. 연산증폭기의 개루프 이득에 의해 차동전압이 증폭되므로, 출력전압은 다음 식과 같다.

$$V_{out} = A_{ol}(V_{in} - V_f)$$

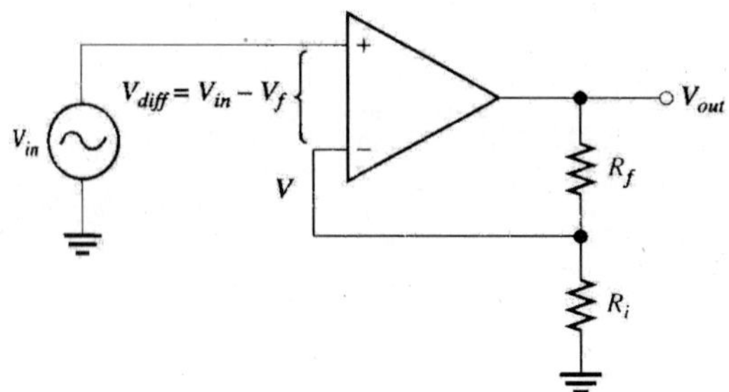

[그림 2]

귀환회로의 감쇠율(attenuation)은

$$B = \frac{R_i}{R_i + R_f}$$

로 정의 한다. 이때 V_f를 BV_{out}으로 치환하면 다음과 같다.

$$V_{out} = A_{ol}(V_{in} - BV_{out})$$

여기에 기본적인 대수학을 적용하여 다시 정리하면 다음과 같다.

$$V_{out} = A_{ol} V_{in} - A_{ol} B V_{out}$$
$$V_{out} + A_{ol} B V_{out} = A_{ol} V_{in}$$
$$(1 + A_{ol} B) V_{out} = A_{ol} V_{in}$$

[그림 1]에서 증폭기의 전체 전압 이득은 V_{out}/V_{in}이므로

$$\frac{V_{out}}{V_{in}} \cong \frac{A_{ol}}{A_{ol} B} = \frac{1}{B}$$

비반전 증폭기(NI, noninverting)의 폐루프 이득($A_{cl(NI)}$)은 귀환회로(전압분배기)의 감쇠율(B)의 역수이다.

$$A_{cl(NI)} = \frac{V_{out}}{V_{in}} \cong \frac{1}{B} = \frac{R_i + R_f}{R_i}$$

그러므로

$$A_{cl(NI)} = 1 + \frac{R_f}{R_i}$$

이다. $A_{ol}B \gg 1$인 조건에서 폐루프 이득은 연산증폭기의 개루프 이득에 전혀 의존하지 않으며, 폐루프 이득은 R_i와 R_f의 값에 의해서만 결정된다.

예로 들어서 설명하겠다. R_i가 4.7Ω이고, R_f가 100kΩ인 비반전 증폭기이다.

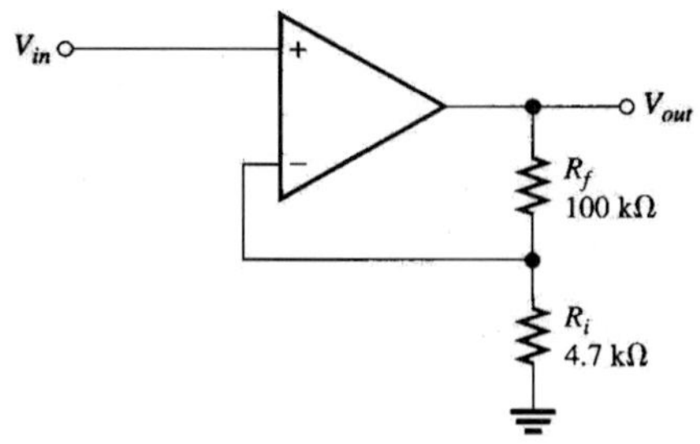

[그림 3]

[그림 3]의 페루프 전압이득은

$$A_{cl(NI)} = 1 + \frac{R_f}{R_i} = 1 + \frac{100k\Omega}{4.7k\Omega} = 22.3$$

이다.

2) 실험 과정

(1) [그림 1]에서 [표 1]에 주어진 것과 같이 각각의 입력전압을 인가하여 [표 1]을 완성하여라.

(2) 각 입력 전압에 대하여 10k의 궤환저항(R_f)을 사용할 경우는 출력전압을 측정하여 [표 1]의 해당란에 기록하여라. 그리고 전압이득을 계산하여 기록하여라.

(3) 100k의 궤환저항(R_f)을 사용할 경우 출력전압을 측정하여 [표 1]의 해당란에 기록하여라. 그리고 전압이득을 계산하여 기록하여라.

3) 실험 결과

(1) [표 1]

$R_i = 4.7K$

입력 [νi]	DC +1V		1㎑ 1VP−P		100㎑ 1VP−P	
궤환 저항값(R_f)	10㏀	100㏀	10㏀	100㏀	10㏀	100㏀
출력 [νo]						
폐루프 이득						

비고

Berger와 뇌파계

Hans Berger(1873-1941)는 신경학(neurology)과 정신의학(psychiatry)의 결합인 신경정신과 의사(Neuropsychiatry)였다. Hans Berger의 경우에는 신경학에서나 정신의학에서나 그리 두각을 나타냈던 출중한 인물은 아니었던 것 같다. 뇌전위에서의 선구적인 연구가 아니었다면 기억하고 있지도 않았을 것이다. 그의 전기에 의하면 그는 소심하면서도, 성실한 사람으로 그려지고 있다. 교수 조직이나 주위의 평에는 전혀 신경 쓰지 않고 지나칠 정도로 열심히 연구만 하는 교수였다.

그의 뇌전위 연구 작업은 매우 원시적이고도 조그만 작업실에서 이루어졌다. 그의 초기의 과학적 관심사는 피질의 혈액 순환이었다. 1902년부터 1910년 까지는 개의 대뇌에서의 전기적 활동성을 연구하였지만 그 결과는 실망스러웠다고 한다. 사람의 뇌전위 연구는 1920년에 시작하게 된다.

그의 초기 뇌전위 연구에서는 측정용으로 string-Galvanometer를 사용하였다. 1926년에는 지멘스(Siemens) 사의 이중 코일 갈바노메터를 이용하여 실험을 하였다. 이 장치와 비분극(nonpolarizable)전극을 이용하여 사람의 뇌전위를 기록하였고 이를 1929년 처음으로 보고하게 된다. 처음의 기록에서는 전두엽과 후두엽에 전극을 부착하여 단일 채널로 하여 1분에서 3분 정도 뇌전위를 기록하였다.

사람을 대상으로 한 그의 실험에서 중요한 실험이 1차대전 후 두개골이 파손된 환자들이었다. 1924년, string galvanometer를 이용하여 이들 환자의 경우에도 제법 그럴듯한 뇌의 전기신호가 검출됨을 확인하였다. 1925년에는 반드시 두개골이 파손되지 않은 경우에도 측정될 것이라는 추측을 하고, 그 해 자신의 아들을 피검자로 하여 알파리듬을 검출하게 된다. 1926년에서 1929년 동안 정상인의 두피에서도 뇌의 전기적 활동을 검출할 수 있음을 증명하는 연구를 계속하였다.

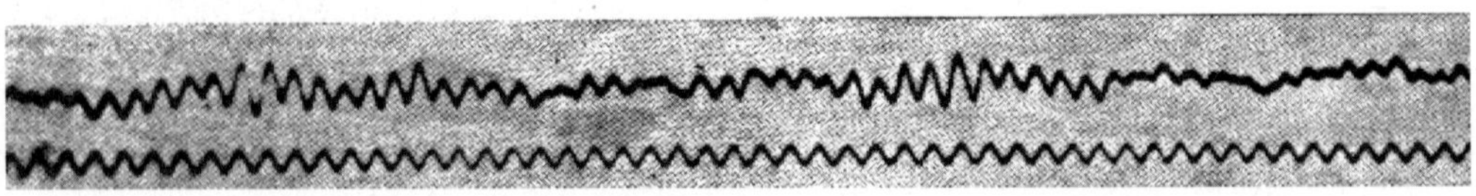

Hans Berger는 사람 뇌전위의 최초의 발견 이후에도 최초의 발견들을 이루어냈다. 수면시의 뇌전위 기록(최초의 spindle 검출), 저산소증에 의한 효과, 뇌 장애의 부분과

전체 효과, 간질 발작에 의한 효과 등을 모두 최초로 발견하게 된다. 이들은 아직도 병원에서 필수 진단 방법으로 사용되는 것들이다. 이런 업적으로 Hans Berger는 1937년 파리에서 개최된 국제심리학회에서 초청을 받고, Bologna에서의 갈바니(Galvani) 탄생 200주년 기념식(1937)에도 초청 받게 된다. 그러나 그는 당시 독일의 나치 제도와 사이가 좋지 않아서, 1938년에 강제로 명예교수로 된다. 이 때문에 그는 계속적인 뇌전위 연구를 할 수 없게 되었고, 우울증에 빠져 지내게 된다. 결국 그는 1941년 6월 1일 자살한다.

Hans Berger는 비록 자기자신의 EEG(뇌전위) 연구 결과에서는 나타내지는 않았지만, EEG의 본질에 대해서는 매우 비과학적인 개념을 제안하고 있다. 그가 모든 연구를 지속함에 있어서 동기를 부여해 주었던 것은 '정신적 에너지'의 어떤 강력한 힘을 탐색하고자 하는 것이었다. 그의 젊은 시절의 '정신감응' 같은 어떤 경험이 이를 확신하게 한 것 같다. 그는 EEG가 사람과 사람간에 정신 작용을 교환 할 수 있는 매개체로 생각했었다.

실제 Hans Berger는 "정신 에너지"를 찾기 위한 노력 중에 사람의 뇌전위를 발견하게 되었다. 마치 콜럼부스가 인도를 찾아 가다가 미국을 발견한 것과 유사하다. 비록 뇌전위가 원래 Hans Berger가 원했던 것이 아니라고 할지라도 그의 발견은 사실이고 그의 노력은 아직도 칭송받고 있다.

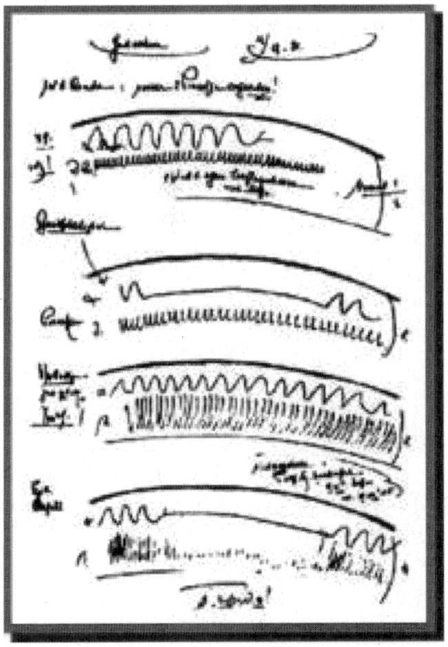

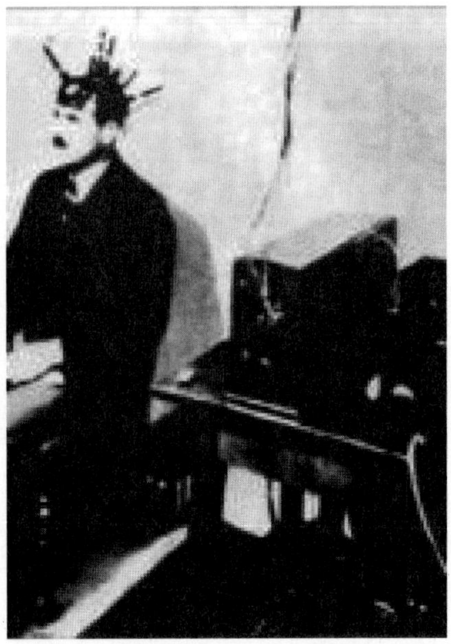

31. 차동 증폭기(DIFFERENTIAL AMP.)

1) 이론

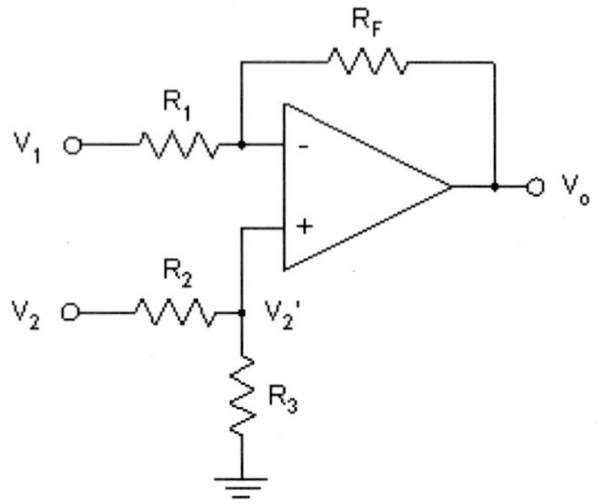

[그림 1]

[그림 1]과 같이 OP-Amp의 반전 입력(-)단자와 비반전 입력(+)단자에 동시에 입력전압이 가해질 때, 차동증폭기로 구성된다. V_2'점이 접지되고 V_2가 "0" 라고 가정하면, [그림 1]과 유사한 모양이 되어 간단한 반전증폭기로 된다. 출력전압은 다음과 같다.

$$V_o = -\left[\frac{R_f}{R_1}\right] V_1$$

다음에 V_2'에서 단락회로를 제거하고, 입력신호 V_1을 접지시키면 비반전 증폭기로 구성된다. OP-Amp의 실제 입력전압은 V_2'가 되는데, 이것은 입력전압 V_2를 전압기에서 분할한 전압이다.

$$V_o = \left[1+\frac{R_f}{R_1}\right] V_2' = \left[1+\frac{R_f}{R_1}\right]\left[\frac{R_3}{R_2+R_3}\right] V_2 \quad \text{여기서,} \quad V_2' = \left(\frac{R_3}{R_2+R_3}\right) V_2$$

위 식을 결합하면, 차동증폭기에 대한 출력전압이 입력전압 V_1과 V_2의 함수로 표현된다.

$$V_o = -\left[\frac{R_f}{R_1}\right] V_1 + \left[1+\frac{R_f}{R_1}\right]\left[\frac{R_3}{R_2+R_3}\right] V_2$$

오른쪽의 첫째항은 반전된 출력인 반면에, 두 번째 항은 비반전된 출력이 된다. [그림 1]의 회로가 차동증폭기로 사용될 때, 전압이득(G)은 4개의 저항으로 표현될 수 있다.

$$R_f = GR_1, \quad R_f = R_3, \quad R_2 = R_1$$

4개의 모든 저항이 같을 때, 출력전압은 다음과 같이 된다.

$$V_o = V_2 - V_1$$

그래서 출력전압은 V_2와 V_1의 차가 된다. 이러한 회로는 단위이득(이득이 1.0) 아날로그 감산기라고 한다.

2) 실험 과정

(1) 차동 증폭기의 기능을 실험하기 위해 [그림 1]을 사용한다.

(2) 입력단자 0.5V, 1V를 인가하여 출력 전압을 측정하고 [표 1]에 기록하여라.

(3) 입력단자 1V, 0.5V를 인가하여 출력 전압을 측정하고 [표 1]에 기록하여라.

(4) 두 개의 입력 단자에 [표 2]에 주어진 것과 같이 각각에 대해 교류 입력을 인가하고 각각에 대해 출력파형을 그려라.

3) 실험 결과

(1) [표 1]

	실 험 (1)		실 험 (2)	
입력(DC)	INPUT−1	INPUT−2	INPUT−1	INPUT−2
	0.5V	1V	1V	0.5V
출 력				

비고

(2) [표 2]

입 력		출 력 파 형
Input−1	200mVP−P, 100㎐	
Input−2	100mVP−P, 1000㎐	
Input−1	100mVP−P, 100㎐	
Input−2	100mVP−P, 1000㎐	
Input−1	100mVP−P, 1000㎐	
Input−2	200mVP−P, 100㎐	

비고

32. 가산 증폭기(SUMMING AMP)

1) 이론

가산 증폭기는 둘 또는 그 이상 입력의 합이 출력의 음(-)의 값으로 나온다. [그림 1]에 3개의 입력 신호를 가지는 가산 증폭기(Summing Amplifier)를 도시하였으며 이 회로의 동작 원리는 다음과 같다.

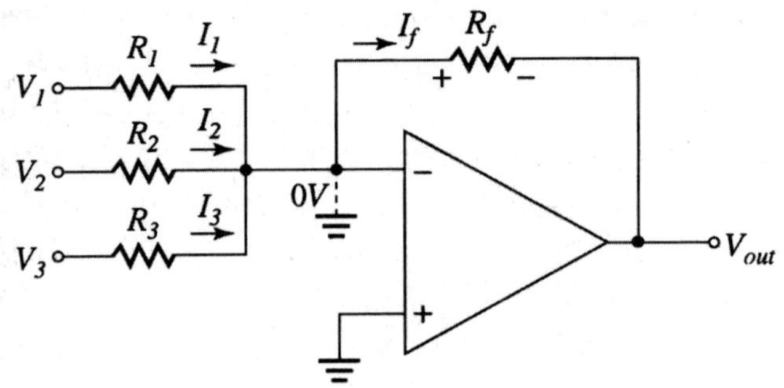

[그림 1]

[그림 1]의 반전 단자는 가상접지이므로 저항 R_1, R_2, R_3를 흐르는 전류를 각각 I_1, I_2, I_3라 하면 다음과 같이 구해진다.

$$I_1 = \frac{V_1}{R_1},\ I_2 = \frac{V_2}{R_2},\ I_3 = \frac{V_3}{R_3}$$

그런데 연산증폭기 내부로는 전류가 흐를 수 없으므로 각 저항에 흐르는 전류들의 합은

$$I_f = I_1 + I_2 + I_3$$

따라서 출력 전압 V_{out}은 저항 R_f에 걸리는 전압과 극성이 반대이므로 다음과 같이 결정된다.

$$V_{out} = -I_f R_f = -(I_1 + I_2 + I_3) R_f = -\left(\frac{R_f}{R_1} V_1 + \frac{R_f}{R_2} V_2 + \frac{R_f}{R_3} V_3\right) \qquad (식\ 1)$$

만일 $R_1 = R_2 = R_3 = R_f$이라면 (식 1)은 다음과 같이 된다.

$$V_{out} = -(V_1 + V_2 + V_3) \qquad (식\ 2)$$

(식 2)는 출력전압이 3개의 입력전압의 합이라는 의미이므로 [그림 1]의 연산증폭기 회로를 가산 증폭기라 부른다.

한편, (식 2)에서 $R_1 = R_2 = R_3 = R$이라 하고 R_f/R를 1/3로 설정하면 출력전압이 각 입력전압의 평균값이 된다. 즉,

$$V_{out} =- \frac{R_f}{R}(V_1 + V_2 + V_3)$$

이며, n개의 입력을 가지는 가산증폭기는 R_f/R를 1/n로 설정함으로써 출력전압이 입력전압의 평균값이 되도록 하는 평균증폭기(Averaging Amplifier)로 만들 수 있다.

가산증폭기의 구한 공식을 이용해보도록 하자. 아래와 같은 회로가 있다고 하자 그렇다면 풀이는

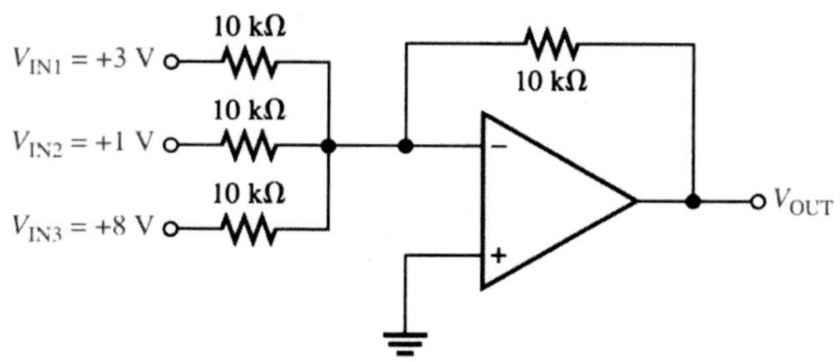

[그림 2]

만약, $R_1 = R_2 = R_3 = R_f = 10k\Omega$이고, $V_{IN1} = 3V$, $V_{IN2} = 1V$, $V_{IN3} = 8V$라고 한다면 출력 V_{OUT}는 $-(V_{IN1} + V_{IN2} + V_{IN3}) =- 12V$가 된다.

가산증폭기의 응용으로써 평균증폭기의 회로가 아래와 같이 있다. 그에 대해 풀이를 해보면 다음과 같이 풀어볼 수 있다.

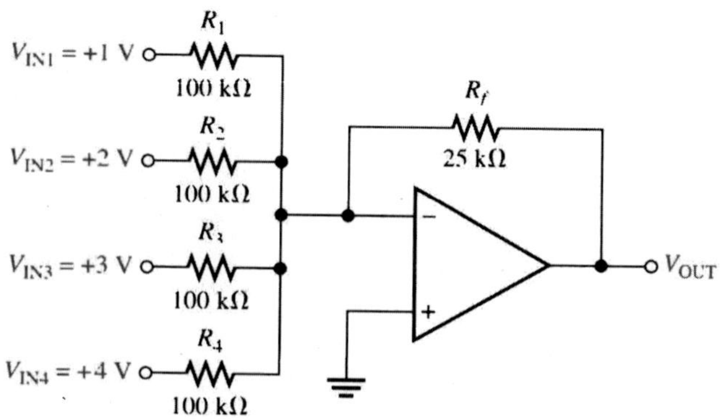

[그림 3]

$R_1 = R_2 = R_3 = R = 100k\Omega$, $R_f = 25k\Omega$, $V_{\in 1} = 1V$, $V_{\in 2} = 2V$, $V_{\in 3} = 3V$, $V_{IN4} = 4V$
이라면 V_{OUT}은

$$\begin{aligned} V_{OUT} &= -\frac{R_f}{R}(V_{IN1} + V_{IN2} + V_{IN3} + V_{IN4}) \\ &= -\frac{25k\Omega}{100k\Omega}(1V + 2V + 3V + 4V) \\ &= -\frac{1}{4}(10V) = -2.5V \end{aligned}$$

가 된다.

2) 실험 과정

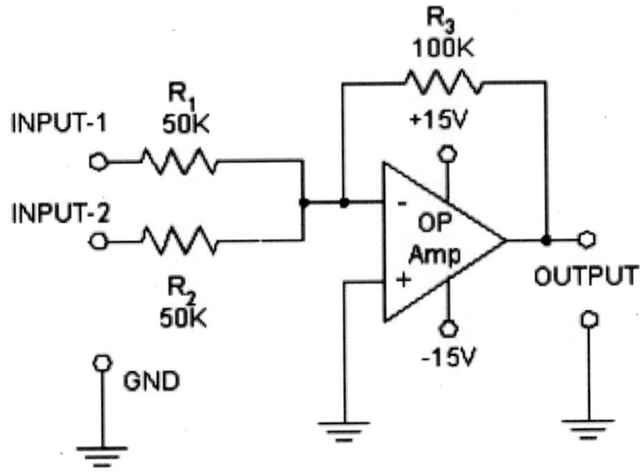

[그림 4]

(1) [그림 4]와 같이 회로를 구성한다.
(2) [표 1]에 주어진 두 개의 입력에 대하여 출력을 측정하여 해당란에 기록한다.

3) 실험 결과

(1) [표 1]

입력-1	2V	3V	3V	-5V
입력-2	1V	1V	-5V	5V
출 력				

비고

갈바니의 생물전기

루이지 알로이시오 갈바니(Luigi Aloisio Galvani, 1737년 9월 9일 ~ 1798년 12월 4일)는 이탈리아의 해부학자, 생리학자로서, 볼로냐에서 태어났다. 볼로냐 대학에서 신학과 의학을 공부하고, 후에 모교의 해부학 교수가 되었다. 1780년 이탈리아의 동물학자 갈바니는 기묘한 현상을 발견했다. 즉 두 종류의 금속을 연결해서 죽은 개구리의 발 근육에 갖다 대자, 발이 경련을 일으켜 움찔거렸던 것이다. 몇 번이나 실험을 거듭한 끝에 갈바니는 이런 생각을 했다. '전기란 개구리의 신경 속에 숨겨져 있는 것이다. 이것을 두 종류의 금속으로 연결하면 축전병의 안쪽 주석박(箔)과 바깥쪽 주석박을 도선으로 연결할 때와 같이 방전이 일어난다' 그래서 그는 '동물전기'란 이름을 붙였던 것이다. 이것은 당시에 대단한 화제거리가 되었다. 그래서 여러 사람들이 다투어 실험을 했기 때문에 개구리들은 때아닌 수난을 당하게 되었다. 그는 그것이 생물 전기(동물 전기) 때문에 일어난 현상이라고 생각하고, 종류가 다른 금속들 사이의 전위차 때문에 일어난다고 한 알레산드로 볼타와 논쟁하였는데, 나중에 그것은 볼타로 하여금 전지를 발명하게 한 계기가 되었다. 그는 전기생리학, 전자기학의 발전에 크게 이바지했다.

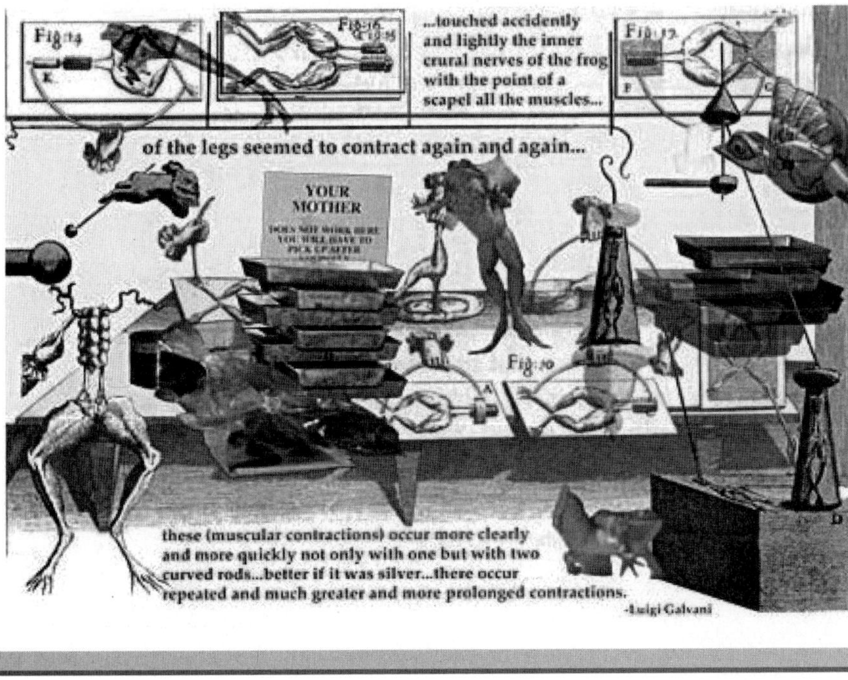

33. 저역통과 여파기(LOW-PASS FILTER)

1) 이론

[그림 1]은 연산증폭기를 능동소자로 사용한 1차 능동 저역통과 필터이다. 연산 증폭기는 전압플로어(Voltage Follower)로 구성되어 있어 전압이득이 1인 버퍼로 작용하고 있으므로 부하에 의한 신호 감쇄를 막아주는 역할을 하고 있다.

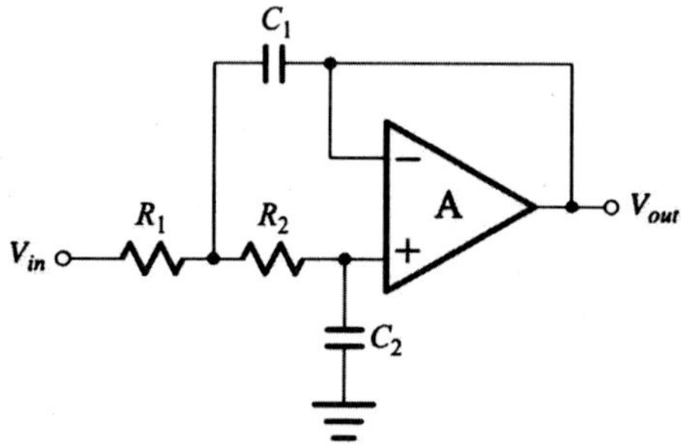

[그림 1]

1차 필터(단극 필터)의 임계주파수는 $f_c = 1/2\pi RC$이다.

한편, 필터의 차수를 높이기 위해 [그림 2]에서 보인 것처럼 RC회로 2개를 연산 증폭기에 결합하여 2차 능동 저역통과 필터를 구현할 수 있다. 2차 필터의 가장 일반적인 형태의 하나로 셀런-키(Sallen-Key) 필터이다. 이 경우 차단 주파수는 다음 수식으로 구해진다.

$$f_c = \frac{1}{2\pi\sqrt{R_1 C_1 R_2 C_2}} \overset{\substack{R_1 = R_2 = R \\ C_1 = C_2 = C}}{\overbrace{=\frac{1}{2\pi RC}}}$$

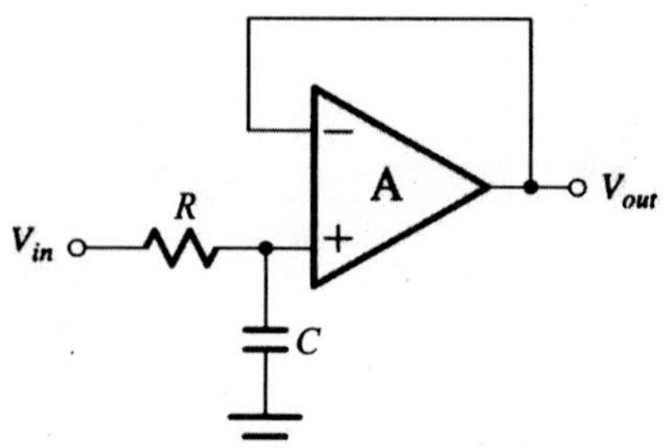

[그림 2]

한편, 필터의 차수를 3차 이상으로 설계할 경우 이미 구한 1차와 2차 필터를 종속 접속함으로써 쉽게 설계할 수 있다.

[그림 3(a)]는 [그림 3(b)]의 응답곡선에서 보는 것처럼 임계주파수 f_c이상에서 -20dB/decade의 롤-오프율을 갖는 1차 능동 저역통과 필터이다. 여기서 연산 증폭기는 통과 대역에서 저항 R_i와 R_f값에 의해 폐루프 이득이 결정되는 비반전 증폭기로서 연결된다.

$$A_d = \frac{R_f}{R_i} + 1$$

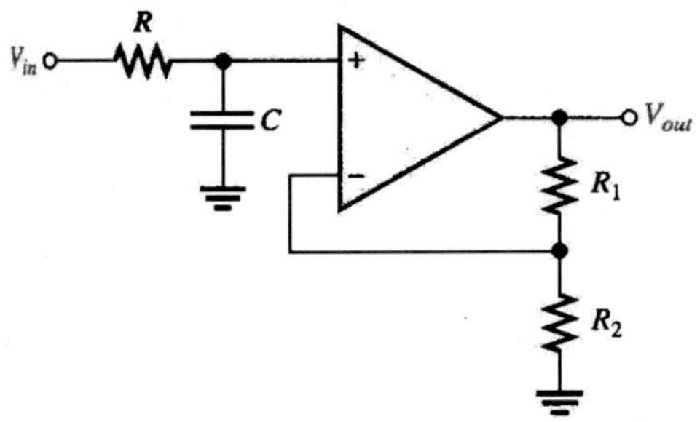

(a)

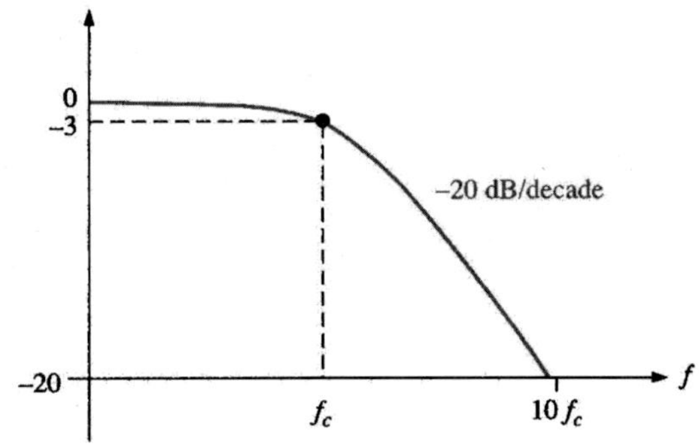

(b)

[그림 3]

2) 실험 과정

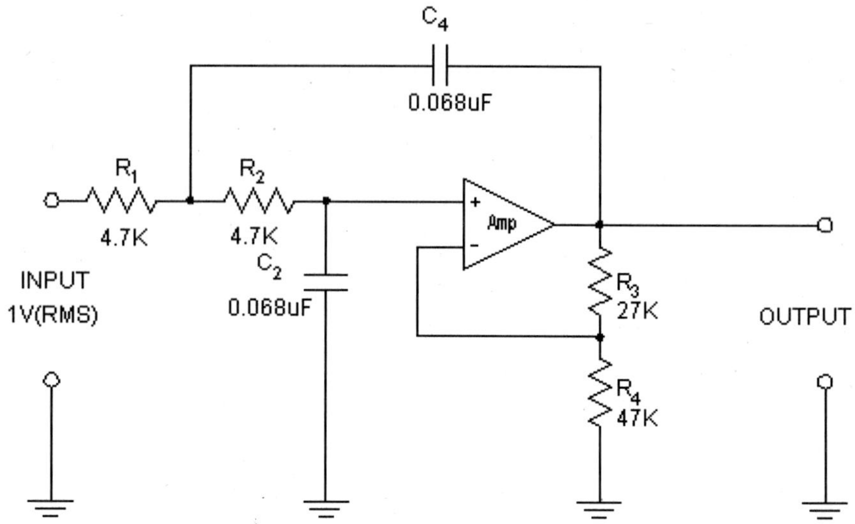

[그림 4]

(1) [그림 4]와 같이 회로를 구성한다.

(2) 1V(rms)의 입력에 대하여 [표 1]에 주어진 주파수를 사용하여 출력전압을 측정하여 기록하여라.

(3) 측정한 결과를 이용하여 [graph 1]에 나타내어라.

3) 실험 결과

(1) [표 1]

입력 주파수 [Hz]		200	400	600	800	1k	1.2k	1.4k	1.6k	1.8k	2k
출 력	그림 4										

비고

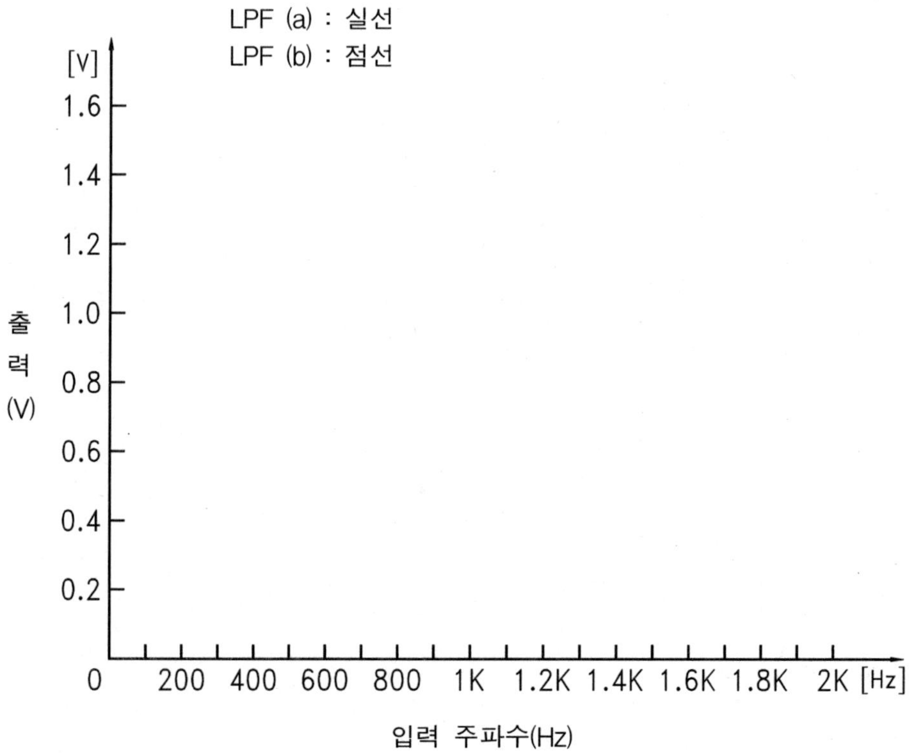

[Graph 1]

34. 고역통과 여파기(HIGH PASS FILTER)

1) 이론

[그림 1]은 연산증폭기를 능동소자로 사용한 1차 능동 고역통과 필터이다. 연산 증폭기는 전압플로어(Voltage Follower)로 구성되어 있어 전압이득이 1인 버퍼로 작용하고 있으므로 부하에 의한 신호 감쇄를 막아주는 역할을 하고 있다. 이를 제외하면 [그림 1]의 능동 고역통과 필터의 특성은 수동 고역통과 필터와 동일하다.

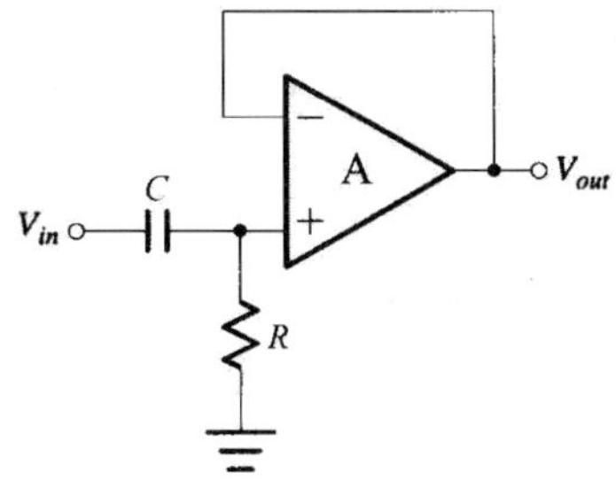

[그림 1]

1차 필터(단극 필터)의 임계주파수는 $f_c = 1/2\pi RC$이다.

한편, 필터의 차수를 높이기 위해 [그림 2]에서 보인 것처럼 RC회로 2개를 연산 증폭기에 결합하여 2차 능동 고역통과 필터를 구현할 수 있다. 2차 필터의 가장 일반적인 형태의 하나로 셀런-키(Sallen-Key) 필터이다. 이 경우 차단 주파수는 다음 수식으로 구해진다.

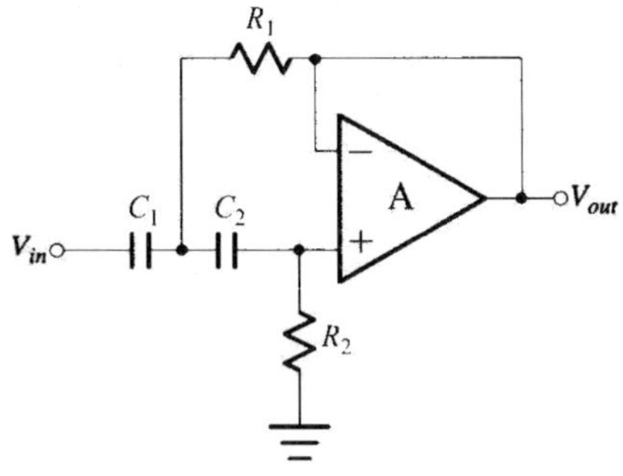

[그림 2]

$$f_c = \frac{1}{2\pi\sqrt{R_1 C_1 R_2 C_2}} \overset{\substack{R_1 = R_2 = R \\ C_1 = C_2 = C}}{=} \frac{1}{2\pi RC}$$

한편, 필터의 차수를 3차 이상으로 설계할 경우 이미 구한 1차와 2차 필터를 종속 접속함으로써 쉽게 설계할 수 있다.

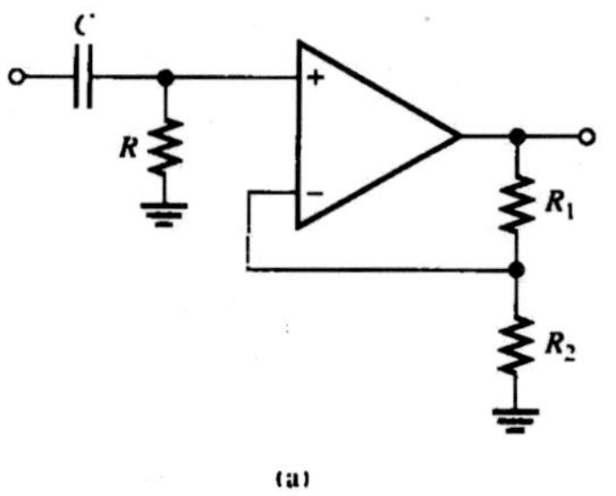

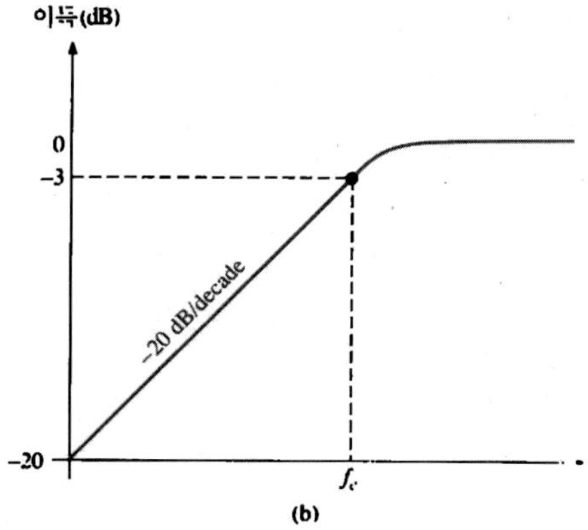

[그림 3]

[그림 3(a)]는 -20dB/ decade의 롤-오프율을 갖는 1차 능동 고역통과 필터 이다. 입력회로는 단극 고역통과 RC회로이다. 여기서 연산 증폭기는 통과 대역에서 저항 R_i와 R_f값에 의해 페루프 이득이 결정되는 비반전 증폭기로서 연결된다. [그림 3(b)]에 고역통과 필터의 응답곡선을 나타내었다.

$$A_d = \frac{R_f}{R_i} + 1$$

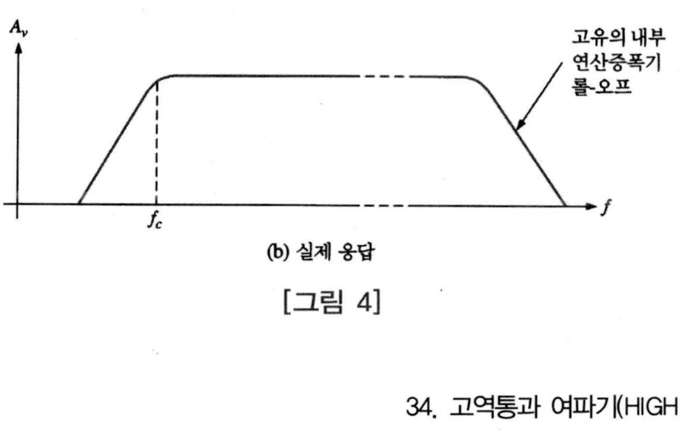

[그림 4]

이상적인 경우, 고역통과 필터는 [그림 4(a)]에 나타낸 것처럼 임계수파수f_c보다 큰 모든 주파수 신호에 대해서는 제한없이 통과시킨다. 그러니 실제 경우는 [그림 4(b)]와 같이 고주파 영역에서 제한을 받게 되는데, 이는 이미 앞서 말한 바와 같이 모든 연산증폭기가 고주파 영역에서 증폭기의 응답을 제한하는 내부 RC회로를 갖고 있기 때문이다. 그러므로 고역통과 필터의 응답을 제한하는 상한주파수가 있어서 실제로는 마치 매우 넓은 대역폭을 갖는 대역통과 필터의 형태를 띤다고 볼 수 있다.

2) 실험 과정

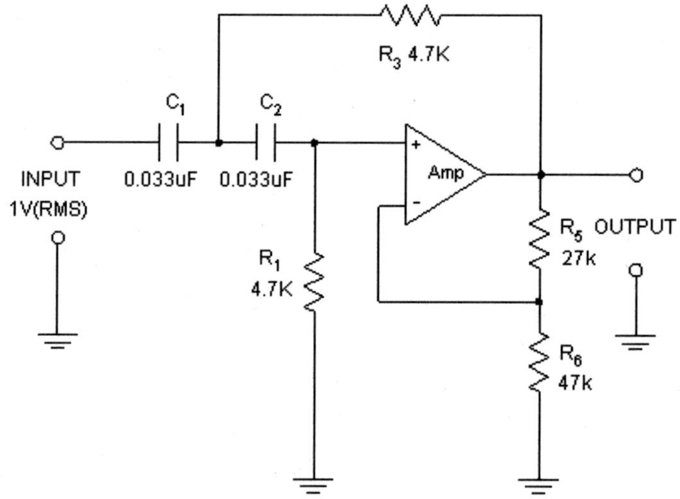

[그림 5(a)]

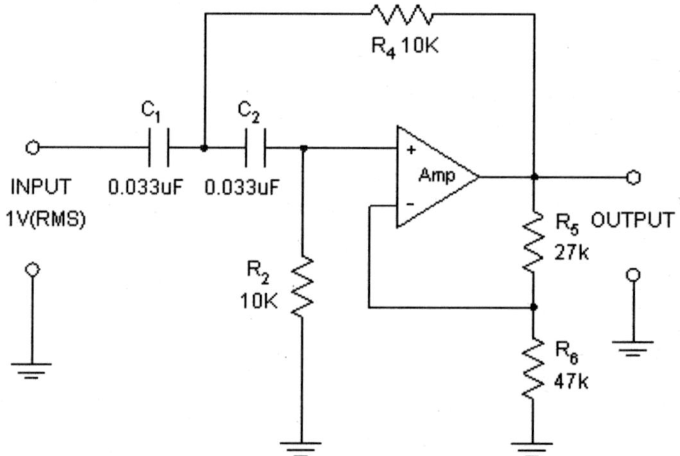

[그림 5(b)]

(1) [그림 5(a)]와 같이 회로를 구성한다.

(2) 1V의 입력을 인가한다. 그리고 주파수는 [표 1]에 주어진 것과 같이 변화 시키면서 출력전압 을 측정하여 해당란에 기록한다.

(3) [그림 5(b)]와 같이 회로를 구성한다.

(4) 1V의 입력에 대하여 [표 1]에 주어진 주파수를 사용하여 출력전압을 측정하여 기록하여라.

(5) 측정한 결과를 이용하여 [graph 1]에 나타내어라.

3) 실험 결과

(1) [표 1]

입력 주파수 [Hz]		200	400	600	800	1k	1.2k	1.4k	1.6k	1.8k	2k
출 력	그림 5(a)										
	그림 5(b)										

비고

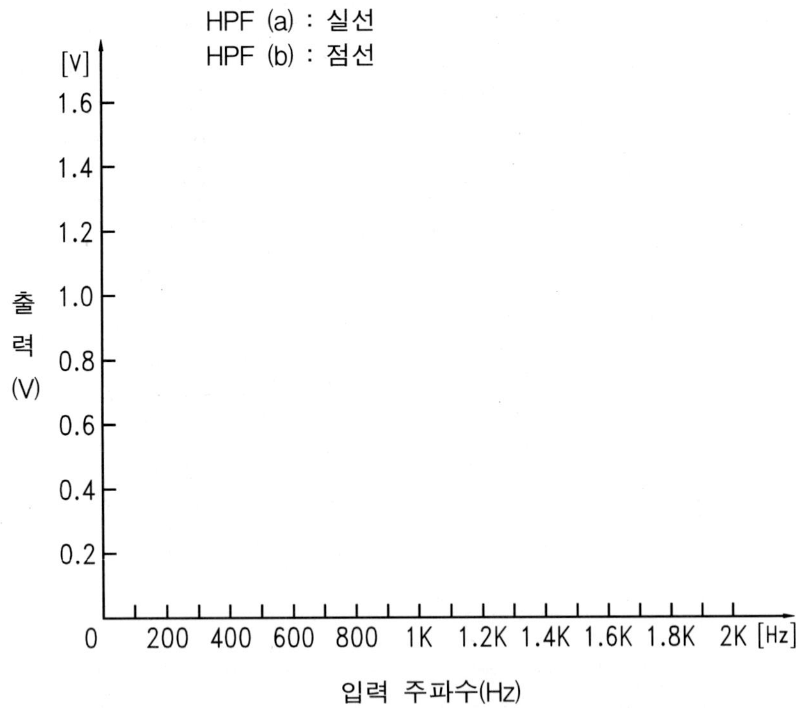

[graph 1]

생체전기[生體電氣, Bioelectricity]

생물체에 의해서 또는 생물체 내에서 생기는 전위와 전류. 생체전위는 여러 생물학적 과정에 의해 생성되고 일반적으로 세기가 1mV에서 수백mV에 이르나, 전기뱀장어의 경우는 600~1,000V의 전압에 1A(암페어)의 전류가 흐른다.

생체전기의 영향은 아주 오랜 옛날에 나일메기(Nile catfish)나 전기뱀장어와 같은 전기어류들에 의해 잘 알려졌다. 18세기 루이지 갈바니와 알렉산드로 볼타가 행한 개구리와 그밖의 다른 동물들에서의 전기와 근수축과의 관계에 대한 실험은 물리학과 생리학의 발달에 있어서 매우 중요한 일이었다. 현대의 임상의학에서는 생체전위를 측정하는 것이 보편화되어 있다. 예를 들면 진단을 하기 위해서 심장과 뇌의 활동적인 세포에서 생기는 전기를 점검하고 분석한다.

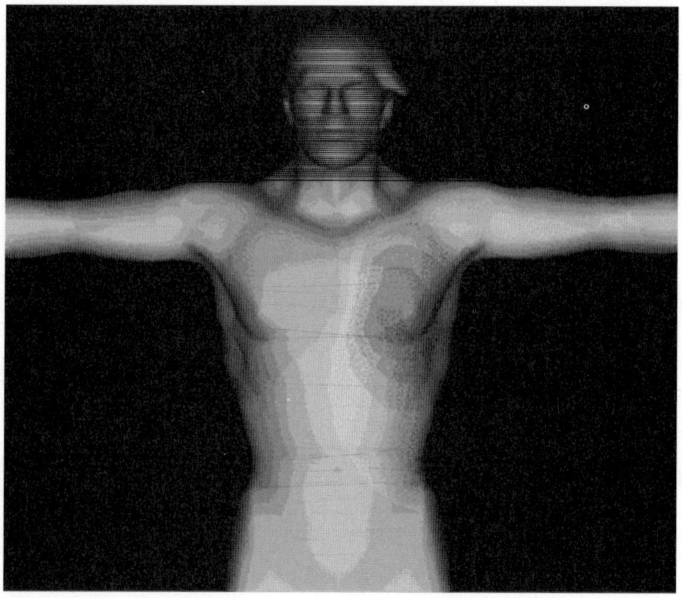

생체전위는 전지나 발전기에서 생기는 전위와 같다. 그러나 거의 모든 경우에 생체전류는 이온(즉 전기적으로 전하를 띤 원자나 분자)의 흐름으로 되어 있는 반면, 등화 · 통신 · 동력에 이용하는 전류는 전자의 운동으로 생긴다. 이온 농도가 다른 두 용액을 이온의 흐름을 막는 막으로 분리시켜놓으면 농도차에 의해 용액 사이에 전위차가 생긴다. 대부분의 용액에서는 전하를 띤 이온들이 반대전하를 띤 이온과 함께 있기 때문에 용액 전체로 보면 전하를 띠지 않는다. 만약 농도가 다른 두 용액이 1종류의 이온만 통과시키는 막에 의해 나누어져 있으면, 통과할 수 있는 이온은 확산에 의해 평형을 이루려

하기 때문에 두 용액이 반대전하를 띠게 된다. 살아 있는 세포에서 이런 두 용액은 세포 안과 밖에서 볼 수 있다. 안팎을 분리시키는 세포막은 반투과성으로서 어떤 이온은 통과시키고 어떤 이온은 통과시키지 않는다. 특히 신경과 근세포막은 칼륨 양이온에 대해서 약간의 투과성이 있기 때문에 이러한 이온을 밖으로 확산시키고 세포 속은 전체적으로 음전하를 띤다.

세포막 사이의 생체전위는 보통 약 50mV쯤 되는데 이를 휴지전위(休止電位)라고 한다. 모든 세포들은 자신의 생체전위를 대사과정을 돕거나 조절하는 데에 사용하지만, 어떤 세포들은 독특한 생리적 역할을 수행하기 위해 특수하게 사용한다. 그러한 예들은 신경과 근육세포에서 볼 수 있는데, 이때 정보는 전기충격(활동전위라고도 함)에 의해 신경섬유를 따라 전달된다. 근육세포에서는 그와 비슷한 충격에 의해 근수축이 일어난다. 신경세포와 근육세포가 화학적 또는 전기화학적인 자극을 받으면 세포막의 투과성이 일시적으로 변하여 전류가 흐르게 되고, 이는 신경섬유를 따라 전달되거나 근섬유의 수축 메커니즘을 활성화시킨다. 나트륨 이온의 수송도 활동전위의 생성과 관련이 있다. 생체전위를 유지함으로써 특수한 기능을 하는 다른 세포들 가운데에는 빛 · 소리 · 접촉에 민감한 수용기 세포들과 호르몬이나 다른 물질들을 분비하는 분비세포들이 있다. (출처 : 네이버 백과사전)

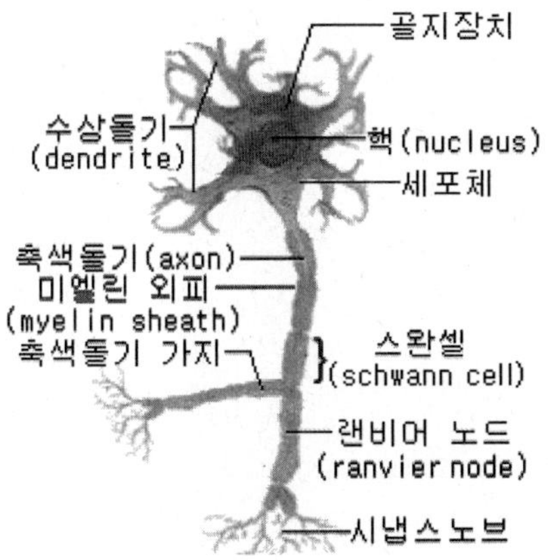

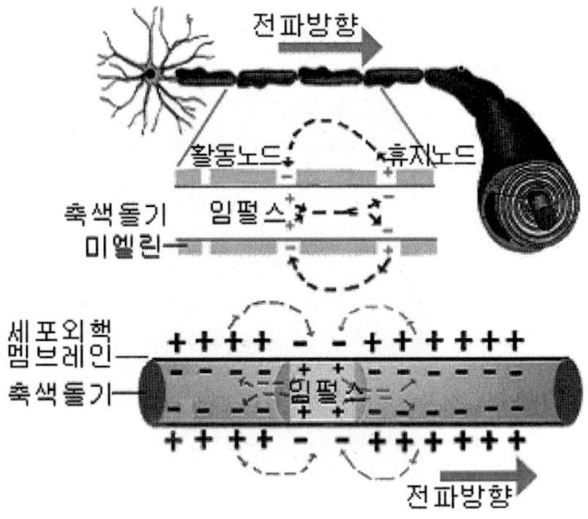

35. 대역통과 여파기(BAND PASS FILTER)

1) 이론

능동 대역통과 필터는 고역통과 필터와 저역통과 필터를 종속 접속함으로써 구현될 수 있다. [그림 1]은 앞에서의 2차 고역통과 필터와 2차 저역통과 필터를 직렬연결하여 구한 능동 대역통과 필터이다.

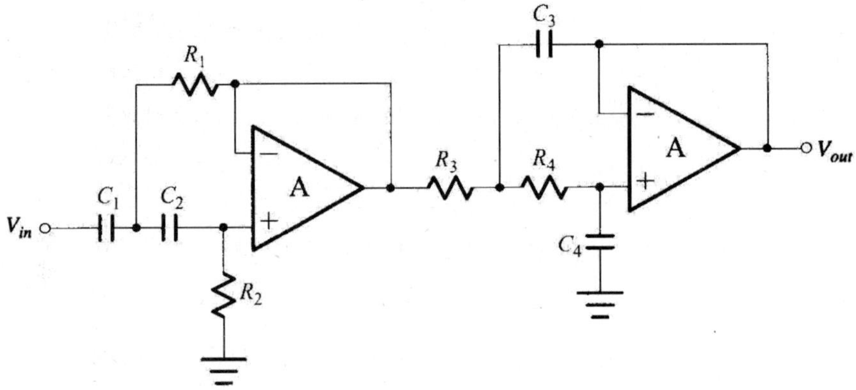

[그림 1]

능동 대역통과 필터의 전달특성을 [그림 2]에 보였다. 저역통과 필터의 차단주파수 f_{c1}와 고역통과 필터의 차단주파수 f_{c2}에 의해서 통과 대역폭이 결정되므로 대역통과 필터의 대역폭 BW를 다음과 같이 정의한다.

$$BW \equiv f_{c2} - f_{c1}$$

[그림 2]에서 f_r은 중심 주파수(center frequency)로서 다음과 같이 차단주파수 f_{c1}과 f_{c2}의 기하평균으로 정의한다.

$$f_{c1} = \frac{1}{2\pi\sqrt{R_1 R_2 C_1 C_2}}$$

$$f_{c2} = \frac{1}{2\pi\sqrt{R_3 R_4 C_3 C_4}}$$

$$f_r = \sqrt{f_{c2} f_{c1}}$$

또한, 대역통과 필터의 선택도 Q는 대역폭에 대한 중심 주파수의 비로 정의한다.

$$Q \equiv \frac{f_r}{BW}$$

Q는 중심 주파수 f_r에 대한 선택도로서 Q값이 클수록 대역폭이 좁아져서 f_r을 집중적으로 선별하게 된다.

일반적으로 Q값이 10이상일 경우를 협대역 필터, 10이하일 경우를 광대역 필터로 분류한다.

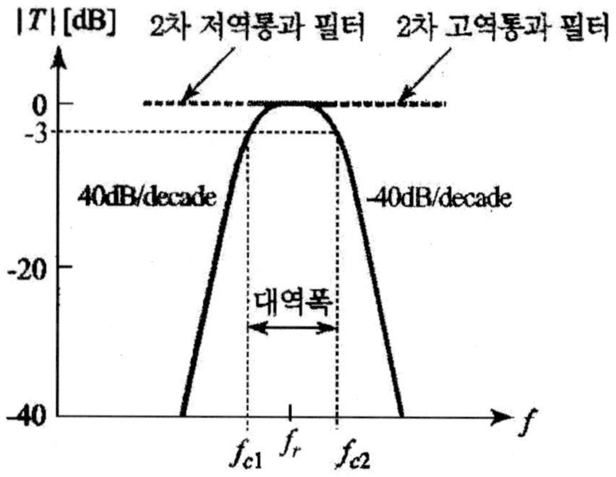

[그림 2]

2) 실험 과정

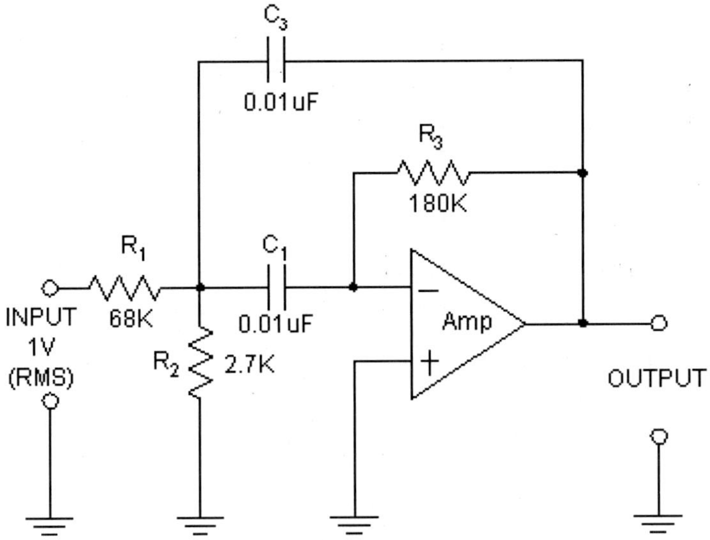

[그림 3(a)]

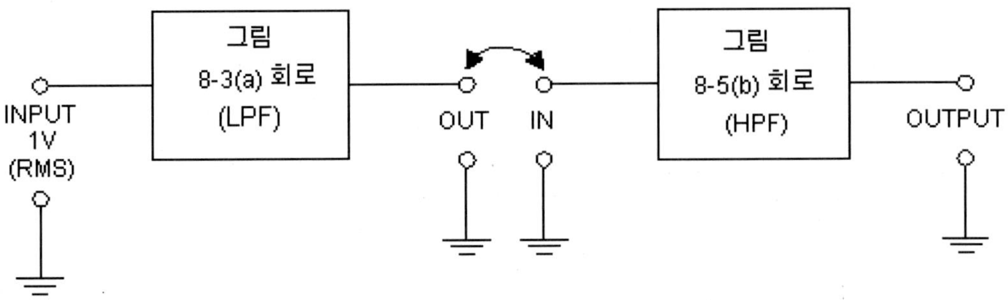

[그림 3(b)]

(1) [그림 3(a)]와 같이 회로를 구성한다.

(2) 입력전압은 1V로 하고 주파수는 [표 1]에 주어진 주파수에 따라 출력전압을 측정하고 해당란 에 기록하여라.

(3) [그림 3(b)]와 같이 회로를 구성한다.

(4) 입력전압을 1V로 하고 주파수는 [표 1]에서와 같이 변화시키면서 출력전압을 측정하고 기록하여라.

(5) 위에서 측정한 결과를 이용하여 [graph 1]에 나타내어라.

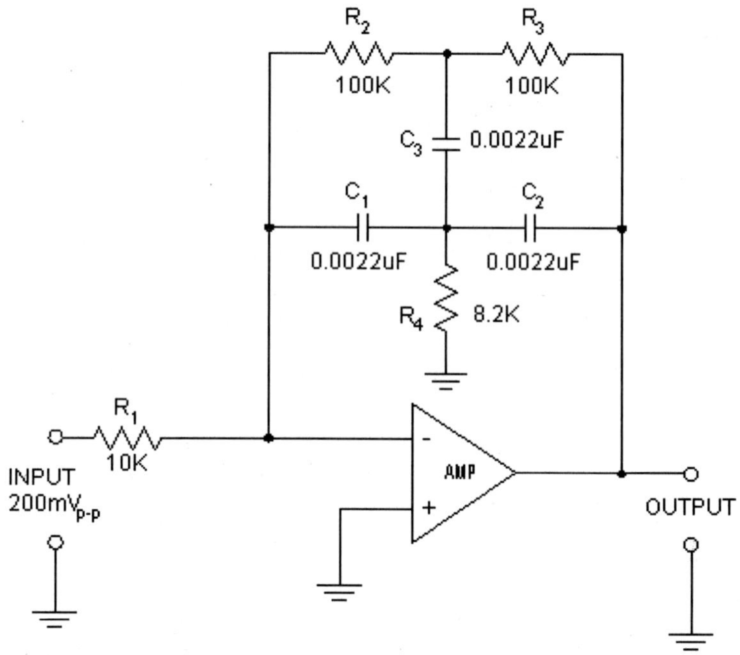

[그림 3(c)]

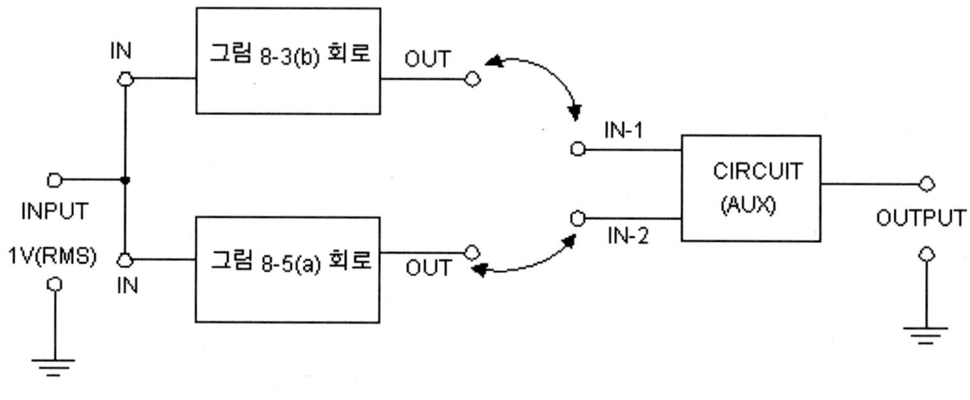

[그림 4]

(6) [그림 3(c)]와 같이 회로를 구성한다.

(7) 입력전압은 $200mV_{P-P}$ 로 하고 주파수는 [표 2]에 주어진 주파수에 따라 출력전압을 측정하고 해당란에 기록하여라.

(8) [그림 4]와 같이 Trap 회로를 구성한다.

(9) 입력전압을 1V로 하고 주파수는 [표 2]에서와 같이 변화시키면서 출력전압을 측정하고 기록하여라.

(10) 위에서 측정한 결과를 이용하여 [graph 2]에 나타내어라.

3) 실험 결과

(1) [표 1]

입력 주파수 [Hz]		200	400	600	800	1k	1.2k	1.4k	1.6k	1.8k	2k
출 력	그림 3(a)										
	그림 3(b)										

비고

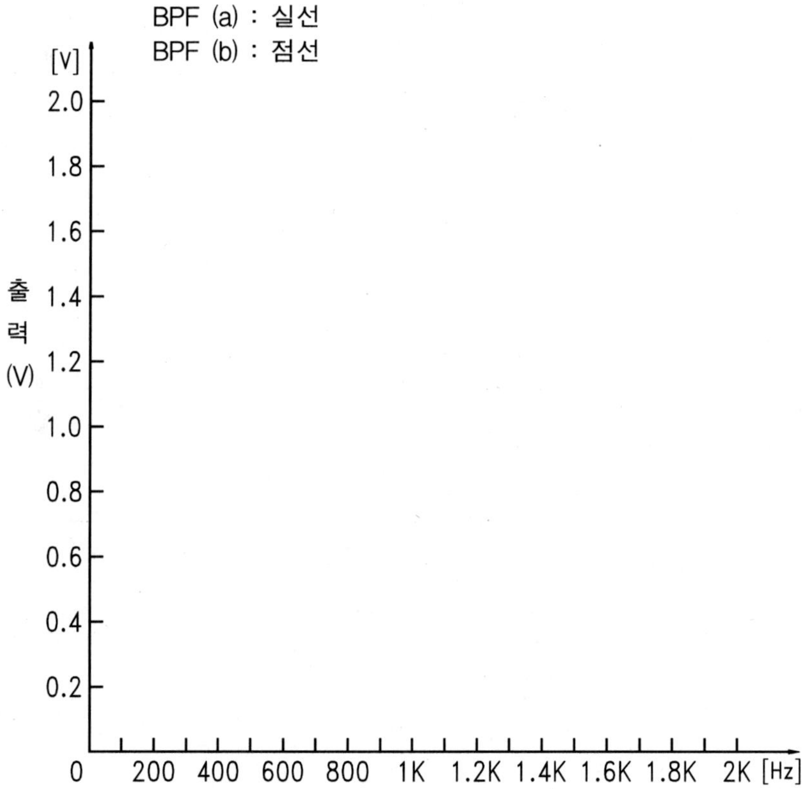

[graph 1]

(2) [표 2]

입력 주파수 [Hz]		200	400	600	800	1k	1.2k	1.4k	1.6k	1.8k	2k
출 력	그림 3(c)										
	그림 4										

비고

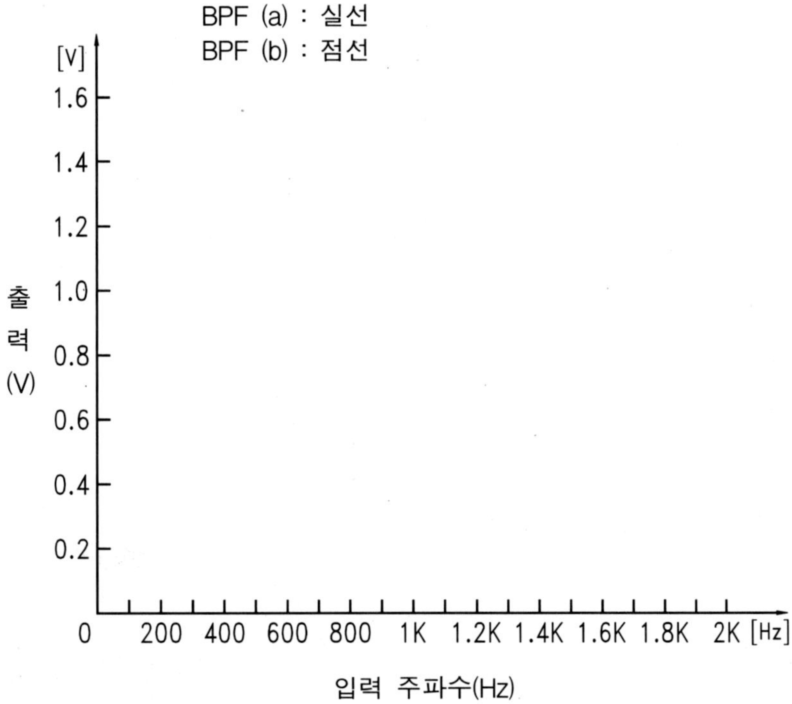

[graph 2]

Bovie Knife

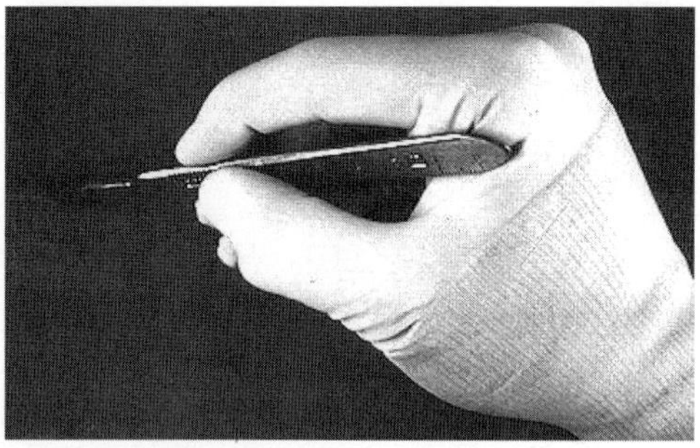

일반적인 수술용 칼을 '메스'라고 하는 것, 드라마나 영화에서 들어보았을 것이다. 원래 네덜란드 말인 '메스'가 널리 통용되는 까닭은 우리나라의 초기 서양의학 대부분이 일본을 통하여 들어왔으며, 특히 의학용어 및 의료기기 등의 명칭은 일본식 명칭을 그대로 따랐기 때문이다. 일본이 서양의학을 받아들이게 된 경로가 일본의 근대화에 많은 영향을 준 포르투갈, 독일, 네덜란드 등의 나라 등을 자연스럽게 통하게 되었고, 우리나라가 그 영향을 받은 것이라 볼 수 있다. 그래서 아직도 많은 의학용어들이 영어식 발음 보다는 독일어식 발음에 가깝게 말해지는 것이 많은데, 그 예로 두드러기와 비염 등을 일으키는 원인 기전인 'allergy'는 영어식 발음으로 하면 '알러지'라고 하는 게 맞지만 일본을 거친 독일어식 발음(?)으로 '알레르기'라고 말하고 있다.

2007년 유행하였던 드라마 '하얀거탑' 의 수술 장면에서 외과의 장준혁 과장이 멋지고 부드럽게 수술을 하던 장면을 기억하는 사람이 많을 것이다. 외과 수술에서 빠질 수 없는 것 중 하나가 전기수술기 즉, Bovie이다. Bovie는 Bovie knife의 줄임말로, 전기를 이용하여 조직을 박리, 절제하거나 지혈도 할 수 있는 혁신적인 수술도구이다. 1910년대에 신경외과 의사였던 William T. Bovie가 동료 H. W. Cushing과 함께 이 기구를 고안했다고 해서 붙여진 이름이다. (Cushing은 현대 신경외과학의 대부라 불리는 사람이다.)

이 기구가 발명되기 전엔 수술 도중 피도 무척 많이 나서 지금보다 훨씬 수술이 위험했을 것 같다. 위키피디아에선 보비나이프의 발명이 1920년대라고 하니 이 기구의 발명으로 외과 수술 기술이 지금까지 발전해 올 수 있었을 거라고 추측할 수 있겠다.

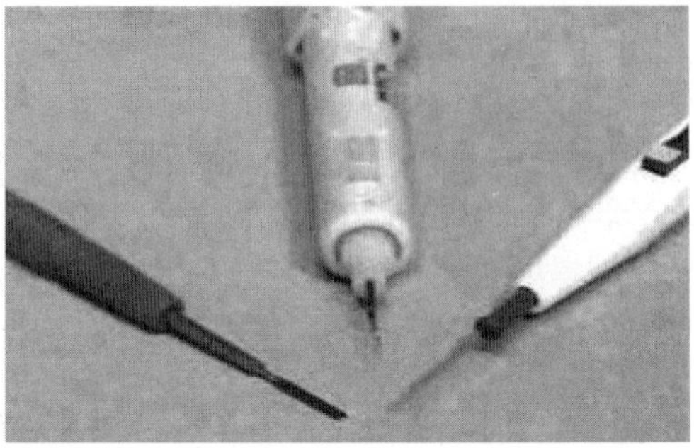

보비나이프의 원리는 전기로 국소적인 고열을 발생시켜 조직이나 피를 태워버리는 것이다. 환자의 몸에 (−)극을 띄는 끈끈이를 붙이고 보비나이프의 팁에서 전기를 흘리면 닿는 부분에 열이 발생한다. 직접 수술 장면을 보면 보비나이프의 팁과 조직에 번쩍이는 불꽃을 볼 수 있다. 이것은 어떻게 보면 상당히 위험한 도구로, 자칫 잘못하면 화상을 입거나 큰 사고로 이어질 수 있다. 옛날에는 환자에게 줄 산소가 산소통에서 새어나온 상황에서 이 보비나이프의 불꽃이 화재를 일으키는 경우도 있었다고 한다. 지금은 산소통이 수술방에 있지는 않고 수돗물처럼 전체공급 시스템으로 이런 사고가 일어날 일은 없다. 또한 보비나이프는 전신으로 전기가 통하는 원리로 정상조직에도 데미지를 줄 수 있기 때문에 많이 안 쓰려고 하는 외과의도 있다.

아무튼 이 기구가 더욱 최악인 것은 방금 말한 위험성 때문이 아니라 전기로 지지는(?) 냄새가 매우 고약하기 때문이다. 그냥 대충 표현하면 타이어를 태운 불로 삼겹살을 구운 냄새 정도? 게다가 지방, 근육, 피를 지질 때 냄새는 미묘하게 다른데 공통점은 모두 매우 불쾌한 냄새라는 데 있다. 실제로 이 연기는 발암물질이라고 하며 몇몇 수술의들은 독가스라고 하기도 한다. 이 냄새를 즐길 수 있어야만 훌륭한 외과의가 된다는 말도 있던데, 그럼 납 냄새를 즐겨야 훌륭한 전자공학도가 되는 것인가?

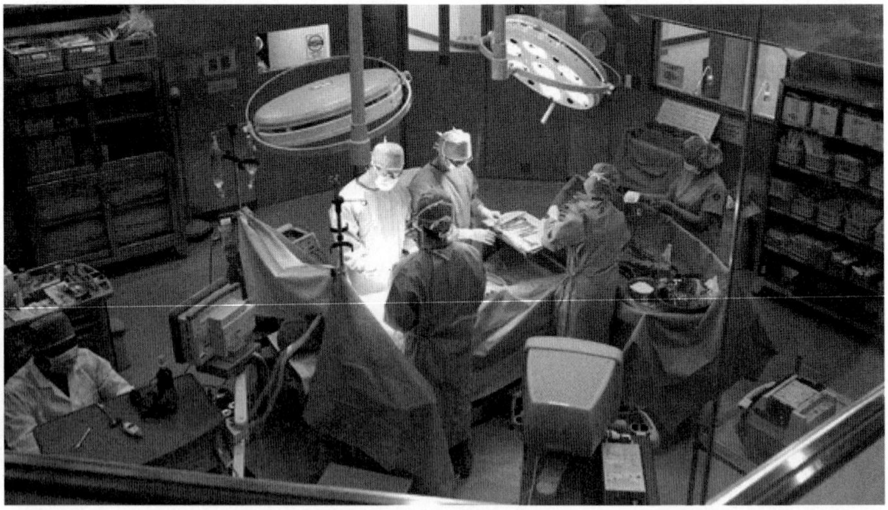

36. 정류기(HALF/FULL RECTIFIER)

1) 이론

• **반파정류기(Half-Wave Rectifier)**

교류를 직류로 변화시킬 때 다이오드를 사용하는 데 이를 정류기라 하며, 그 과정을 정류라고 한다. 정류의 가장 기본적인 방법은 [그림 1]에 보인 반파정류회로이다. 변압기의 2차 전압이 정의 반주기(V_{AB}가 +)일 때 다이오드 D_1은 순방향 바이어스가 되며, 따라서 전압원에 대하여 매우 낮은 저항값을 나타내므로 2차 전압의 대부분이 부하저항 R_L양단에 나타난다. 순방향 바이어스된 다이오드는 대표적으로 실리콘의 경우 0.5V에서 1.0V, 게르마늄의 경우 0.2V에서 0.6V의 순방향 전압강하를 나타낸다. 회로해석을 간단히 하기 위해 전압강하는 대부분 무시하며, 특히 공급전압이 높을 경우에는 다이오드의 순방향 전압강하는 출력전압에 대하여 아주 작은 비율이 된다.

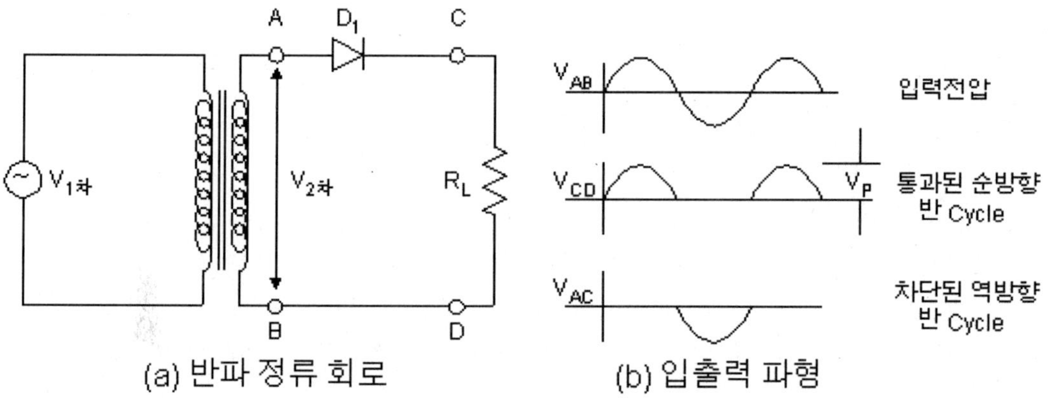

(a) 반파 정류 회로 (b) 입출력 파형

[그림 1]

[그림 1(b)]는 반파정류기의 동작을 설명한 것이다. 여기서 출력 V_{CD} 는 변압기전압 V_{AB} 가 부(-)일 때 0이 됨을 주목하라. 이것은 다이오드가 역방향바이어스(음극에 대하여 양극이 부가된다)가 되기 때문이다. 이상적으로, 개방회로와 같다. 평균 직류전압(V_{dc})은 최대치의 0.318배($0.318 = 1/\pi$)와 같다. 대부분의 전압계는 평균값을 나타내므로 반파정류회로에 대하여 최대전압의 0.318을 지시하게 된다. 그러나 전력을 계산하기 위해서는 실효치가 사용되어야 한다. 반파정류회로에 대한 실효전압은 최대치의 0.5배이다.

반파의 경우,

$$V_{dc} = V_{av} = \frac{1}{\pi} V_P = 0.318 V_P$$

$$V_{rms} = 0.5 V_P$$

전압을 나타내는 이러한 2가지 다른 방법은 혼란의 요인이 될 수 있다. 다행히도 우리가 보통 다루는 직류에서는 실효치와 평균치가 거의 같으므로 대개는 염려하지 않아도 된다. 부하의 평균 전압을 부하저항으로 나눔으로써 얻어지는 전류를 평균전류 I_o라고 한다.

$$I_o = I_{av} = \frac{V_{av}}{R_L}$$

순방향 바이어스시 전압강하는 매우 작다. 그러나 역방향 바이어스시 최대입력전압은 다이오드 양단에서의 전압강하로 나타난다. 이것을 첨두역전압(peak reverse voltage ; PRV)이라고 한다. 모든 다이오드가 초과해서는 안되는 최대허용 PRV정격을 가지며, 이를 초과할 경우 소자는 타버리게 된다. 다이오드가 역바이어스시 [그림 1(b)]의 다이오드전압 V_{AC}는 V_{AB}를 따르며, 이 때문에 다이오드는 매우 큰 저항값을 갖게 된다. 또한 D_1이 순방향 바이어스시 전압강하(V_{AC})는 "0"이 아니며, 작은 정의 값을 가짐에 주의하라. 이것이 다이오드의 순방향 전압강하이며, 보통 1V이하이다.

• 전파 정류기(Full-Wave Rectifier)

일반적으로 교류를 직류로 변환시키는 더욱 유용하고 효율적인 방법은 교류입력신호의 정-부 영역을 모두 활용하는 것이다. 이러한 목적을 위하여 사용되는 두 가지 회로가 있는데 그중 한 가지를 [그림 2]에 나타내었다. 이 방법은 입력파형 전부를 직류출력으로 이용하므로 전파정류라고 알려져 있다.

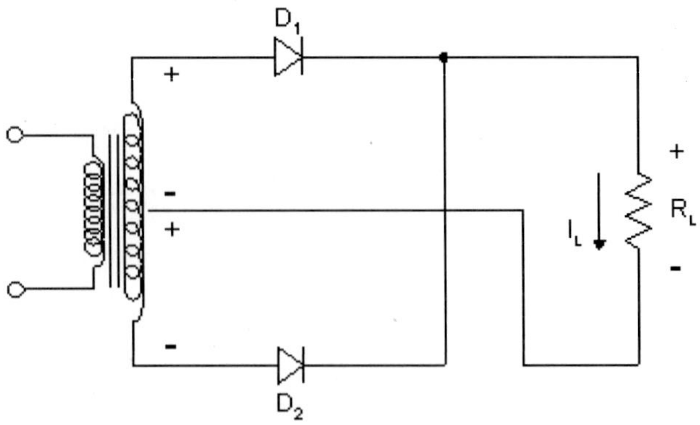

[그림 2]

[그림 2]의 중간탭(center-tap)정류기는 중간탭이 있는 2차권선을 사용한 것이다. 어떤 순간에 전압의 극성이 그림과 같다면 양극이 음극에 대하여 정의 극성을 가지므로 D_1은 순방향 바이어스가 되어 전도상태가 되며, 이에 반하여 D_2는 역방향바이어스가 되어 비전도상태가 된다. 그러므로 단지 D_1만이 부하에 전류를 공급하게 된다.

교류의 다음 반주기에서는 변압기 2차 전압의 극성이 반전되므로 상황이 반대로 된다. 그러므로 D_1은 역방향바이어스, D_2는 순방향 바이어스가 되어 D_2가 부하에 전류를 공급하게 된다. 각 다이오드는 반주기동안만 전도상태가 되므로(교대로 반주기), 반파정류 전류의 2배가 되는 부하전류가 공급된다.

이에 대한 출력파형을 [그림 3]에 나타내었다. 여기서, 실질적으로 주파수가 2배로 증가하는 현상이 출력에서 나타남을 유의하라. 이는 출력파형의 주기 T가 교류입력신호의 1/2이 되기 때문이다. 주파수는 주기의 역수임을 상기하라 ($f = 1/T$).

대부분의 직류전원장치에서 진공관다이오드가 실리콘다이오드로 대치되었을 때까지 중간탭회로는 가장 보편적인 전파정류회로였다. 그러나, 현재는 저렴한 가격, 높은 신뢰도 및 작은 크기의 실리콘다이오드의 출현으로 브리지회로가 가장 보편적인 형태가 되었다.

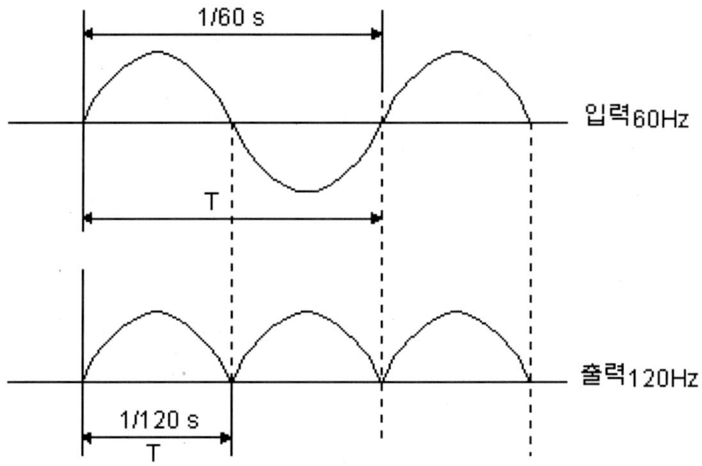

[그림 3]

그 이유는 중간탭회로와 같은 정도의 출력을 얻는데 필요한 변압기의 크기를 축소할 수 있기 때문이다. 중간탭회로에서는 정-부의 각 반주기 동안에 교대로 전류가 변압기의 2차측을 반분하여 반대방향으로 흐른다.

2) 실험 과정

(1) [그림 1]에서 12V AC 전압을 인가(반파 정류기)한다.

(2) 무부하상태에서 필터를 모두 개방한 경우와 필터 하나만을 연결시킨 경우 그리고 필터 두개 모두를 연결시킨 경우 각각에 대한 출력파형과 실효전압을 측정한다.

(3) 2의 결과를 [표 1]의 해당란에 파형과 함께 기록한다.

(4) 1의 반파정류기에서 180Ω 의 부하를 연결한 후 2,3의 과정을 반복한다.

(5) [그림 2]에서 AC 12V 전압을 인가(전파 정류기)한다.

(6) 2의 과정을 반복한다.

(7) 6의 결과를 [표 2]의 해당란에 파형과 함께 기록한다.

(8) [그림 2]의 전파정류기에서 180Ω 의 부하를 연결한 후 6,7의 과정을 반복 한다.

(9) [그림 2]의 전파정류기에서 90Ω 의 부하를 연결한 후 6,7의 과정을 반복 한다.

3) 실험 결과

(1) [표 1]

출력 \ Filter		Non	10㎌	20㎌
무부하	파 형			
	출력 [Vrms]			
부하 180Ω	파 형			
	출력 [Vrms]			

비고

(2) [표 2]

출력 \ Filter		Non	10㎌	20㎌
무부하	파 형			
	출력 [Vrms]			
부하 180Ω	파 형			
	출력 [Vrms]			
부하 90Ω	파 형			
	출력 [Vrms]			

비고

37. 브리지 정류기 및 평활회로(BRIDGE RECTIFIER & SMOOTHING CKT)

1) 이론

• **브리지 정류기(Bridge Rectifier)**

[그림 1]의 브리지 정류기는 반파정류기에 비하여 동일한 변압기전압으로 2배의 DC부하전류를 흘릴 수 있다. 변압기전압 $V = V_{ac}$가 +인 반 사이클에서 전류는 [그림 1(c)]에 표시된 방향으로 흐르고 V가 -인 반 사이클에서는 (d)에 표시된 방향으로 흐르므로 R_L에는 항상 같은 방향의 전류가 흐른다. 그래서 이런 정류기를 전파정류기라 하며 전류는 다음과 같이 정의된다.

$$I_{dc} = \frac{2V_m}{\pi R_L} = \frac{2I_m}{\pi}$$

한편 브리지정류기의 단점은 4개의 다이오드가 필요하고, +, - 어느 사이클에서나 2개의 다이오드에서 전력소비가 있고, 부하전압이 2개의 다이오드에서의 전압강하만큼 낮다는 것이다.

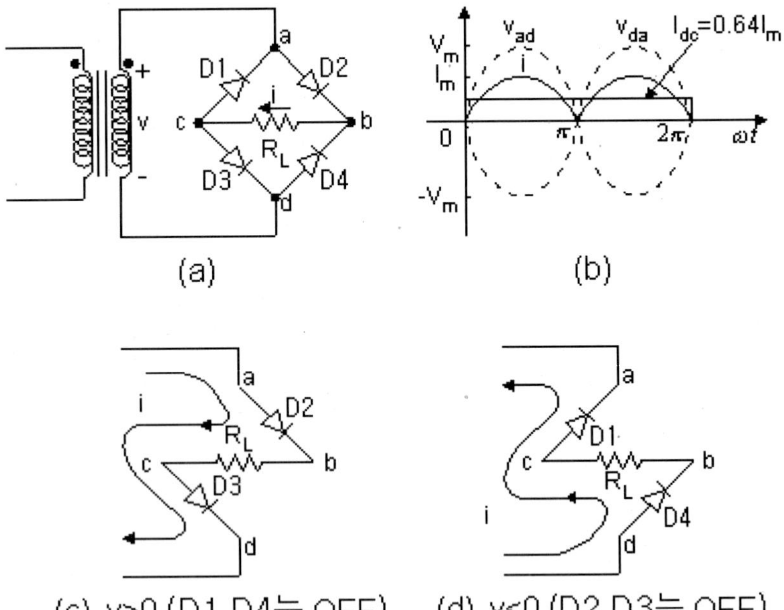

[그림 1]

• **평활 회로(Smoothing Circuit)**

AC를 DC로 변류하려면 Diode에 의하여 정류를 한 후에 반드시 Low Pass Filter (Smoothing 회로)를 거치지 않으면 안 된다.

다시 말하면 정류된 맥류를 맥동(Ripple)이 없는 DC로 만들기 위해서는 Smoothing 회로에 의하여 맥동전류를 가능한 없도록 해야 한다.

여기서 가장 흔히 사용되고 있는 몇 가지 방법 중 그 장단점은 다음과 같다.

ⅰ) Choke와 Condenser를 사용한 Smoothing 회로

이는 RC Smoothing 방법보다 부하에 의한 출력전압 변동률이 적으며 또한 출력효율이 높다. 그 이유는 Choke의 DC 저항은 극히 적기 때문에 부하 전류에 의한 DC 전압강하는 거의 없으며, 다만 맥동부분에 대해서만 전압 변동률이 있게 된다. 그러나, Choke의 교류적인 Reactance는 크므로 Ripple를 크게 감소시킬 수 있게 된다.

참 고

$$\text{전압 변동율} = \frac{\text{무부하 출력전압} - \text{부하 출력전압}}{\text{부하 출력전압}} \times 100[\%]\text{이다.}$$

a. Choke(Inductor)를 사용한 Smoothing회로에서, Condenser Input형은 정류기 입력의 AC 전압보다 높은 ($\sqrt{2}$배 이하) DC 전압을 얻을 수 있다. 그러나 Choke 입력형은 오히려 약간 낮은 ($1/\sqrt{2}$배 이하) 전압으로 출력된다.

b. Choke Input형은 Condenser Input형보다 출력전압 변동률이 적으므로 전압안정도를 필요로 하거나 또는 정전압을 하기 힘든 수천 볼트 이상의 DC전원 공급회로에서는 Choke 입력방식을 택하고 있다.

c. Choke를 사용한 Smoothing 회로는 저항을 사용한 회로에 비하여 출력효율이 대단히 높다. 그 이유는 초크는 Ripple에 대하여는 큰 Reactance를 나타내지만 DC에 대하여는 Coil의 DC저항만이 영향을 주므로 부하전류에 의한 순수 DC전압 강하가 극히 적기 때문이다.

d. L과 C 또는 R과 C의 값은 상호 적절할 때 낭비 없는 최대의 Ripple 제거효율과 출력효율을 올릴 수 있다.

참 고

양파의 경우 Ripple율 $= \dfrac{Ripple\ 전압(V_{rms})}{DC출력\ 전압(V_{AV})} \times 100[\%]$

여기서, 평균값 전압 (V_{AV}) = 최대 전압 $(V_{PK}) \times \dfrac{2}{\pi}$

실효값 전압 (V_{rms}) = 최대 전압 $(V_{PK}) \times \dfrac{1}{\sqrt{2}}$

ii) Resistor와 Condenser를 사용한 Smoothing 회로

RC Smoothing 회로는 저 가격인 것이 특징이고 또한 부착 장소가 적게 될 수 있다. 그러나 부하전류가 클 경우 회로의 직렬 Filter 저항에서의 전압강하가 많이 생기며 따라서 전압 변동률이 크고 또한 출력효율이 적어지는 단점이 있다. 그러므로 수백 mA 이하의 적은 부하 전류 회로에서만 사용되고 있다.

RC Smoothing 회로에서 유의하여야 할 것은 R의 전력용량(Rate Power)이 충분히 설계에 반영되어야 한다. 즉, Series Resistor를 흐르는 전류가 I_R일 경우 이때 전력 용량은 $W = R \cdot I_R^2$이 되며 실제 사용에서는 이 값의 약 2배로 하여 주고 있다.

a. 같은 전압회로에서 부하전류가 커질수록 Smoothing 초크나 저항보다는 콘덴서 용량을 증가시켜야 한다. 그 이유는 초크나 저항은 Ripple율에만 적용되며 오히려 부하전류 증가에 의한 전압변동률에는 단점이 되기 때문이다.

b. 저항 Smoothing회로는 전력효율을 생각할 필요 없는 작은 전력소모의 부하를 위해서만 사용된다. 이는 그 회로가 소형화되기 때문이다.

c. L과 C로 된 Smoothing 회로에서 적정 L값보다 L값을 줄이고 C를 증가시킨다면 그만큼 출력전압 변동률은 증가한다.

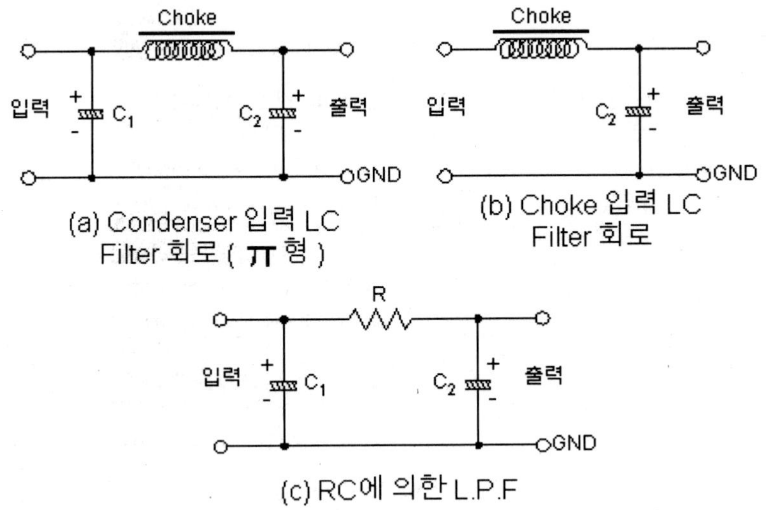

[그림 2]

참고 - 1

L과 C로 구성된 Smoothing 회로의 L과 C 값의 적정설계 (C는 최소한 값임)

- L(Inductance) 값의 설계

$$X_L = \frac{1}{K} \cdot \frac{E(\text{쵸크입력전압 } V)}{I(\text{쵸크를통해흐르는전류 } A)}$$

여기서 L을 구하면

$$L(Henry) = \frac{1}{K} \cdot \frac{E(Volt)}{2\pi f \cdot I\,(Ampere)} \fallingdotseq \frac{E\,(Volt)}{I\,(mA)}$$

- C(Capacitance) 값의 설계

$$C(\mu F) \fallingdotseq \left[\frac{I_L t}{0.5 r_R}\right] \cdot 10^4$$

여기서 I_L = 부하전류 (A), r_R = Ripple율(%), 맥동주기 t 는 60Hz 양파정류이므로

$t = \frac{1}{120\text{Hz}} = 8.3 \times 10^{-3}$sec.이다.

참고 - 2

L R과 C로 구성된 Smoothing 회로의 R과 C 값의 적정설계 (C는 최소한 값임)

- Resistor 값의 설계

$$R(\Omega) = K_R \cdot \frac{E\ (R\ \text{입력전압}\ V)}{I(\text{부하전류}\ A)}$$

여기서 $K_R = \frac{25}{100}$ 이다. 이는 Smoothing 저항 R 양단의 전압강하가 R 입력전압의 25%로 설정됨을 말한다.

- Capacitance 값의 설계

$$C(\mu F) \fallingdotseq \left[\frac{I_L \cdot t}{0.12 r_R}\right] \cdot\ 10^4$$

여기서 I_L = 부하전류 (A)

r_R = Ripple율 (%)

$t = \frac{1}{120} = 8.3 \times 10^{-3}$sec.이다.

2) 실험 과정

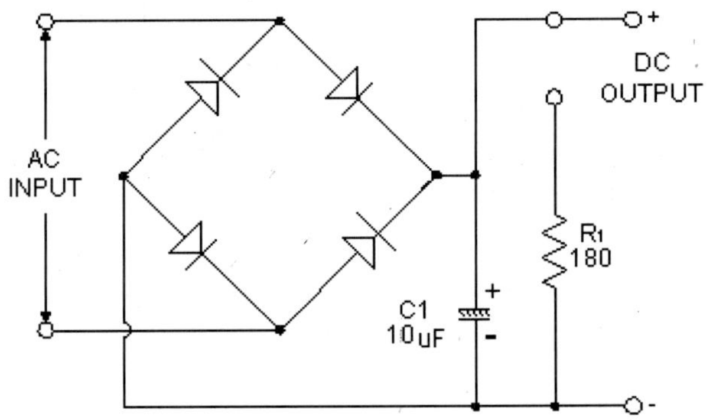

[그림 3]

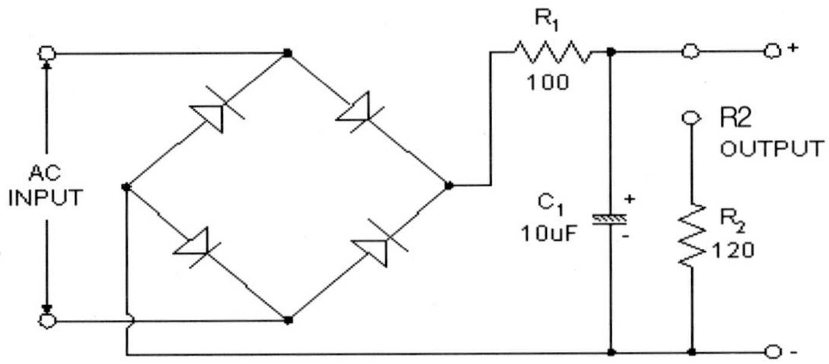

[그림 4]

(1) [그림 3]과 같은 회로를 구성한다.

(2) 무부하상태에서의 출력파형과 실효전압을 측정하여 [표 1]의 해당란에 기록한다.

(3) 부하를 각각 연결한 후 출력파형과 실효전압을 측정하여 [표 1]의 해당란에 기록한다.

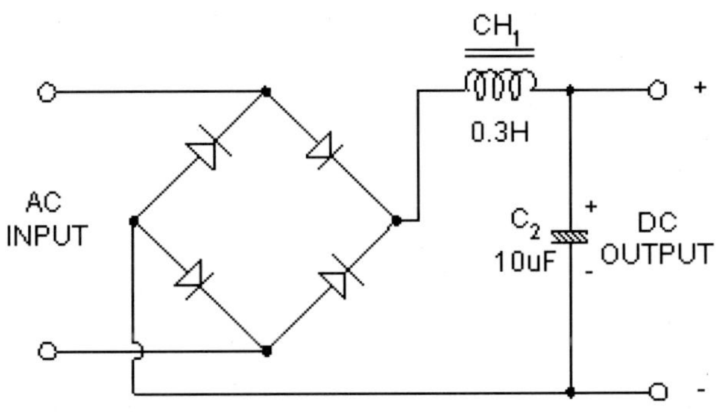

[그림 5]

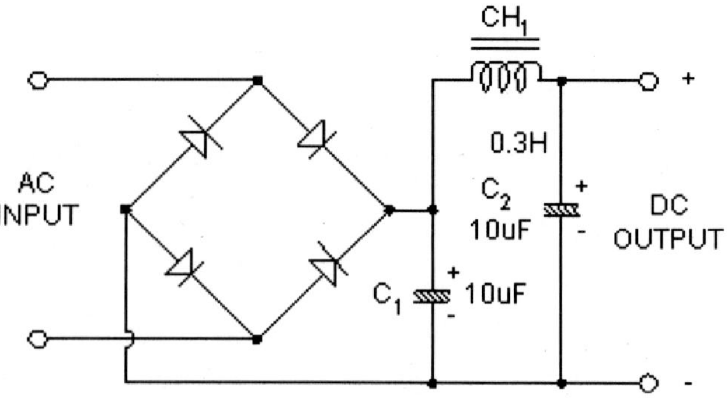

[그림 6]

(4) [그림 5]와 [그림 6]의 초크입력 정류회로와 입력 정류회로를 구성한다.
(5) 무부하상태에서의 출력파형과 실효전압을 측정하여 [표 2]의 해당란에 기록한다.
(6)부하를 연결한 후 출력파형과 실효전압을 측정하여 [표 2]의 해당란에 기록한다.

3) 실험 결과

(1) [표 1]

출력 \ Filter		그림 5	그림 6
무부하	파 형		
	출력 [Vrms]		
부하 120Ω	파 형		
	출력 [Vrms]		

비고

(2) [표 2]

출력 \ Filter		Choke Input	Capacitor Input
무부하	파 형		
	출력 [Vrms]		
부하 120Ω	파 형		
	출력 [Vrms]		

비고

38. FIXED VOLTAGE REGULATOR

1) 이론

일반적으로 정밀급 정전압 전원 공급기는 대개 정전류 조정이 가능하도록 하여 과부하 보호기능도 갖도록 설계하고 있다. 예를 들면 30V의 정전압 부하의 장비에 1A이상의 전류가 흐르게 되면 파손될 우려가 있다고 생각되면 정전류 Setting을 1A로 Set시킴으로써 장비의 파손을 방지할 수 있을 것이다.

[그림 1]은 정전압 및 정전류 Mode의 기능을 갖는 기본회로이다.

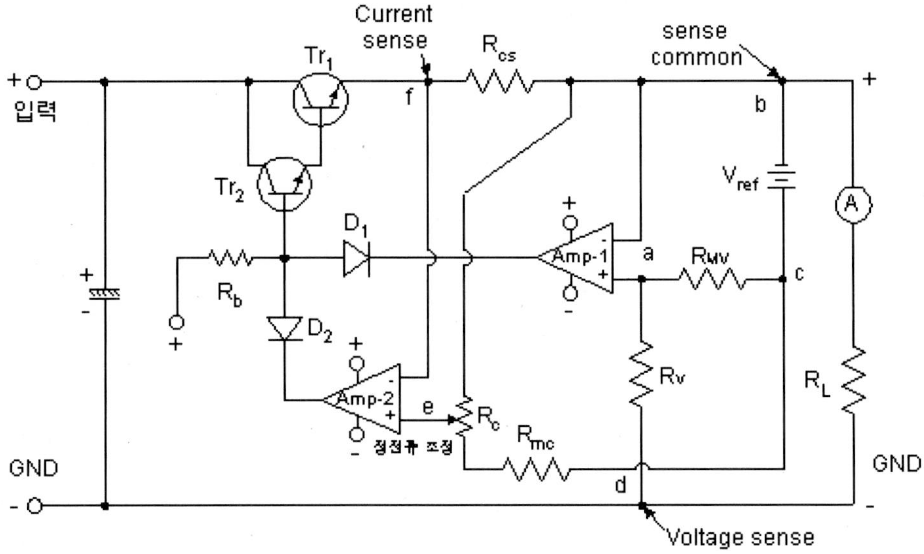

[그림 1]

회로에서 보면 Amp-1을 중심으로 $D1$, R_V, R_{MV} 는 정전압 회로이고 기준전압 Source (V_{Ref})는 Amp-2와 공통으로 사용되고 있다. 이 회로에서 D_1과 D_2는 Amp-1, Amp-2의 출력이 상호 결합되게 하지 않게 하기 위해 사용되고 있으나 Tr_2의 입력을 위해서는 OR 게이트와 같이 동작되고 있다. 그리고 R_b 는 Amp-1 및 Amp-2가 모두 한 방향의 Diode로 결합되고 있으므로 Tr_2의 Base Bias를 위해 사용되고 있다. Regulation Transistor Tr_1은 Tr_2와 다링톤 결합되고 있다. (실제의 실험회로에서도 내용적으로는 이 회로에서와 같이 다링톤 결합으로 Drive되고 있다.) 그러나, 고정전압 출력을 위한 실험실습 회로는 그림 9-11과 같이 보다 간단한 회로를 가지고 진행하기도 한다.

2) 실험 과정

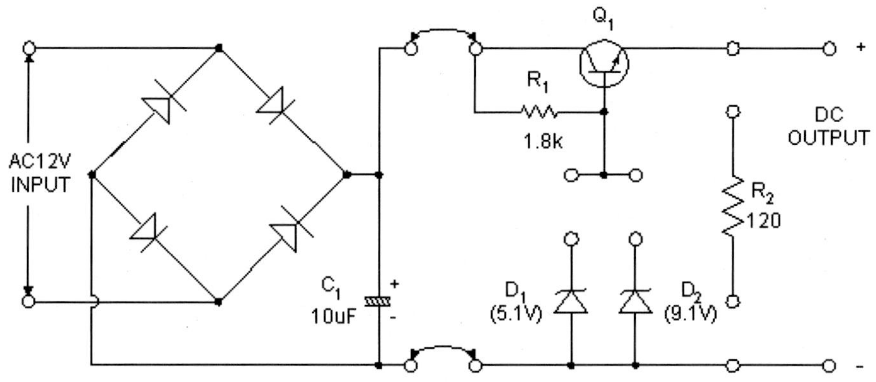

[그림 2]

(1) [그림 2]와 같이 정전압 회로를 구성한다.

(2) 무부하상태에서 다이오드 D_1를 연결했을 때와 다이오드 D_2를 연결했을 때의 출력 파형 및 실효전압을 구하여 [표 1]의 해당란에 기록한다.

(3) 120Ω 의 부하를 연결한 후 2의 과정을 반복하여라.

3) 실험 결과

(1) [표 1]

출력 \ VZD		D1 (5.1V)	D2 (9.1V)
무부하	파 형		
	출력 [Vrms]		
부하 120Ω	파 형		
	출력 [Vrms]		

비고

39. RC 발진기(RHASE SHIFT OSC)

1) 이론

정현파 발진기의 발진 주파수가 10kHz이하의 낮은 주파수라면 LC발진기는 실용적이 못 된다. 그 이유는 부피가 크고 값이 비싼 인덕터가 필요하기 때문이다. 탱크회로에 의해 정현파를 발생하는 방법 이외의 다른 방법은 RC 선택 필터를 사용하는 것이다. RC선택 필터를 이용하는 일반적인 두 가지 예로는 RC위상변이와 윈 브리지 발진기를 들 수 있다.

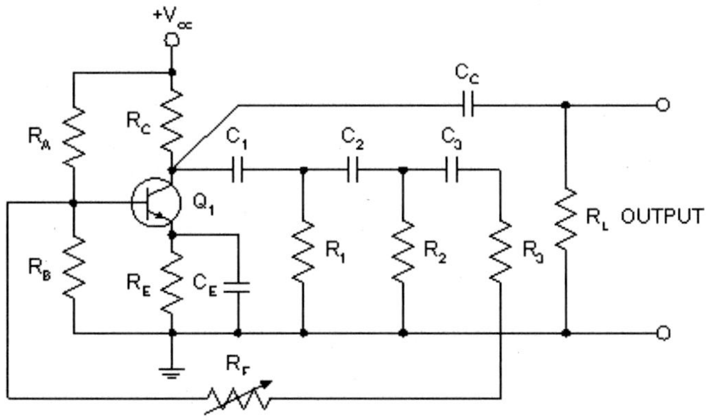

[그림 1]

[그림 1]은 정현파를 발진하는 회로로 180° 위상변이를 갖는 RC위상변이 회로망에 단지 한 개의 주파수만이 통과함으로서 이 주파수에 의한 발진이 가능하다. 이 위상변이와 트랜지스터의 입력/출력에서 180° 위상반전이 합쳐지면 바크하우젠 위상변이 필요조건이 만족된다. 따라서 재생효과가 단 한 개의 정현파 주파수에서만 발생하기 때문에 정현파 출력이 가능해진다.

위상변이 회로망은 180° 위상변이가 이루어져야 하기 때문에, 최대 90° 위상변이가 가능한 RC단이 적어도 세 개는 있어야 한다. 그러나 실제로 3단 보다는 4단이 감쇠가 적으므로 대개는 4단을 사용한다.

RC회로의 감쇠는 전체 폐회로이득이 “1” 보다 크도록 트랜지스터의 증폭에 의해 보상이 이루어져야 한다. 그러나 이득이 “1” 보다 너무 크면 회로의 안정도가 나빠지기 때문에, 만족할 만한 결과를 얻을 수 있도록 적당한 레벨로 회로의 이득을 조정할 필요가 있다. 이것은 [그림 1]에 나타낸 바와 같이 궤환통로에 가변저항을 삽입함으로써 가능해진다. 경우에 따라서는 RC회로망의 손실을 보상하기 위하여 전류이득 h_{fe}가 매우 높은 트랜지스터가 사용될 때도 있다. 3단 RC발진기의 발진 주파수는 3개의 R과 C의 값이 동일할 경우 대략 다음 식으로 근사화된다.

$$f_o \cong \frac{1}{180^\circ \ RC}$$

RC위상변이 발진기를 넓은 범위에 걸쳐 주파수 조정을 하려면 여러 개의 저항과 커패시터를 조정하여야 하기 때문에 광역 발진기에서는 사용하지 않는다. 그 밖에 이러한 조정은 또 다른 감쇠를 야기하기 때문에 이득 조정이 필요하다. 이득 조정을 하지 않을 경우 후단의 폐회로이득이 "1"이하로 떨어져 발진을 멈추거나 "1"보다 너무 커져서 불안정하게 된다. 이 회로에서는 출력신호가 대체로 5%의 왜곡레벨을 갖는 것이 일반적이다.

2) 실험 과정

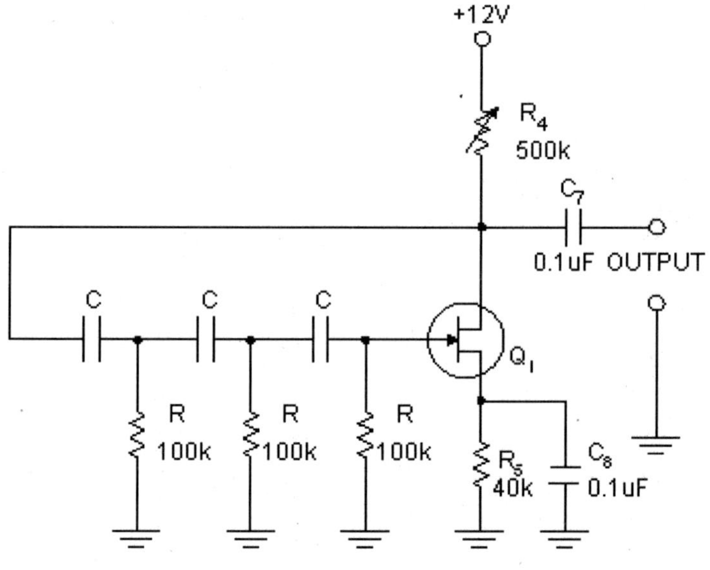

[그림 2]

(1) [그림 2]와 같이 회로를 구성한다. [그림 2]에서 커패시터 C는 $0.001\mu F$, 저항 R은 $100k\Omega$을 사용하고 출력 주파수는 $1/(2\pi\sqrt{6}CR)$가 되게 $R4$를 조정한다.

(2) [표 1]에서처럼 출력주파수를 측정하여 기록하고 출력주파수를 계산하여 기록하여라. 그리고 출력전압을 측정하여 rms로 기록하여라.

(3) [그림 2]에서 커패시터 C를 $0.002\mu F$ 로 하고 $C9$를 연결하여 과정 2를 반복한다.

3) 실험 결과

(1) [표 1]

회로 / 출력	실험-1 C=0.001㎌, R=100㏀	실험-2 C=0.002㎌, R=100㏀
출력 주파수 [㎐]		
계산 주파수 [㎐]		
출력 전압 [Vrms]		

비고

40. 윈브리지 발진기(WIEN BRIDGE OSC)

1) 이론

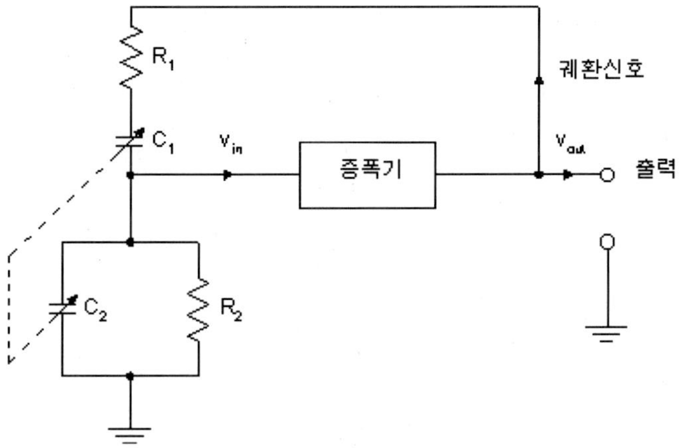

[그림 1]

넓은 범위의 주파수발진과 낮은 왜곡레벨이 요구될 때에는 [그림 1]의 윈브리지 발진기를 사용한다. 이 회로는 실험실의 정현파발생기에 쓰이며, 보통 5Hz~500kHz 주파수 범위를 갖는다. [그림 1]에서 두 개의 커패시터는 주파수를 가변하는데 사용된다. 여기서 저항과 커패시터는 동일한 값들이고, C_1과C_2사이의 점선은 가변커패시터C_1과 C_2가 서로 연동됨을 가리킨다. (즉 C_1과 C_2는 한 개의 조정손잡이에 의해 두 개가 동시에 조절될 수 있도록 기계적으로 연결되어 있다). 또한 필요한 이득을 얻기 위해서 연산증폭기가 주로 사용되어진다.

이 회로의 기본동작은 궤환신호의 위상변이가 영(zero)이 되는 주파수가 단 한 개라는 사실에 있으며, 이 현상은 증폭기의 입력에 가장 큰 진폭으로 궤환되는 주파수에서 발생한다. 직렬 $R_1 - C_1$회로에 궤환되는 아주 낮은 주파수에 대해서는 C_1이 개방회로가 되므로 V_{in}이 아주 작게 된다. 궤환신호 주파수의 증가와 더불어 V_{in}은 점차 증가하다가 분로 커패시터 C_2가 단락회로가 되면 V_{in}이 첨두값을 가지게 되며, 이 값은 V_{out}이 V_{in}과 0 위상변이가 되는 주파수에서만 발생함을 알 수 있다. 그러므로 만일 증폭기가 2단의 CE종속이나 연산증폭기와 같이 비반전이면 단일 주파수에서 바크하우젠 조건이 만족되어 안정된 발진이 얻어진다.

직렬/병렬 RC회로의 R과 C가 동일한 값을 가질 때, 최대 궤환신호와 0위상변이 주파수(발진 주파수)는 다음 식으로 나타낸다.

$$f_o = \frac{1}{2\pi RC}$$

2) 실험 과정

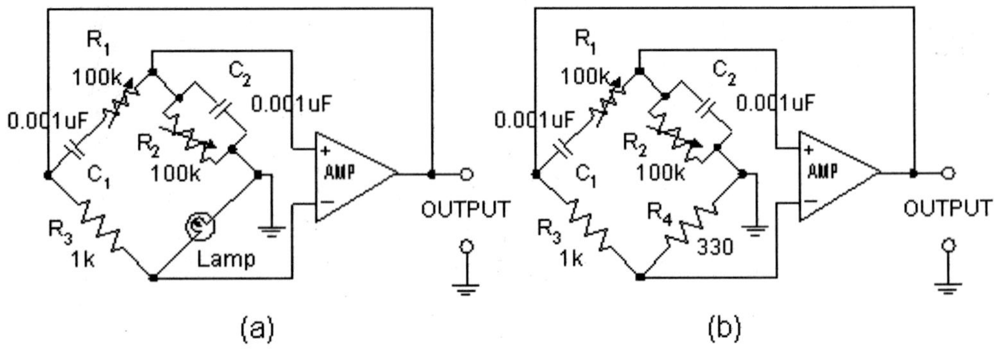

[그림 2]

(1) [그림 2]의 (a) 회로를 구성한다.

(2) R_1과 R_2를 가변하면서 출력단의 최소, 최대 주파수를 측정하여 [표 1]에 기록하여라. 그리고 무의출력주파수(CHz)와 무의출력전압(Vrms)을 해당란에 기록하고 최소 주파수(fo)를 계산하여 기록하여라.

(3) [그림 2]의 (b) 회로와 같이 구성한다. 그리고 과정 2를 반복하여 해당란에 측정값과 최소주파수을 기록하여라.

3) 실험 결과

(1) [표 1]

회로 / 출력		(a) 회로 (Rf : Lamp)	(b) 회로 (Rf : 330Ω)
주파수 [Hz]	최 소		
	최 대		
무의 출력 주파수 [Hz]			
무의 출력 전압 [Vrms]			
계산 주파수 (최소 f_o)			

비고

41. 콜피츠 발진기(COLPITTS OSC)

1) 이론

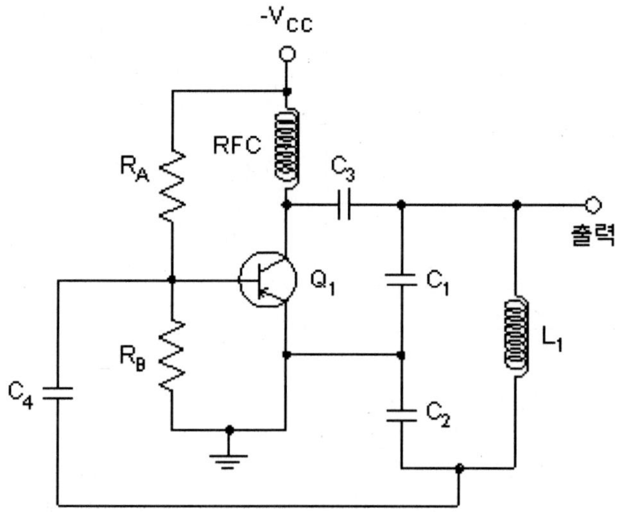

[그림 1]

[그림 1]은 콜피츠 발진기를 나타낸 것이다. 이 회로는 탱크회로 소자의 역할이 서로 바뀐 것을 제외하면 하틀레이 발진기와 유사하다. 말하자면 여기서 커패시터는 두개로 나누어지는 반면, 인덕터는 탭이 없는 단일값을 갖는다. 발진주파수는 대략 L_1과 C_1및 C_2의 직렬합성용량에 의한 탱크회로의 공진 주파수에 의하여 결정된다.

$$f_o = \frac{1}{2\pi\sqrt{[C_1C_2/(C_1+C_2)]L_1}}$$

콜피츠와 하틀레이 발진기 사이에는 성능상의 차이가 별로 없으며, 이들 중에서의 선택은 편리성이나 경제성에 근거하여 정해진다. 또한 이들 발진기의 가변 출력주파수들은 탱크 회로소자 중의 한 가지 값을 변경시켜 얻을 수 있다.

2) 실험 과정

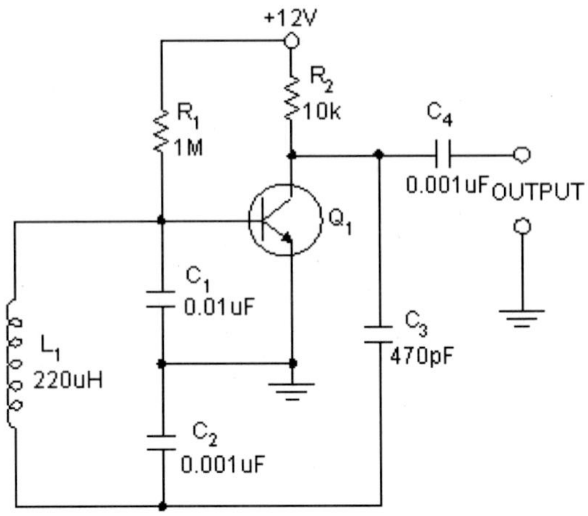

[그림 2]

(1) [그림 2]와 같이 회로를 구성한다.

(2) [표 1]과 같이 출력주파수, 출력전압, 궤환전압(C_1양단전압) 그리고 계산 주파수를 해당란에 기록하여라. 궤환율은$(C_2/C_1)\times 100$이다.

(3) 다음에는L_1연결을 제거하고 과정 2를 반복한다.

3) 실험 결과

(1) [표 1]

회로 / 출력	Colpitts Oscillator	
	220μH	330μH
출력 주파수 [㎑]		
출력 전압 [VP-P]		
궤환 전압 [VP-P]		
계산 주파수 [㎑]		

비고

42. 하틀레이 발진기(HARTLEY OSC)

1) 이론

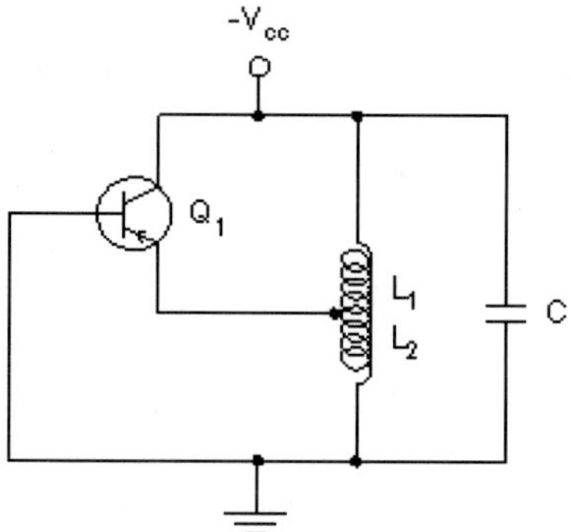

[그림 1]

[그림 1]는 하틀레이 발진기를 간단한 형태로 보인 것이다. 인덕터 L_1과 L_2 는 중간탭이 있는 한 개의 인덕터이다. 정궤환은 트랜지스터 출력 회로의 L_1과 베이스-에미터 입력회로 쪽의 L_2 사이의 상호 인덕턴스 작용에 의하여 얻어진다. 콜렉터회로(L_1)에서 증폭기 신호의 일부가 L_1과 L_2로 유도결합에 의하여 베이스에 되돌아온다. CE회로에서 콜렉터와 베이스전압 사이에는 항상 180°의 위상반전이 생긴다. 또한 트랜지스터의 공통단자인 에미터에 연결되어 있는 인덕터 탭을 기준해서($L_1 - L_2$ 조합) 인덕터의 반대쪽 단자들 사이에서도 또 다른 180°의 위상반전이 생긴다. 그러므로 이들 둘을 합하면 동상의 궤환조건이 실현되고, 폐로이득도 Q_1에 의하여 얻어진다. 이때 발진주파수는 대략 다음과 같이 주어진다.

$$f_o = \frac{1}{2\pi\sqrt{(L_1 + L_2)C}}$$

그리고 이 발진주파수는 트랜지스터 파라미터와 L_1과 L_2사이의 결합계수에 의하여 약간의 영향을 받는다.

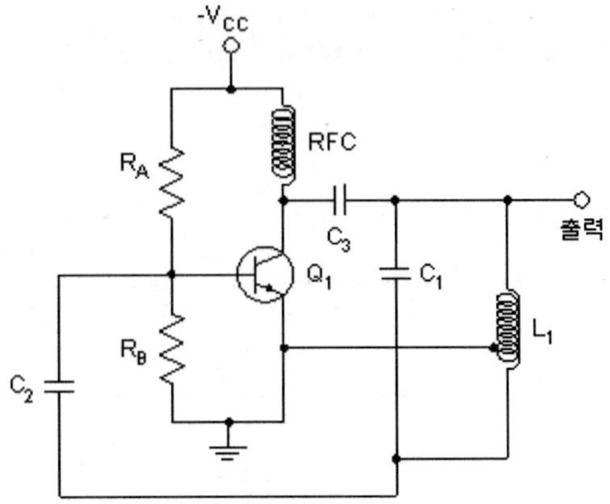

[그림 2]

[그림 2]는 실제의 하틀레이 발진기를 나타내고 있다. 실제 동작할 수 있는 발진기로 제작하기 위해서는 설명을 위해 사용하였던 [그림 2]의 간단한 회로에 몇 가지의 회로소자들을 추가해야 한다. 그림에서 저항 R_A와 R_B는 바이어스를 목적으로 사용되었고, 고주파쵸크(RFC)는 공진주파수에서 개방회로가 되므로 직류바이어스전류의 통로는 열어주나, 교류전원의 신호는 차단시킨다. 결합커패시터 C_3는 탱크회로에서 흘러나오는 직류전류를 차단하고 C_2는 베이스와 탱크회로 사이의 직류결합을 못하게 한다. 그리고 C_1에 비해 C_2와 C_3는 용량이 충분히 크므로 발진주파수에서 단락회로로 간주된다.

2) 실험 과정

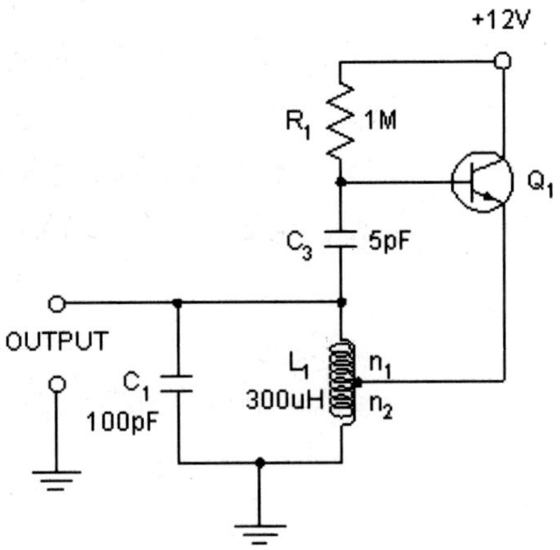

[그림 3]

(1) [그림 3]과 같이 회로를 구성한다. 여기서 커패시터는 C_1만 연결하며 용량은 100pF로 한다.

(2) [표 1]과 같이 출력주파수, 출력전압, 궤환전압 그리고 계산 주파수를 해당란에 기록하여라. 궤환율은 $(n_1/(n_1+n_2))\times 100$이다.

(3) 다음에는 커패시터 용량이 200pF가 되게 하여 과정 2를 반복한다.

3) 실험 결과

(1) [표 1]

회로 / 출력	Hartley Oscillator	
	100pF	200pF
출력 주파수 [㎑]		
출력 전압 [V_{P-P}]		
궤환 전압 [V_{P-P}]		
계산 주파수 [㎑]		

비고

43. 수정 발진기(CRYSTAL OSC)

1) 이론

LC발진기보다 높은 주파수 안정도가 요구되는 곳에서는 수정 제어 발진기가 이용되고 있다. 수정 발진기는 LC회로의 유도성 소자 대신에 수정의 압전(piezo electric)효과를 사용한 것이다. 수정은 그 자체의 고유공진주파수를 가지고 있으나, 최적 성능은 외부 커패시턴스와 결합되어질 때 얻어진다. 수정편의 양면에 교면전위를 인가하면 기계적인 진동이 나타나는데, 수정편은 고유의 공진주파수에서 최대 진폭으로 진동을 하게 된다.

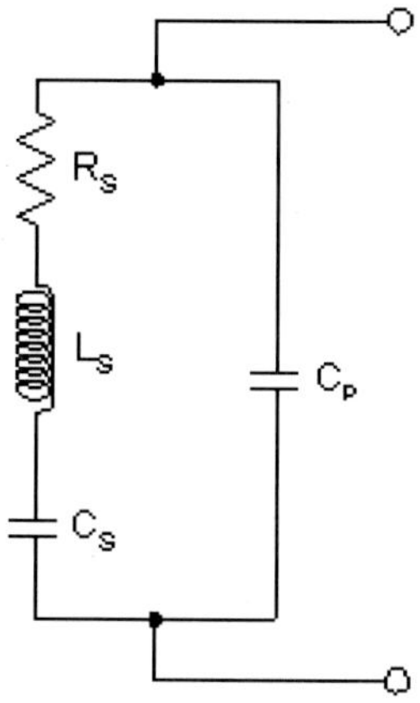

[그림 1]

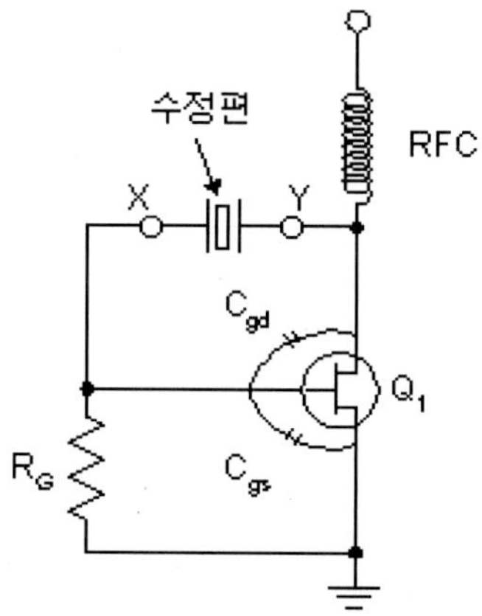

[그림 2]

수정편의 전기적 등가회로는 [그림 1]과 같다. 이 회로는 직렬공진회로(손실 저항을 갖는)와 커패시턴스 C_p를 병렬로 하는 수정편을 나타낸 것이다. 이 두 개의 공진회로(직렬과 병렬)의 공진주파수는 서로 매우 인접(1% 이내)하여 있으므로, 수정편의 임피던스는 좁은 주파수 범위에서 첨예하게 변한다. 이 회로는 매우 높은 Q를 갖는 회로와 등가이며, 실제로 수정편의 Q값은 보통 20,000 정도로부터 10^6 까지 크게 할 수 있다. 이것은 Q가 약 1,000 정도가 되는 고품질의 인덕터와 커패시터에 비교할 수 있다. 수정편의 특성이 시간과 온도에 대개 양호한 안정도를 가지기 때문에 비교적 넓은 온도범위에 걸쳐 주파수 편차를 $\pm0.001\%$로 유지할 수 있다. $\pm0.001\%$는 $\pm10ppm$과 등가이며, 이러한 표현은 아주 적은 분율을 나타내는 데에 적합하다. 또한 수정편이 넓은 온도 변화에 대하여 발진 주파수 안정도를 갖게 하기 위해서는 작은 온도제어오븐(oven) 내에 둠으로서 $\pm1ppm$의 안정도를 얻을 수 있다.

수정편은 천연의 석영을 매우 정밀하게 잘라서 제작하며, 절단하는 방법은 전문적인 기술로서 온도, 특성뿐만 아니라 수정편의 고유 공진주파수를 결정한다. 수정편은 약 15kHz 또는 그 이상의 주파수에서 이용되고 있으며, 주파수가 높을수록 주파수 안정도가 좋아진다. 그러나 100MHz이상의 주파수에서는 수정편이 너무 얇아지기 때문에 취급상 문제가 뒤따른다.

수정편은 앞에서 논의한 LC발진기 회로소자 중에서 인덕터 대신에 사용되고 있으며, [그림 2]는 특별히 수정발진기를 채용한 피어스 발진기회로이다. 회로에서 FET를 사용하면 FET자체의 높은 임피던스 때문에 수정편에 부하가 가볍게 걸리며, 좋은 안정도를 가지고 또한 Q가 저하되지 않는 장점이 있다. 이 회로는 본질적으로 콜피츠 발진기와 같으며, 인덕터 대신에 수정편이 사용되었고, 분할 커패시터를 FET의 고유접합용량으로 대치한 것이다. 이 접합용량들은 일반적으로 작은 값을 갖기 때문에, 이 발진기는 높은 주파수에서만 효과적으로 동작한다.

피어스 발진기의 특별한 이점은 주파수를 변화시키기가 용이하다는 것이다. 이 회로는 동조회로가 없으므로 [그림 2]의 회로에서 X와 Y점에 다른 수정편을 삽입함으로써 주파수를 쉽게 바꿀 수가 있다. 이것은 여러 개의 서로 다른 주파수로 동작할 필요가 있는 무선송신기에 유용한 사양이다.

디지털 손목시계의 높은 정확도는 수정발진기의 높은 주파수 정밀도에 의존하고 있으며 석영박편은 1개월에 수 초 정도의 오차를 갖는다.

2) 실험 과정

(1) [그림 1]과 같은 피어스 발진기에서 $C_2(0.001\mu F)$를 연결하고 출력 주파수와 출력전압을 측정하여 [표 1]에 기록하여라.

(2) 다음에는 C_2를 연결하지 않고 출력주파수와 출력전압을 측정하여 [표 1]의 해당란에 기록하여라.

3) 실험 결과

(1) [표 1]

회로 / 출력	실험-1 C_2:0.001㎌	실험-2 C_2:Non
출력 주파수 [㎑]		
출력 전압 [V_{P-P}]		

비고

44. 진폭 변조 및 복조회로(AMPLITUDE MODULATION AND DEMODULATION)

1) 이론

• **진폭변조**

진폭변조회로로 널리 사용되는 AM 방식은 반송파에 대한 증폭이득을 신호파에 따라서 변화시키는 방식을 말하며 [그림 1]의 콜렉터 변조회로는 AM에서 가장 많이 사용하는 회로이다.

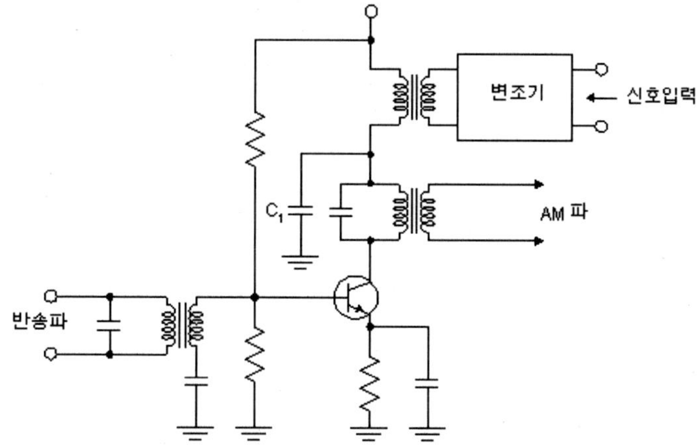

[그림 1]

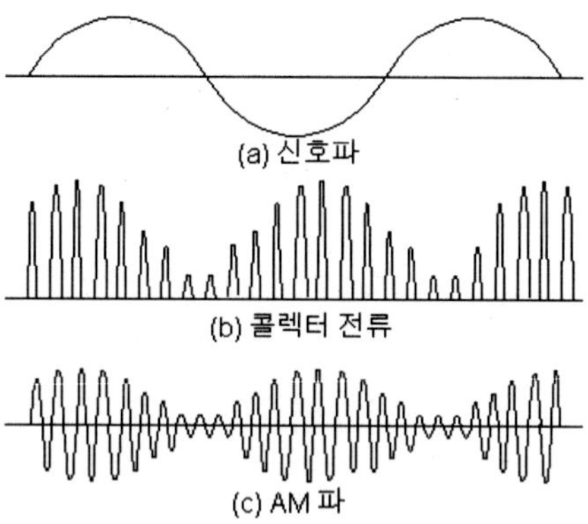

[그림 2]

[그림 1]의 원리는 B급 또는 C급 증폭기에 반송파 입력 전압을 걸면 반송파는 증폭되어 콜렉터에 나타나게 되는데 이때, 콜렉터전류를 변조신호파에 따라서 변화시킨다면 출력반송파의 진폭변화는 신호파의 파형과 거의 같게 된다. C_1은 반송파의 by-pass(측로) 콘덴서로서

신호파에 대해서는 큰 임피던스를 나타내므로 실제로는 개방회로로 동작한다. 입력신호 주파수 fm은 반송파의 주파수 fc에 비하여 매우 적으므로 반송파의 1주기 동안 신호파의 변화는 무시될 수 있으므로 반송파에 대한 B급 또는 C급 증폭기의 공급전압이 신호파에 따라서 서서히 변화됨을 볼 수 있다. [그림 2]는 이러한 콜렉터 변조회로의 동작을 나타내고 있다.

- **진폭 복조**

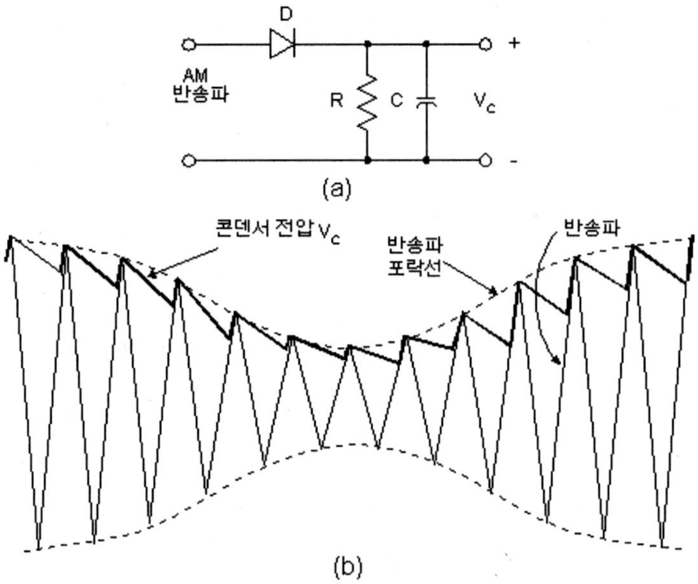

[그림 3]

[그림 3]은 다이오드와 RC회로로 구성된 직선검파기로서 AM신호에서 다시 변조신호를 얻을 수 있게 한다.

[그림 3]의 동작원리는 먼저 AM파가 다이오드를 통하여 인가되면, 피변조파의 최대전압이 C에 충전되어 C의 단자전압은 그대로 유지된다. 피변조파의 전압이 C 단자전압 이하인 경우에는 다이오드가 차단상태(OFF)로 되며, 이 상태에서 C의 전하는 저항 R을 거쳐서 방전되므로, 단자전압은 $Ae^{-t/RC}$의 모양으로 서서히 떨어진다.

다시 피변조파 전압이 C의 단자전압보다 커지면 다이오드는 전도상태(ON)로 되어 콘덴서가 재충전된다. [그림 3(b)]는 이러한 과정이 반복된 경우의 출력전압파형을 보여준다.

45. 주파수 변조회로(FREQUENCY MODULATION)

1) 이론

주파수변조에서 가장 필요한 것은 변조신호의 진폭에 비례하는 주파수의 편이를 만드는 것이며, 여기에는 여러 가지 방법이 개발되어 있다. 여기에서는 주로 사용되는 매개변수 변화방법과 암스트롱 (Armstrong) 방법에 대해서 설명한다. 매개변수 변화방법은 발진기의 동조회로에 콘덴서나 코일을 넣어서 발진주파수를 음성신호에 따라 변화시키는 방법으로서 바렉터 다이오드(가변용량 다이오드)를 이용한 회로이다.

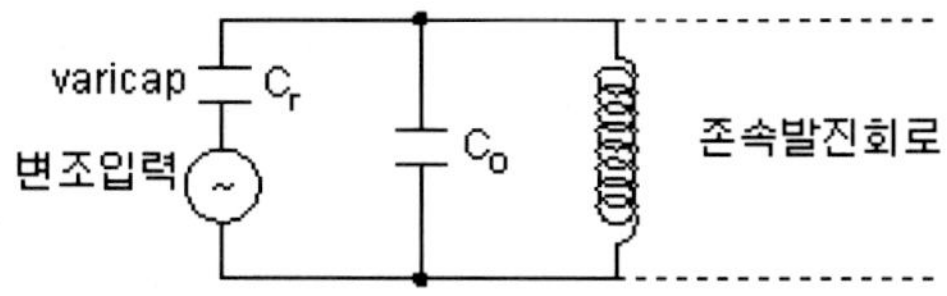

[그림 1]

[그림 1]에서 보여주는 바렉터 다이오드회로도는 변조신호에 의하여 C_r에 걸리는 전압이 변화하게 되고, 이는 C_r값을 변화시킨다. 또한 C_r의 변화는 발진주파수를 변하게 하는 요인이 된다. 즉 용량이 변화되면 발진주파수도 변화되어 결국 발진주파수는 변조신호의 전압에 따라서 결정된다. 이렇게 발진기의 주파수가 변조신호의 전압에 따라 조절되는 것을 전압제어발진기(VCO : Voltage Controlled Oscillator)라 한다. 발진주파수는 다음과 같다.

$$f=\frac{1}{2\pi\sqrt{LC}}$$

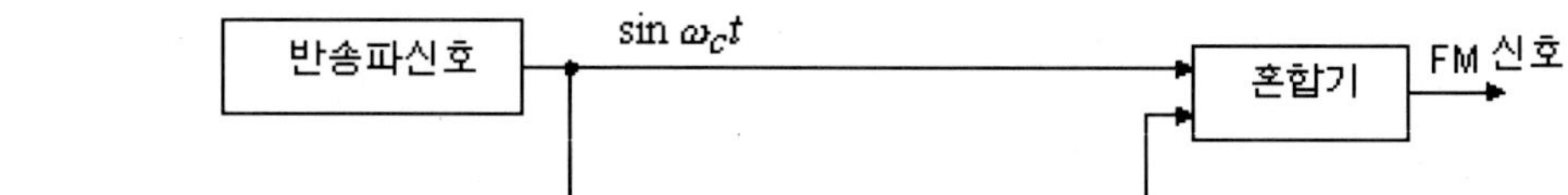

[그림 2]

또한, 간접적인 주파수 변조방식인 암스트롱방식은 [그림 2]와 같이 수정발진에 의한 반송주파수와 신호입력을 적분회로를 통해서 평형변조기 출력을 90도 변조한 것을 혼합기에서 벡터합성함으로써 등가적인 FM파를 얻을 수 있다.

46. 주파수 복조회로(FREQUENCY DEMODULATION)

1) 이론

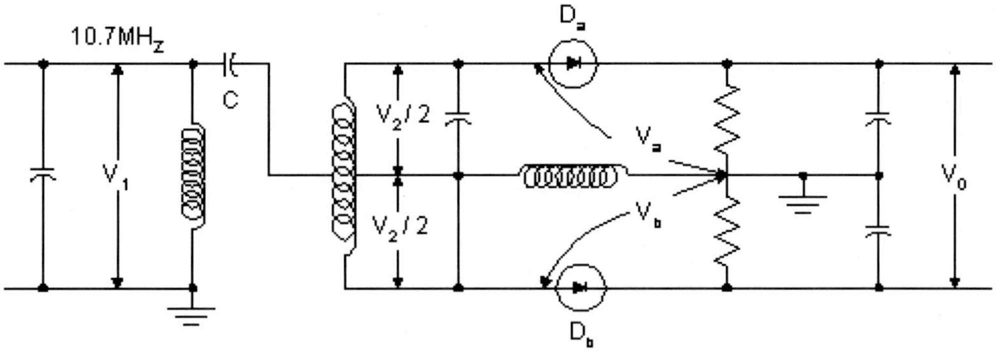

[그림 1]

주파수변조파에 실린 신호를 재생하려면 주파수의 변화에 비례하는 전류 또는 전압을 얻으면 된다. 이러한 작용을 하는 회로를 주파수 판별기(discriminator)라 하며, 입력주파수의 변화를 일단 진폭의 변화로 바꾸어 FM파를 AM파로 변환한 다음에 직선검파를 하도록 하는 원리로 [그림 1]에 포스터 실리 변별기를 보여준다. 포스터 실리 변별기의 트랜스의 1차 및 2차는 모두 반송 주파수에 동조되어 있고 똑같은 Q값을 가지고 있다. 결합 콘덴서 C는 동작 주파수에서는 리액턴스가 무시되는 저지콘덴서(blocking capacitor)로 동작하며 동작원리는 다음과 같다. 전압 Va와 Vb는 아래와 같이 주어진다.

$$V_a = V_1 + \frac{V_2}{2} \qquad V_b = V_1 - \frac{V_2}{2}$$

공진주파수 근처에서 출력전압은 V_1과 V_2의 벡터결합으로 이루어지며 벡터도(vector diagram)는 [그림 2]와 같다.

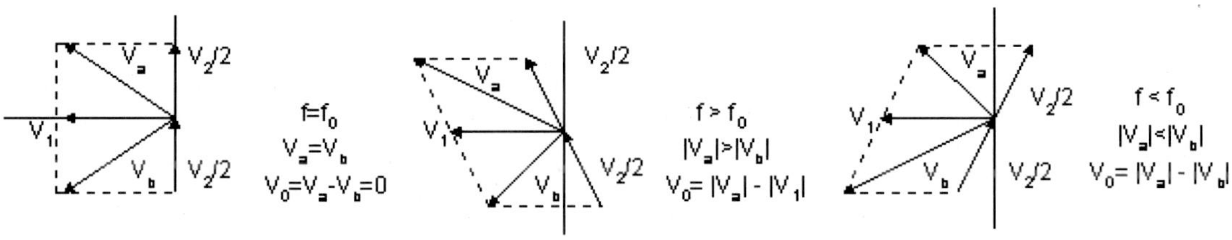

[그림 2]

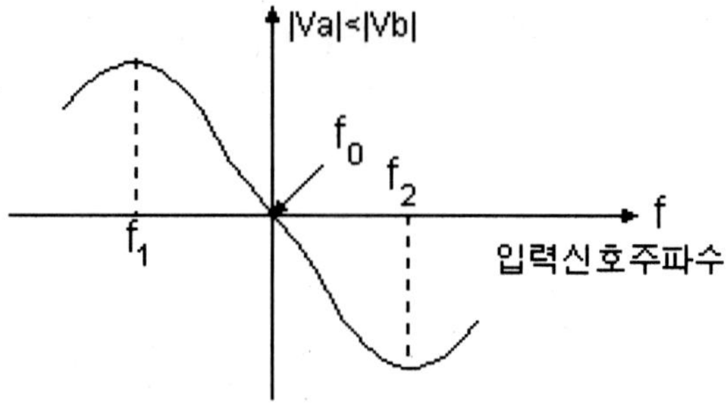

[그림 3]

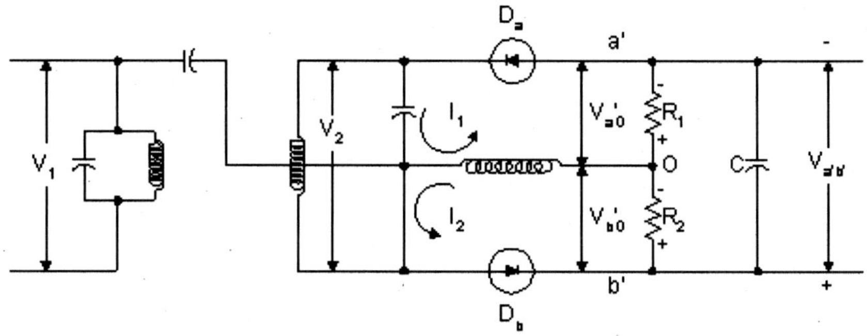

[그림 4]

$V_a - V_b$는 S 커브내에 있을 때 [그림 3]와 같이 거의 직선적으로 변화한다. [그림 4]는 비검파기(ratio detector)를 보여준다. 비검파기는 포스터 실리 회로를 약간 변경하여 입력신호의 진폭변동에 민감하지 않도록 꾸며진 것으로 다음과 같이 해석된다.

$$V_{a'o} - V_{b'o} = V_{a'b'} \qquad V_{a'o} = -V_{b'o} = V$$

위와 같은 관계식에서 중심주파수에서 $V_{a'b'}$값은 $2V$가 된다. 입력신호가 다음과 같이 변화되었다고 하면 출력은 $+2V$ 가 되지만, R_1과 R_2에 걸리는 전압은 변화되지 않는다.

$$V_{a'o} = V + \triangledown V = AV \qquad V_{b'o} = V - \triangledown V = BV$$

따라서 $V_{a'o}$와 $V_{b'o}$의 비는 일정하고 입력신호의 진폭에는 무관하다. 즉, 다음과 같은 관계식이 성립한다.

$$\frac{V_{a'o}}{V_{b'o}} = \frac{A}{B}$$

47. 클리핑 회로(CLIPPER)

1) 이론

어떤 기준레벨보다 높은 부분이나 낮은 부분 등 임의의 파형부분만을 전송하기 위하여 사용하는 회로를 클리핑(clipping)회로 또는 리미터 혹은 진폭제한회로라고 한다.

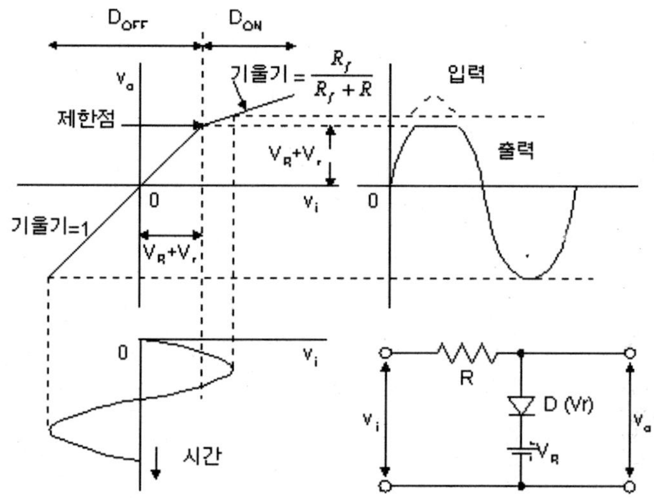

(b) 클리핑 회로의 전달특성　　(a) 클리핑 회로

[그림 1]

[그림 (a)]에서, 다이오드의 부분적인 선형모델을 이용하면 그림(b)의 전송 특성을 얻는다. 다이오드의 임계(혹은 차단오프셋)전압 V_r에 비하여 입력전압 v_i가 $v_i \le V_r + V_R$일 때, 다이오드 전압은 $v < V_r$로 되어 다이오드는 차단 상태가 된다. 이때 저항 R에는 전류가 흐르지 않으므로 출력 v_o는 $v_o = v_i$가 된다. 여기서 입력 신호가 (-)값으로부터 $V_R + V_r$ 까지의 범위에서는 전송특성곡선의 기울기가 1인 직선이어야 한다. 다음에 입력신호 v_i가 $v_i \ge V_R + V_r$로 커지면 D는 도통되어 내부저항 R_f인 전지 V_r로써 동작하게 된다. 이때 출력전압 v_o는 다음과 같다.

$$v_o = v_i \frac{R_f}{R+R_f} + (V_R + V_r)\frac{R}{R_f+R}$$

즉 입력에서의 증가분 Δv_i는 감소되고, 출력 측에 증가분으로 나타나는 Δv_o는 다음과 같다.

$$\Delta v_o = \Delta v_i \frac{R_f}{R_f + R}$$

이것은 전송곡선에서 $v_i > V_R + V_r$에 대한 기울기 $R_f/(R_f + R)$의 직선부분임을 알 수 있다. [그림 1(b)]의 입력신호의 진폭은 만곡점보다 훨씬 큰 파형이므로 출력신호의 진폭은 (+)의 일부분이 깎이게 된다. 이것은 입력신호의 (+)최대치의 잘림을 나타내는 것이 되는데, 만약 $R_f < R$이면 잘린 부분 정도가 더욱 심하게 되어 출력신호의 최대값은 $V_R + V_r$로 제한된다. 보통 $V_R \gg V_r$이므로, V_R만을 기준전압으로 하여도 된다.

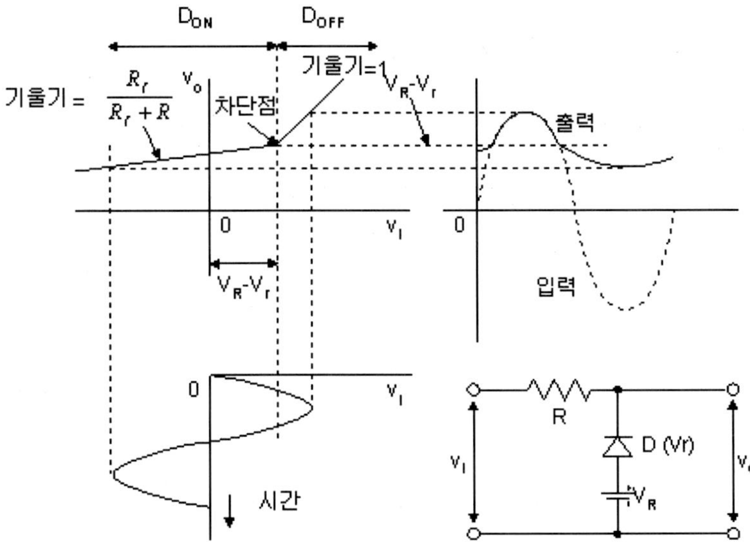

(b) 회로의 전달특성 (a) 클리핑 회로

[그림 2]

[그림 2(a)]의 클리핑 회로는 앞의 경우와는 반대로 다이오드가 접속되어 있다. 전달특성에 부분적인 선형모델을 적용하면 그림(b)의 특성을 얻는다. 이 회로에서는 입력신호가 $V_R - V_r$보다 큰 (+)인 선형부분은 감쇠없이 전송되지만, (+)전압보다 낮은 부분은 출력되지 않는다. [그림 2(a)]와 [그림 2(b)]에서 다이오드 역방향저항 R_r은 $R_r \gg R$ 로 가정한다. 이 조건을 만족하지 않는 회로는 전송특성이 수정되어야 하는데, 기울기가 1인 직선부분은 $R_r/(R_r + R)$의 기울기를 갖는 것으로 대치해야 하고, 다이오드 클리핑회로의 전송에서는 $R_r \gg R$ 이어야 한다. 일반적으로 흔히 사용되고 있는 다이오드 클리핑회로를 [그림 3]에

나타내었다. 이 회로의 동작을 간단히 하기 위하여 다이오드는 이상적인 것으로 내부저항을 무시하였다. 즉 다이오드는 이상적인 ON-OFF 스위치로써 동작한다고 가정한다.

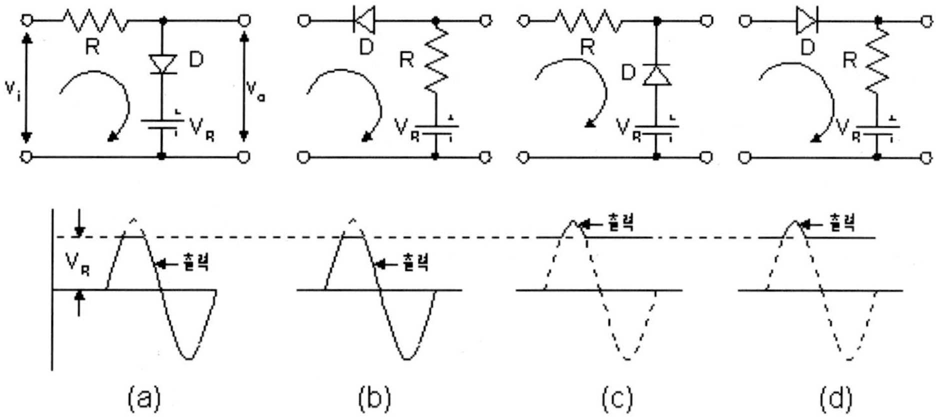

[그림 3]

[그림 3(a)]의 회로에서 입력전압 v_i가 기준전압 V_R 보다 작을 때 D는 차단상태 즉, 개방회로와 같으며, 입력전압 v_i가 V_R보다 클 때 다이오드는 도통상태에 있으며 실제로 단락회로로써 동작한다. 따라서 출력v_o는 다음과 같다.

$$v_o = v_i(v_i < V_R), v_o = V_R(v_i > V_R)$$

입력신호를 정현파로 가한 경우를 [그림 3]의 아래에 표시하였다. 위 식의 클리핑파형은 입력파형에서 기준전압 V_R이상의 부분을 잘라낸 파형으로 출력측에 나타난다. [그림 3(c)]는 D의 극성을 반대로 한 회로이다. 이 회로에서 $v_i < V_R$ 일때 D는 도통상태에 있고, $v_i > V_R$일 때 차단상태로 된다. 따라서 이 경우의 출력 v_o는 다음과 같다.

$$v_o = V_R(v_i < V_R), v_o = v_i(v_i > V_R)$$

그림에서 보는 바와 같이 출력파형은 입력파형의 기준전압 V_R이하의 부분을 잘라낸 모양으로 나타난다. 이와 같이 [그림 3(a), (c)]를 병렬형 클리핑회로라고 한다. 또 [그림 3(b), (d)]는 다이오드를 신호의 전송로에 직렬로 넣어서 클리핑회로를 구성하였으므로, 이를 직렬형 클리핑회로라고 한다.

- **슬라이스(Slice or limiter)회로**

두 개의 기준전압 V_{R1}과 V_{R2}사이의 신호성분만을 전송하기 위하여 다이오드쌍으로 된 다이오드 클리핑회로를 슬라이스(진폭제한)회로라고 한다. 이 회로는 병렬-직렬 또는 직병렬 연결로써 구성할 수 있는데, [그림 4(a)]는 병렬인 경우로써 전송특성곡선은 $v_o = v_i = V_{R1}$과 $v_o = v_i = V_{R2}$인 두 개의 만곡점을 가지고 있고, 다음과 같은 특성을 갖는다. 여기서 $V_{R2} > V_{R1} \gg V_r$이고 $R_f \ll R$ 로 한다. 입력전압 v_i가 다음과 같을 때, 출력전압과 다이오드의 상태는 다음과 같다.

입력신호 V_i	출력신호 V_o	다이오드 상태
$V_i \leq V_{R1}$	$V_o = V_{R1}$	D1 : ON, D2 : OFF
$V_{R1} \leq V_i \leq V_{R2}$	$V_0 = V_i$	D1 : OFF, D2 : OFF
$V_i \geq V_{R2}$	$V_0 = V_{R2}$	D1 : OFF, D2 : ON

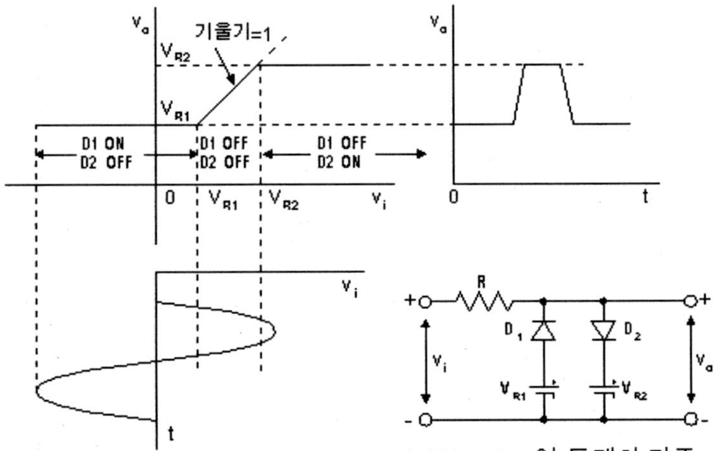

(b) 회로의 전달특성

(a) $V_{R2} > V_{R1}$ 인 두개의 기준전압을 가진 슬라이스 회로

[그림 4]

이 슬라이스회로는 정현파신호로 부터 구형파를 얻기 위하여 사용되는데, 대칭인 구형파를 얻으려면 V_{R1}과 V_{R2}의 절대값이 같고, 극성이 반대이어야 한다. 이 조건에서 전달특성곡선을 원점을 지나고 입력파형은, 위와 아랫부분이 대칭으로 잘리게 되는데, 입력신호의 진폭이 기준전압 V_{R1}과 V_{R2}의 차이보다 훨씬 크면 출력신호는 구형파로 된다.

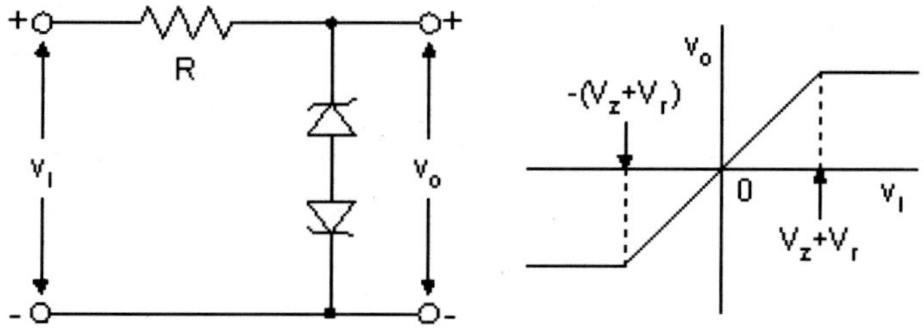

(a) 슬라이스 회로 (b) 전달특성

[그림 5]

또 제너다이오드를 [그림 5(a)]와 같이 반대로 직렬연결하면 [그림 5(b)]와 같은 특성을 가진 클리퍼(clipper)로 동작한다.

다이오드가 동일한 특성을 가지면 대칭인 진폭제한기가 얻어진다. 제너 다이오드의 항복전압이 V_z이고, 차단전압이 V_r이면 [그림 5(b)]의 전달특성이 얻어진다.

2) 실험 과정

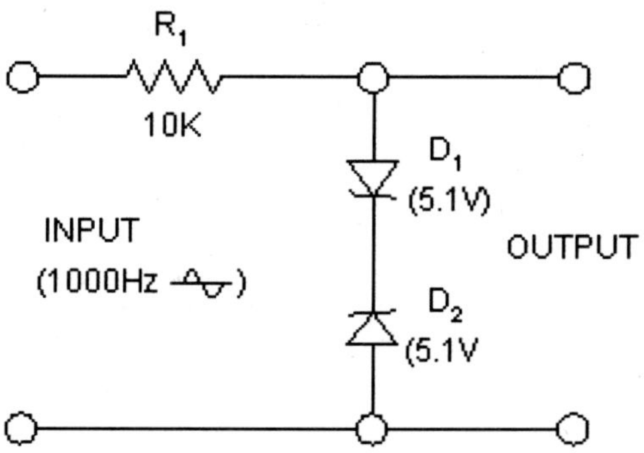

[그림 6]

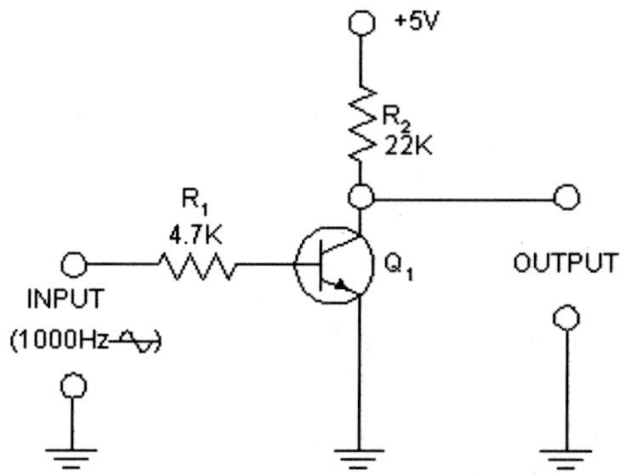

[그림 7]

(1) [그림 6]과 같이 회로를 구성하고 입력은 sine-wave 1000Hz로 한다.

(2) [표 1]에 주어진 것과 같이 각각의 입력전압에 대하여 출력전압을 측정하여 해당란에 기록하여라. 그리고 출력파형을 확인하고 입력파형과 비교하여라.

(3) [그림 7]과 같이 회로를 구성하고 입력은 sine-wave 1000Hz로 한다.

(4) [표 2]에 주어진 것과 같이 각각의 입력전압에 대하여 출력전압을 측정하여 해당란에 기록하여라. 그리고 출력파형을 확인하고 입력파형과 비교하여라.

3) 실험 결과

(1) [표 1]

입력 전압 [V_{P-P}]	5	10	15	20
출력 전압 [V_{P-P}]				
출력 파형				

비고

(2) [표 2]

입력 전압 [V_{P-P}]	5	10	15	20
출력 전압 [V_{P-P}]				
출력 파형				

비고

48. 슈미트 트리거 회로(SCHMITT TRIGGER)

1) 이론

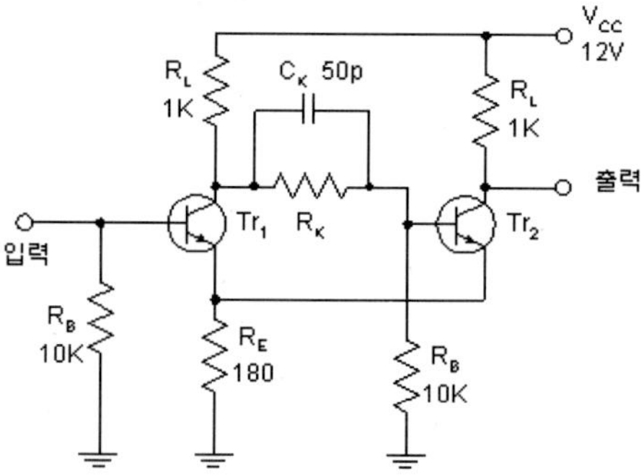

[그림 1]

슈미트 트리거 회로는 전압 레벨의 검출, 파형의 정형 등에 쓰인다. 일반적으로 [그림 1]과 같이, 2개의 트랜지스터가 저항 분할 및 에미터 결합에 의해서 결합되어 있다. 입력, 즉 Tr_1의 베이스 전위가 낮을 때에 Tr_1은 OFF, Tr_2는 ON이 되어 있고, R_E 에는 Tr_2의 에미터전류가 흘러, Tr_1의 에미터 전위가 높아져서, Tr_1이 OFF가 된다. 또, Tr_1의 콜렉터가 고전위이기 때문에, R_k 를 통하여 Tr_2에 베이스전류가 흘러, Tr_2가 ON이 되어, Tr_1은 OFF, 결국 Tr_2는 ON의 안정상태에 있게 된다.

여기서 입력전압이 서서히 증가하여,$(V_{BE}+V_E)$를 넘었을 때, Tr_1의 베이스전류가 흐르기 시작하여, 콜렉터 전압이 내려가기 시작하면, Tr_2의 베이스전류가 감소하고, 에미터전류도 감소한다. 때문에, Tr_1의 에미터 전압이 내려가기 시작하여, Tr_1의 베이스전류는 급속히 증가하게 된다.

이와 같은 정궤환 작용에 의해 순간적으로 Tr_1이 ON, Tr_2가 OFF로 상태가 반전된다. 이 상태에서 이번에는 Tr_1의 에미터 전위는 R_k 와 Tr_1의 에미터전류에 의해서 정해지는 값이 된다. 다음에 입력 전압이 내려가, 이 전압보다 내려가면 Tr_1이 OFF가 되어, 전과는 반대로의 정궤환이 작용하여, 순간적으로 Tr_1이 OFF, Tr_2가 ON인 원래의 상태로 되돌아간다.

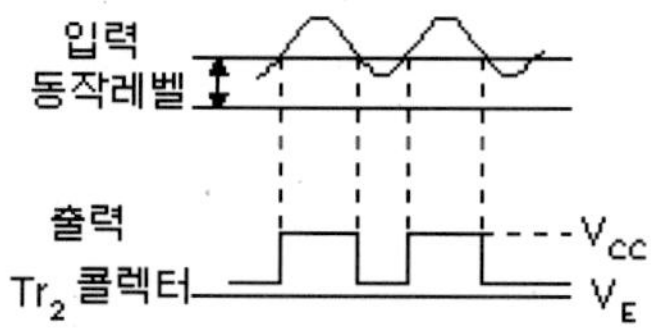

[그림 2]

이 상태를 입출력 파형으로 보이면 [그림 2]와 같이 된다. 여기서 동작 레벨은 $(V_{BE}+R_EI_E)$가 되므로, Tr_1, Tr_2 각각의 부하 저항을 다르게 하여, 에미터전류를 바꿈으로써 반전할 때의 동작 레벨과, 원상회복할 때의 동작 레벨을 다른 값이 되게 할 수도 있으며, 이 차이를 히스테리시스 전압이라 한다.

슈미트 트리거 회로는 어떤 설정 레벨에 이른 신호만을 검출한다던가, 임의의 파형을 구형파로 바꾼다던가, 왜곡된 펄스를 정형하는데 사용한다.

2) 실험 과정

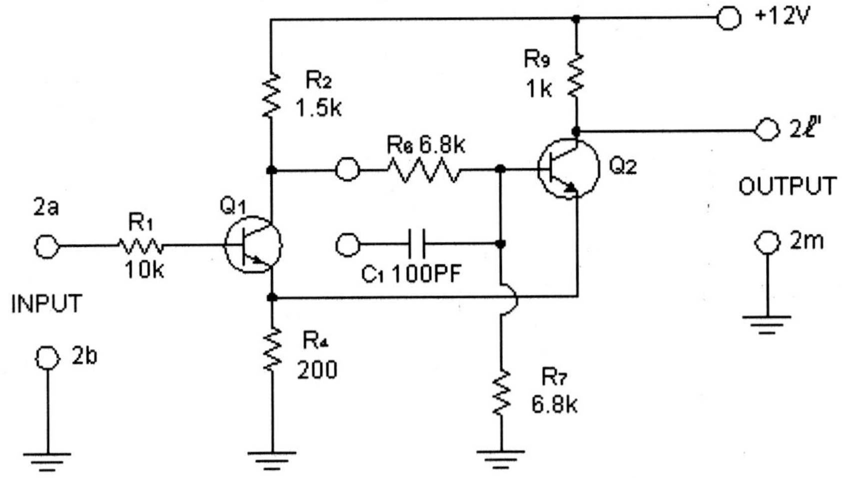

[그림 3]

(1) [그림 3]과 같이 회로를 구성한다. 입력은 sine-wave 1000Hz로 한다.

(2) [표 1]의 각각의 입력전압에 따라 출력전압을 측정하여 해당란에 기록하여라. 그리고 출력파형을 확인하고 입력파형과 비교하여라.

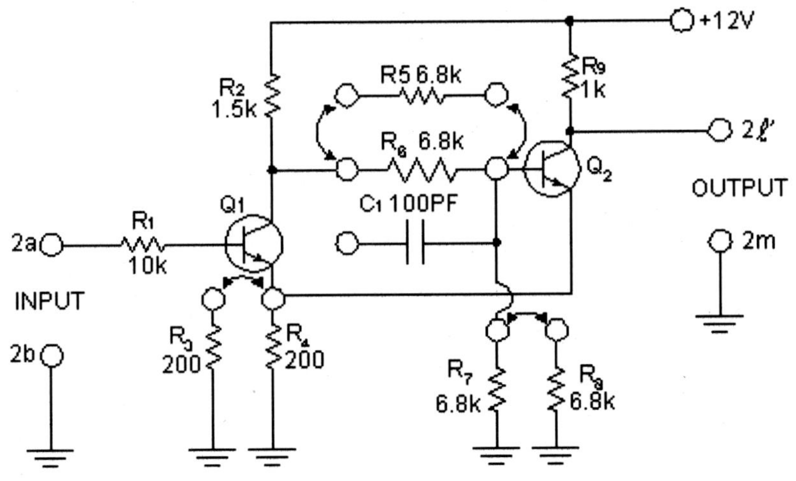

[그림 4]

(3) [그림 4]와 같이 회로를 구성한다.

(4) [표 1]의 각각의 입력전압에 따라 출력전압을 측정하여 해당란에 기록하여라. 그리고 출력파형을 확인하고 입력파형과 비교하여라.

3) 실험 결과

(1) [표 1]

입력 전압 [V_{P-P}]	그림 3		그림 4	
	10	15	10	15
출력 전압 [V_{P-P}]				
출력 파형				

비고

49. 쌍안정 멀티바이브레이터 회로(BISTABLE MULTIVIBRATOR)

1) 이론

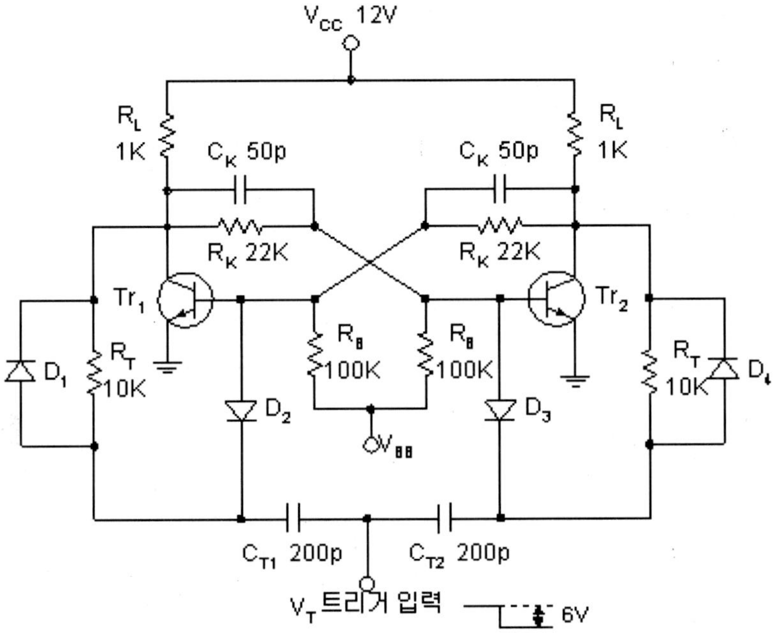

[그림 1]

쌍안정 멀티바이브레이터는 Flip-Flop 회로라고도 하는데, 이 회로는 분주회로, 계수회로, 정보의 기억회로로서 쓰이고 있다. [그림 1]에 보인 것과 같이, 비안정 멀티바이브레이터의 각 트랜지스터 간의 결합을 저항 분할에 의해서 구성한 것이라고 볼 수 있다. 따라서 안정 상태는 Tr_1이 ON이면서 Tr_2가 OFF 혹은 Tr_1이 OFF이면서 Tr_2가 ON이 되는 동작을 한다. Tr_1이 ON, Tr_2가 OFF인 경우에는 Tr_1의 콜렉터는 0V, 따라서 Tr_2의 베이스에는 V_{BB}에 의해서 (-)전압이 걸려 Tr_2가 OFF되고, Tr_1은 ON으로 안정상태가 된다. 트리거 입력에 (+)의 전압이 걸리면, C_{T1}은 한쪽이 Tr_1 ON으로 0V가 되어 있기 때문에 충전되나, C_{T2}는 Tr_2가 OFF이고 한쪽에 고전위가 걸려있으므로 충전되지 않는다. 이 상태에서 트리거 전압이 갑자기 0V로 내려가면, C_{T1}의 전위는 다이오드를 통하여 Tr_1의 베이스-에미터 간에 역방향으로 걸려, Tr_1을 OFF시키고, 그 영향에 의해서 Tr_2가 ON으로 상태가 반전된다. 트리거 입력이 0V에서 갑자기 (-)전압으로 내려가더라도 똑같은 작용을 한다. 이와 같이, Flip Flop 회로는, 트리거의 전압이 내려갈 때에 상태가 반전되므로, 2개의 펄스가 들어갈 때에, Tr_1 또는, Tr_2의 콜렉터로부터 1개의 펄스가 나와, 분주 또는 계수회로로써 동작한다.

트리거 입력을 Tr_1측과 Tr_2측으로 나누어서 트리거를 걸면, 한 쪽 트리거로는 Set 상태로, 다른 한 쪽의 트리거로는 Reset 상태로 환원시킬 수가 있다. 이와 같은 것을 R-S Flip-Flop이라 하며, 정보의 기억에 이용된다.

2) 실험 과정

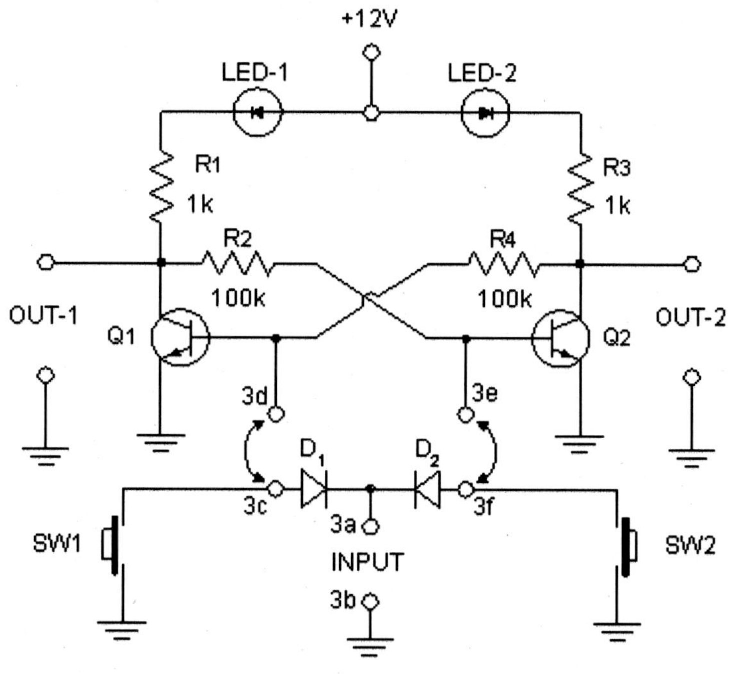

[그림 2]

(1) [그림 2]와 같이 회로를 구성하여라.
(2) [표 1] 나타난 순서대로 Switch를 누른 후 LED-1, LED-2, 그리고 OUT-1과 OUT-2의 상태를 측정한 후 해당란에 ○표 한다.
(3) [그림 2]와 같은 회로에서 [표 2]와 같이 100Hz, 1000Hz 구형파를 입력해 가면서 각각의 출력주파수 및 출력 주기를 측정하여 입력 주기와 비교하라. 그리고, 측정 결과를 표에 나타내어라.

3) 실험 결과

(1) [표 1]

스위치 \ 출력		LED-1		LED-2		OUT-1		OUT-2	
		ON	OFF	ON	OFF	ON	OFF	ON	OFF
스위치 누름 순서	SW1 Push								
	SW2 Push								
	SW1 Push								
	SW1 Push								
	SW2 Push								
	SW2 Push								

비고

(2) [표 2]

입력 주파수	100㎐ (구형파)	1000㎐ (구형파)
출력 주파수		
입력 펄스주기		
출력(분주) 펄스주기		

비고

50. 단안정 멀티바이브레이터 회로(MONOSTABLE MULTIVIBRATOR)

1) 이론

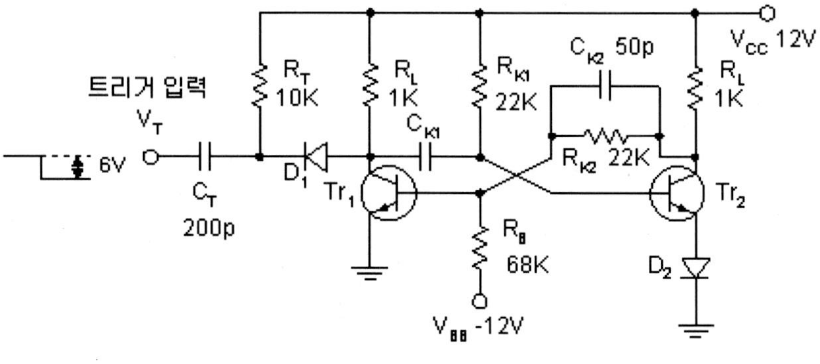

[그림 1]

펄스를 일정시간 늦춘다던가, 일정 시간 스위치를 개폐한다던가 할 때, 단안정 멀티바이브레이터가 쓰인다. 단안정 멀티바이브레이터는 [그림 1]와 같이 비안정 멀티바이브레이터의 한쪽 결합 회로를 저항 분할에 의해서 구성한 것과 같다.

정상 상태에서는 Tr_2는 R_{k1}에 의해서 베이스전류가 흘러 ON이 되고, Tr_1은 Tr_2의 콜렉터가 0V이므로 R_{k2}, R_B에 의해서 베이스에 (-)전압이 걸려 OFF가 된다. C_{k2}는 거의 전원 전압 정도로 충전되어 있게 되며 이때, (-)의 트리거 펄스가 들어오면 Tr_1의 콜렉터 전위가 내려가고 Tr_2의 베이스에 C_{k1}의 전압이 (-)방향으로 걸려 Tr_2 OFF가 된다. Tr_1은 Tr_2의 콜렉터 전압이 올라감으로써, 베이스전류가 흘러 ON이 되고, Tr_2를 완전히 OFF 상태가 되게 한다. 그 뒤 C_{k1}의 전하는 R_{k1}을 통하여 방전을 시작하고, C_{k2}의 전위가 (-)전위로부터 $V_{BE}+V_E$가 된 순간부터 Tr_2가 다시 ON, Tr_1은 OFF되어 원래의 상태로 돌아간다. 여기서 C_{k1}이 방전을 시작하여 Tr_2가 다시 ON이 되기까지의 시간이 동작시간 T이다.

C_{k1}, R_{k1}을 방전하는 전하의 식은 다음과 같다.

$$R_{k1} \cdot \frac{dq}{dt} + \frac{q}{C_{k1}} = V_{cc}$$

위 식에서 초기 조건 t=0, $VC_{k1} = -V_{cc}$라 놓고, Tr_2의 베이스 전압을 구하여, $V_B(Tr_2) = V_{BE} + V_E \cong 0V$ 가 될 때까지의 시간을 구하면 동작 시간은 $T = 0.69R_{k1} \cdot C_{k1}$이 된다.

2) 실험 과정

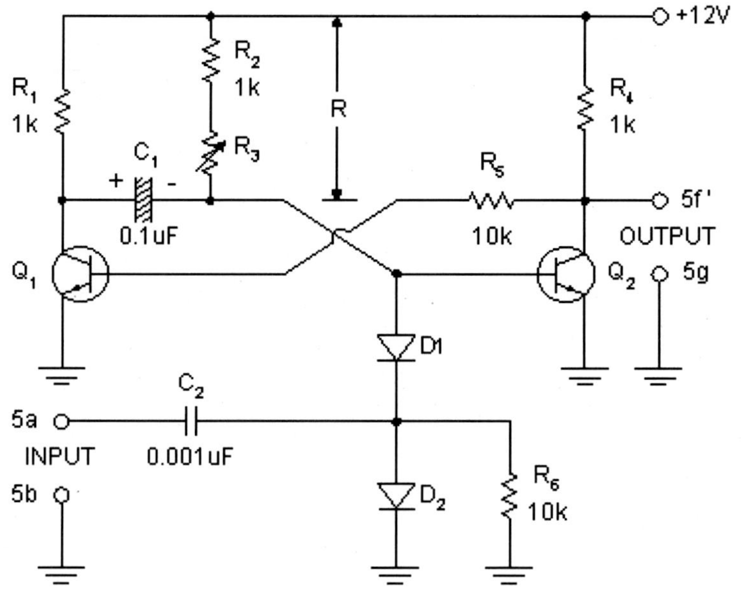

[그림 2]

(1) [그림 2]와 같이 회로를 구성한다. 그리고 100Hz 및 1000Hz 펄스 신호를 입력단 양단에 인가한다.

(2) 출력 주파수 및 입력 펄스주기, 출력 펄스주기를 측정하여 [표 1]에 기록하여라.

(3) [표 2]에 주어진 R_3값을 변화시키면서 출력의 펄스폭을 측정하여 기록하고 계산값을 해당란에 기록하여라.

3) 실험 결과

(1) [표 1]

입력 주파수	100㎐ (구형파)	1000㎐ (구형파)
출력 주파수		
입력 펄스주기		
출력(분주) 펄스주기		

비고

(2) [표 2]

R_3 [㏀]		1	2	4	8	15
입력 신호		100㎐ Pulse (Duty Cycle 1:1)				
출력 펄스	펄스폭 [㎳]					
	계산값 [㎳]					

비고

51. 아날로그-디지털 변환기(A/D CONVERTER)

1) 이론

아날로그신호를 디지털신호로 변환하는 여러 가지 방법이 있으나 그 주가 되는 3가지 방법에 관해서 회로구성, 동작원리, 특징 등을 설명한다. AD변환에는 입력 아날로그신호에 포함된 최고주파수의 2배 이상으로 샘플링하여야만 원신호를 재현할 수 있다는 사실이 알려져 있다(Nyquist 정리). 따라서 고주파신호일수록 고속 ADC를 요구한다. 또 ADC의 출력 2진수의 비트수가 많을수록 ADC의 분해능(resolution)이 높다고 말하며 입력 아날로그신호의 레벨이 더 세분화되어 디지털신호로 표현된다.

- **병렬비교** ADC

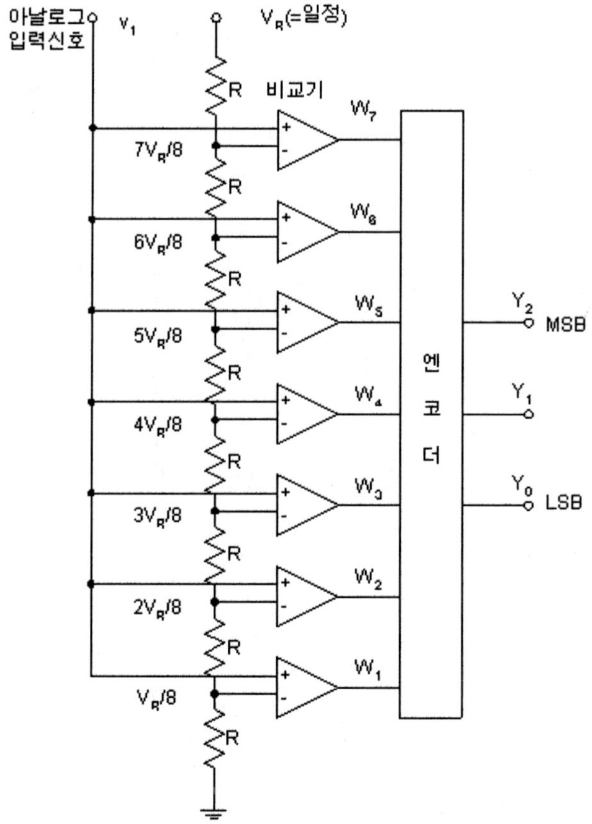

[그림 1]

[표 1]

입력	W_7	0	0	0	0	0	0	0	1
	W_6	0	0	0	0	0	0	1	1
	W_5	0	0	0	0	0	1	1	1
	W_4	0	0	0	0	1	1	1	1
	W_3	0	0	0	1	1	1	1	1
	W_2	0	0	1	1	1	1	1	1
	W_1	0	1	1	1	1	1	1	1
출력	Y_2	0	0	0	0	1	1	1	1
	Y_1	0	0	1	1	0	0	1	1
	Y_0	0	1	0	1	0	1	0	1

이것은 병렬 비교형 ADC로써 flash형이라고도 불리며 가장 속도가 빠른 ADC이다. [그림 1]은 그 구조를 나타내며 아날로그 입력 전압 V_1이 병렬 비교기들에 의해서 그 레벨이 비교되어 3비트의 2진수로 동시에 부호화되어 나온다. 이 형태에서 n비트 출력을 위해서는 2^n개의 동일저항과 2^n-1개의 비교기가 필요하다(예컨대 8비트 ADC에서는 256개의 R과 255개의 비교기가 필요하다). V_1의 레벨에 따라 그보다 더 높은 "+" 단자 전압이 걸리는 하위 비교기들은 출력이 모두 HIGH가 되고, 나머지 상위 비교기들의 출력은 모두 LOW가 된다. 예컨대 $(3/8)V_R < V_1 < (4/8)V_R$일 때 W1~W3은 모두 HIGH, W4~W7은 모두 LOW가 된다. 이 상태에서 ADC 출력은 $Y_2Y_1Y_0 = 011(=3)$이 된다. [표 1]은 엔코더의 입·출력간의 관계를 나타낸다. 변환 도중에 아날로그 입력전압이 변하면 안되므로 Sample/Holder 회로를 ADC 앞에 연결한다.

변환속도는 비교기 및 엔코더의 지연의 합에 의해서 결정되며, 현재 20ns이하의 ADC도 사용되고 있다. 4~8비트(16~256레벨)가 상용화되고 있으며 비트 수가 이 이상되면 구조가 너무 커진다. 1초에 변환할 수 있는 수를 변환율(conversion rate)이라 하고 변환속도의 역수와 같다.

• **이중적분형(dual slope) ADC**

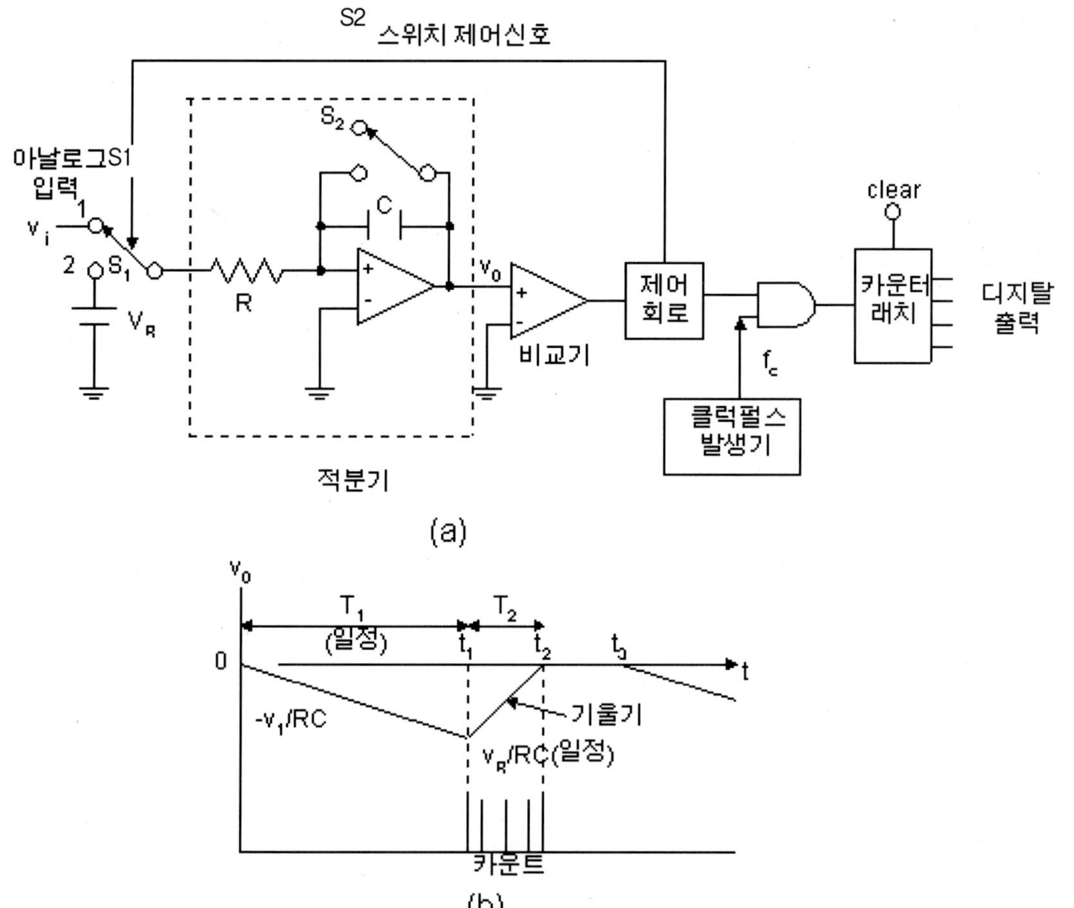

[그림 3]

이것은 비교적 서서히 변하는 아날로그 신호를 정밀하게 디지털신호로 변환하는 데 적합한 것으로써 [그림 3]에 표시한 바와 같이 적분기, 비교기, 카운터로 구성된다. 원리적으로 아날로그 전압에 비례하는 시간동안 클록 펄스를 카운트하여 그 카운트 수를 디지털신호로 출력한다. 아날로그 입력전압에 비례하는 시간을 얻는 데 적분기를 쓴다. 그림에서 기준전압 $V_R<0$, 아날로그 입력전압 $V_i>0$이라고 가정하자. 처음에는 스위치 S2가 닫혀 있다가(적분기의 출력전압 $V_o=o$) t=0에서 S1이 1로 스위칭됨과 동시에 S2가 열린다. 그러면 V_o는 직선적으로 감소하며 T_1후에는 $V_o=-(V_i/RC)T_1 \propto V_i$, $t=T_1$에서 S1을 2로 옮기면 V_o는 V_R/RC의 증가율로 상승한다. $V_o=0$이 될 때까지의 시간을 T_2라 하면 다음과 같이 계산될 수 있다.

$$\frac{V_i}{RC}T_1 = \frac{V_R}{RC}T_2, \qquad T_2 = \frac{T_1}{V_R}V_i \propto V_i$$

이 회로는 RC에 무관하므로 R, C의 값이 정밀할 필요가 없다. T_2동안만 카운터로 클록 펄스를 센다면 그 수는 V_i에 비례하고 결국 아날로그 입력에 비례하는 디지털 신호를 얻을 수 있다.

이 ADC는 아날로그 입력전압과 기준전압을 2회 적분하기 때문에 이중적분형이라고 부른다. 동작원리로부터 이 회로는 고속 AD변환에는 부적당함을 알 수 있다. 그러나 회로가 간단하고, 잡음에 강하므로(잡음을 적분하면 0이 된다. 또 1/60초 마다 한번씩 적분하면 60Hz의 방해도 제거된다) 저속 고정밀도 ADC에 흔히 쓰인다. 예컨대 6자리(999999 = 106-1 = 221 ; 21비트) 디지털 전압계 등은 이런 ADC를 이용한다.

- **DA 피드백 형 ADC**

이것은 ADC의 출력 디지털 부호를 다시 DA로 변환하여 입력신호와 비교한다. 다음 3가지가 있다.

ⅰ) 계단형 ADC(staircase ADC)

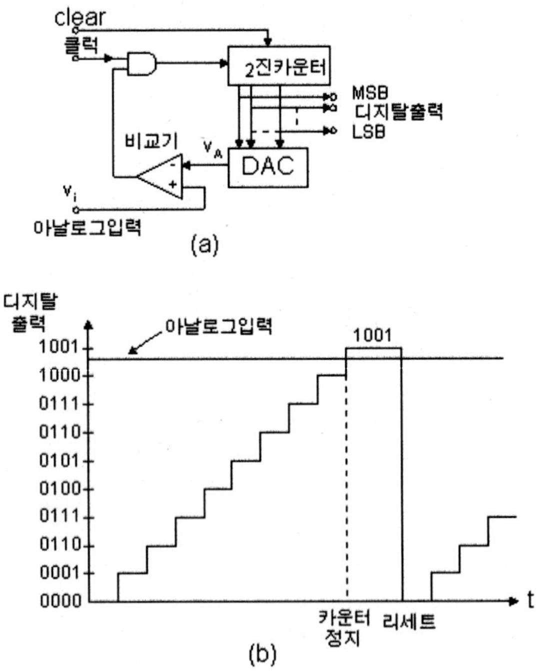

[그림 4]

[그림 4(a)]에서 S/H된 아날로그신호 V_i 가 비교기의 "+" 단자에 입력된다. t=0에서 2진 UP 카운터는 0으로 세트된다. 따라서 비교기의 "-" 단자에 입력되는 DAC의 출력전압은 0이다. [그림 4(a)]에서 $V_i > V_A$이면 카운터는 클록에 따라 1씩 카운트 UP한다. 그러므로 V_A는 [그림 4(b)]에 표시한 바와 같이 계단적으로 증가한다. V_A가 V_i 를 넘으면 비교기 출력의 부호가 바뀌고 카운터를 정지시킨다. 이때의 결과가 디지털출력이 된다. 제어회로가 카운터를 0으로 다시 리셋 시키고 위의 과정을 반복하여 새로운 입력신호의 레벨을 변환한다. 이 방법은 구조가 간단하지만 출력을 얻는 데 시간이 걸린다(최악의 경우 2^n-1개의 클록이 필요하다 ; n은 ADC의 비트 수).

ii) **추적형** ADC(tracking ADC)

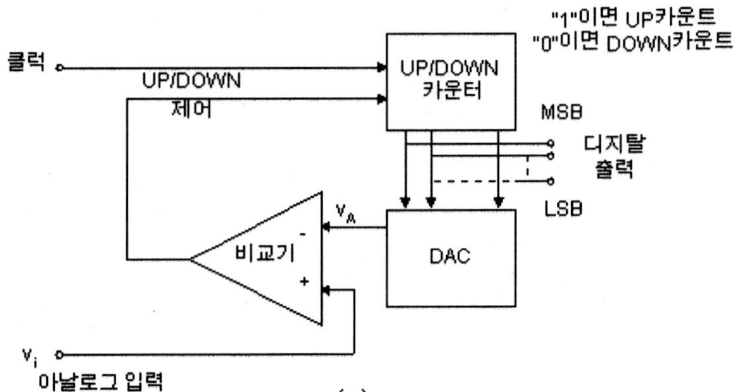

(a)

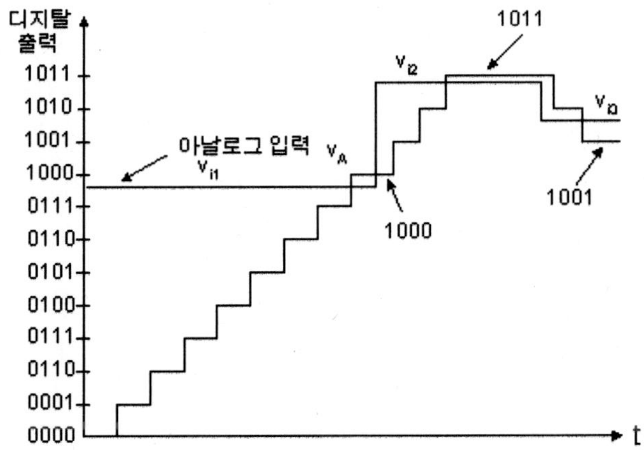

(b)

[그림 5]

[그림 5(a)]는 [그림 4(a)]의 UP카운터를 UP/DOWN 카운터로 대치한 것으로써 이 그림에서 알 수 있듯이 작은 변화를 추적해가는 데 유용하다. 먼저와 같이 t=0에서 카운터는 0으로 세트된다. 따라서 DAC 출력전압 V_A는 "0"이다. $V_i > V_A$일 때 먼저와 마찬가지로 카운터는 클록에 따라 1씩 카운트 UP한다. V_A가 V_i를 넘으면 비교기 출력의 부호가 바뀌고 이번에는 카운터가 1씩 카운트 DOWN 한다. 결과적으로 얻어지는 디지털출력은 정확한 값에서 ±1LSB만큼 오차를 가진다. 그림에 표시한 대로 V_{i1}에 대해서는 디지털출력=1000, V_{i2}에 대해서는 1011, V_{i3}에 대해서는 1001이다. 이와 같이 입력 신호의 작은 변화를 계속 추적해 간다.

iii) **축차근사 ADC(successive approximation ADC)**

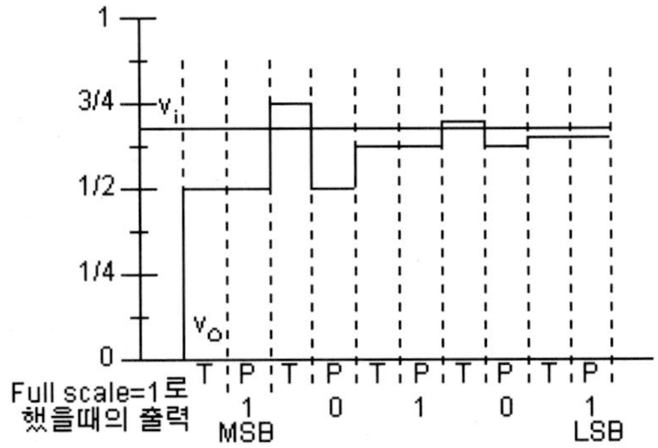

[그림 6]

이것은 카운터 대신 더 복잡한 디지털회로를 포함한다. 처음에 모든 비트를 0으로 세트한다. MSB부터 시작하여 각 비트를 차례로 1로 세트한다. DAC의 출력은 비교기에서 입력신호 V_i와 비교된다. 만일 V_A가 V_i를 넘지 않으면 대응하는 비트는 1로 그대로 두고 넘으면 대응하는 비트를 다시 0으로 세트한다. n비트 ADC에서는 이와 같은 스텝을 n번 거쳐서 완전한 출력 비트가 얻어진다. 좀 더 구체적으로 [그림 6]을 통해 알아보자, 처음에 비교기는 입력 V_i를 DAC출력 $V_R/2$과 비교한다. $V_i > (V_R/2)$이면 비교기 출력 +, MSB는 그대로 1로 두고 $V_i < (V_R/2)$이면 비교기 출력은 0, MSB는 0으로 다시 세트한다. 이상에서 MSB가 1인가 0인가에 따라 $(V_R/2)+(V_R/4)$ 또는 $0+V_R/4$이 된다. 이제는 이것이 V_i와 비교되며, 그 대소에 따라서 (MSB-1)비트가 1또는 0으로 결정된다. 이와 같은 과정을 n번 반복한다. [그림 6]은 V_o가 V_i에 점차적으로 접근해 가는 모양을 나타낸다. 여기서 T는 테스트 기간이고 P는 테스트되어 결정된 비트를 출력으로 내보내는 기간이다.

이 형의 ADC는 구조가 간단하고 비교적 정확하고 빠르기 때문에 많이 사용된다. 현재 8~19비트의 AD변환 시간이 10μs되는 것들이 있다.

2) 실험 과정

(1) 실험을 위해 [그림 1]을 이용한다.
(2) 입력단자에 DC 12.75V를 인가한다.
(3) R_4를 가변하여 DATA OUTPUT 0~7에 해당하는 LED가 모두 점등되게 한다. 단, "0"에 해당되는 LED는 소등에서 점등으로 바뀌는 순간에 정확히 조정한다.
(4) 입력 DC전압을 0V에서 12.75V까지 50mV씩 증가시켰을 때의 DATA OUTPUT LED의 상태를 점검하여 [표 2]의 해당란에 점등시 H, 소등시 L로 기록한다. 단, R_4는 절대 가변하지 않도록 한다.

3) 실험 결과

(1) [표 2]

Analog Input(DC)	Digital Output (Binary Output)							
	D7	D6	D5	D4	D3	D2	D1	D0
0	L	L	L	L	L	L	L	L
0.05V								
0.10V								
0.15V								
0.20V								
0.25V								
0.30V								
0.35V								
0.40V								
0.45V								
0.50V								
0.80V								
1.60V								
3.20V								
6.40V								
12.75V								

비고

논리소자를 설계하자

PLD(Programmable Logic Device)는 제조 후 사용자가 내부 논리 회로의 구조를 변경할 수 있는 집적 회로이다. PLD는 통상 PAL(Programmable Array Logic), GAL(Generic Array Logic)의 총칭으로 쓰이는 말이지만 폭넓게는 CPLD와 FPGA까지 포함한 총칭으로 쓰이기도 한다. 초기에는 사전에 프로그래밍 되어 양산에 제공되어서 회로를 변경하지 않아도 되는 것이 일반적이었다. 최근에는 동작 중 회로의 정의를 다시 할 수 있어서 재설정 가능 논리 소자(Reconfigurable Logic Device)라고도 불린다. 이는 설계 시 사양이나 기능이 정해져서 제조되기 때문에 나중에 회로 구성을 변경할 수 없는 일반 집적 회로와 달리 회로가 정의되지 않은 채 출하되어 사용자가 임의의 회로를 기록해 동작시킬 수 있다.

일반 집적회로는 대량으로 제조하는 경우 ASIC를 사용하지만 개발에 걸리는 기술 자산과 설비 등 초기에 개발비가 많이 들며 설계 자산을 다른 곳에 쓸 수 없고 설계하는 데 많은 시간이 들며 조금의 실수도 용납되지 않아 개발자에게 부담이 될 수 있다. 하지만 설계 가능한 논리 소자의 경우 초기 개발비가 필요 없고 회로를 여러 번 고쳐 쓸 수 있기 때문에 오늘날 많은 사람들의 지지를 받아 개발품부터 양산품까지 폭넓게 쓰이고 있다.

초기의 프로그래머블 장치는 회로 정보의 보관으로 미세한 휴즈를 사용하는 PAL이었다. 그 후, EEPROM의 기능을 이용한 GAL, 두 가지 구조를 복합적으로 만들어서 용량을 확대한 CPLD에 이르게 되었다. 이러한 장치들은 기존의 LSI를 서로 연결하는 부가 로직에 사용되었다. 한편, 기본 구조가 게이트 어레이인 EEPROM형 FPGA와 LUT인 SRAM형 FPGA가 등장하게 된다. 이것은 회로의 용량이 크게 개선되어서 단순한 부가 로직가 아닌 기존의 LSI의 기능을 넣어서 SoC(System On Chip) 디자인 자체를 탑재하기에 이르렀다.

PLD가 고가이던 시기에는 ASIC의 프로토타입과 슈퍼 컴퓨터 가속기 등에 사용되었다. 제조사의 경쟁이 치열해지면서 양산 효과에 의해 가격이 저렴해졌고, 일반적인 개인용 컴퓨터에도 사용되었다. 점차적으로 ASIC를 사용하지 않고, 호스트 버스 인터페이스 기능과 FPGA의 논리 회로 설정 펌웨어를 저장한 환경 설정 ROM에서 PLD로 업로드 하는 방식의 FPGA 사용이 유행처럼 퍼졌다. 새로운 펌웨어를 저장한 환경 설정 ROM의 사용으로 기능향상 및 버그 수정을 할 수 있기 때문에, 전체적으로 보면 ASIC를 사용했을 때보다 저비용으로 제품을 만들 수 있게 되었다.

인터넷에 의한 급격한 대역증가로 기존의 소프트웨어에 의한 라우팅은 한계에 부딪혔다. 고성능 CPU의 사용은 전체적인 가격 상승, 소비 전력 증가, 냉각등 문제로 인하여 비현실적인 대책이었다. 한때 ASIC로 구성하는 시기도 있었지만, 처리해야할 프로토콜이 증가되거나 규격이 변경되면 장치가 낡아져서 더 이상 사용할 수 없게 되는 문제가 발생됐다. 그리하여 자유롭게 회로 구성을 변경할 수 있는 FPGA에 의한 라우팅 엔진을 구성하고, 새로운 규격에도 대응할 수 있는 설계가 일반화되었다.

디지털 방송은 플랫폼이 변경될 때마다 전송 방식부터 시작해서 각종 수신기에 이르기까지 모든 규격이 변화했다. 2000년에 방송을 시작한 BS디지털 방송은 미리 CS디지털 방송이나 지상파 디지털 방송이라고 하는 새로운 규격에 대한 준비를 해야 했고, BS디지털 방송에서도 수신기의 성능에 따라서 송신기 사양을 변경해야하는 혼란에 빠졌다. 그렇게 때문에 방송 기기는 난처한 상황에 대응할 수 있도록 FPGA 기반으로 만들어졌다. 수신기의 일부도 FPGA로 만들어서 간단한 펌웨어 업데이트만으로 새로운 규격을 지원하는 제품도 있었다.

웹 서버나 가속기에서도 PLD를 응용한 제품이 있다. 서버에 있어서 부하가 큰 CGI 실행 결과 등을 캐쉬하거나 필터링 처리를 가상의 하드웨어로 구현하는 것이다. 이러한 기기는 기존의 기기와 비교해 엄청난 시간당 트랙잭션수(TPS)를 자랑한다. 가속기는 특히 부하가 높은 Secure Socket Layer(SSL)을 가속화하는 데 사용되었다. SSL은 암호화 방식이 변경되거나 추가될 가능성이 있기 때문에 ASIC로는 구현하기 힘든 기능이다. PLD는 논리 회로 변경만으로 암호화 방식을 추가할 수 있기 때문이다.

현장 프로그래머블 게이트 어레이(FPGA)는 사용자가 독자적인 논리 회로를 구성할 수 있는 게이트 어레이의 일종이다. FPGA의 정의는 명확하지 않고, 사용자나 제조사에서 독자적으로 규정해서 부르고 있지만, 대체로 1,000 논리 구성체(약 20,000 게이트) 이상의 것을 FPGA라고 부르는 경우가 많다.

52. 디지털-아날로그 변환기(D/A CONVERTER)

1) 이론

• 가중 저항을 이용한 DAC

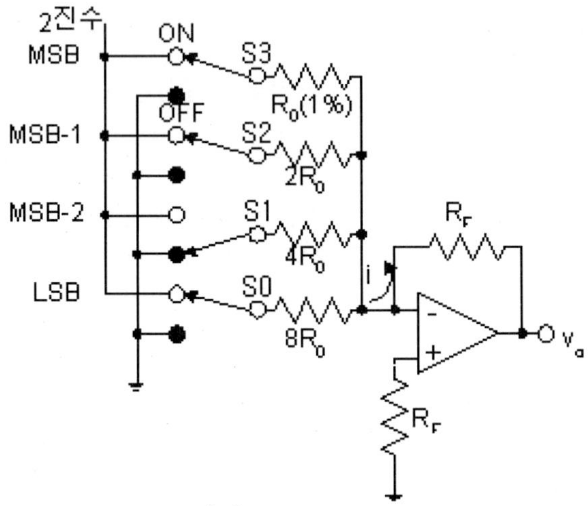

(a)

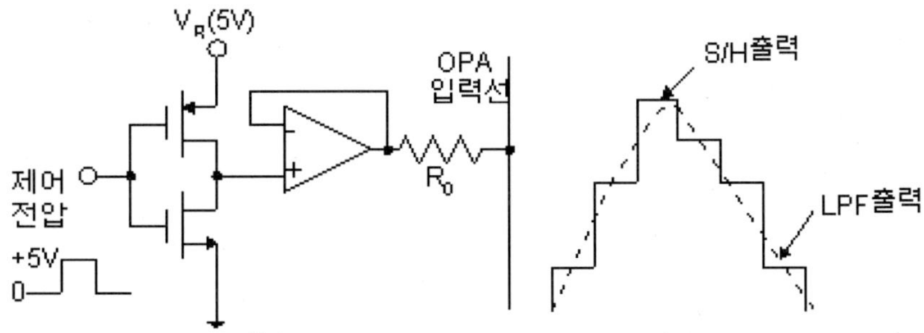

(b) (c)

[그림 1]

[그림 1(a)]는 4비트의 2진수에 비례하는 아날로그 전압을 얻는 한 가지 방법으로써 2진적으로 가중(weighted)저항 R_0, $2R_0$, $4R_0$, $8R_0$를 통하여 흐르는 전류를 가산기로 합하고 있다. 예컨대 2진수가 $1101(13_{(10)})$일 때 그림에서 스위치 S1만 OFF되어 접지되고 (MOS 스위치의 경우 게이트전압을 LOW로 하여 OFF 시킨다) 나머지는 ON되어 기준전압 V_R에 연결된다. 따라서 출력전압 $V_o = -R_F i$ 는 다음과 같이 되므로 기준 전압은 매우 정확해야 한다.

$$V_o = \frac{-R_F}{8R_o}(2^3\times1+2^2\times1+2^1\times0+2^0\times1)\,V_R = -\left(\frac{R_F}{8R_o}\,V_R\right)\times13$$

입력저항은 적은 것일수록 정확도가 높아야 한다. 또한, 스위치의 ON 저항은 최소저항 R_0의 $1/2^n$보다 적어야 한다.(n:비트수) 왜냐하면 일반적으로 입력이 n비트일 경우 출력의 최대치는 다음과 같기 때문이다.

$$V_o = -\frac{R_F}{2^{n-1}R_0}\,V_R\times(2^n-1)$$

따라서 예컨대 $R_0 = 10\,k\Omega$, $V_R = 1V$, 8비트일 때 $V_o = 0 \sim -10\,V$ 까지 얻으려면 제일 큰 입력저항은 $2^7R_0 = 1.28M\Omega$, $R_F = R_0\times10\times\frac{2^7}{(2^8-1)} = 50.196\,k\Omega$ 으로 해야 한다. 이와 같이 비트가 높을수록 큰 저항이 필요하다는 것이 이 형식의 DAC의 결점이다. 다음에 기술할 DAC는 이 문제를 해결해 준다. 스위치로써는 [그림 1(b)]와 같은 CMOS Inverter가 적당하다. 보통 DAC 뒤에 S/H(Sample/Holder)회로를 연결한다. 입력 디지털신호는 동시에 병렬적으로 변하므로 S/H의 출력은 [그림 1(c)]와 같이 계단식으로 변한다. 이것을 매끄러운 아날로그신호로 만들기 위하여 그 뒤에 저역통과필터(LPF)를 연결한다. LPF의 차단주파수는 스위치를 동작시키는 클록주파수보다는 낮게 하고 신호에 포함된 최고주파수보다는 높게 해야 한다.

- R-2R 사다리꼴 DAC

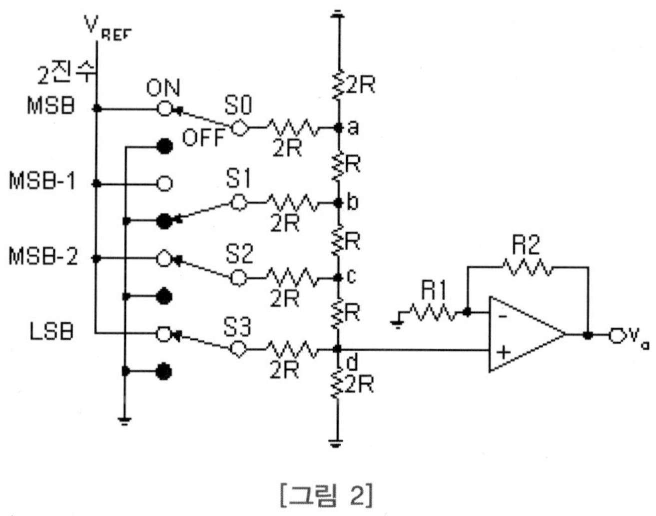

[그림 2]

이것은 R과 2R의 두 가지 저항들을 사다리꼴로 연결한 것으로써 [그림 2]는 4비트의 2진 입력에 대한 것이다. 입력 2진수 $1101(13_{(10)})$에 대해서는 그림에서 S1만이 그라운드되고 기타는 기준전압 V_R에 연결되어 다음과 같이 된다.

$$V_d = \frac{2}{3} \cdot \frac{V_R}{16}(2^0 + 0 + 2^2 + 2^3) = \frac{2}{3} \cdot \frac{V_R}{16}(13)$$

$$\therefore\ V_o = \left(1 + \frac{R2}{R1}\right) Vd = \left(1 + \frac{R2}{R1}\right)\frac{2}{3} \cdot \frac{V_R}{16}(13)$$

예컨대 $V_R = 1V$ 일때 최대출력을 10V로 하려면 $1 + (R2/R1)\ /24 \times 15 = 0$으로부터 $R2/R1 = 15$로 하면 된다.

(1) R-2R 사다리꼴 DAC는 하중 R DAC에 비해서 저항의 개수가 2배이지만 두 가지 저항값만이 필요하고 특성은 각 저항의 정밀도가 아니라 저항비에 관계되므로 저항비의 정밀도가 높아야 한다.
또 스위치의 ON 저항은 R_{ON} 은 2진수의 MSB 쪽에서 더 큰 영향을 주므로 $2R/R_{ON}$의 비를 크게 해야 한다.

(2) 각 접점과 접지 사이에 분포용량이 존재한다. 따라서 위쪽에서 발생한 스탭전압일수록 출력까지 전달하는 데 지연(delay)이 생기며, 이것이 고속동작을 저해한다. [그림 2]의 DAC는 이러한 문제를 해결해 준다.

2) 실험 과정

(1) 실험을 위해 [그림 1]을 이용한다.

(2) DATA INPUT이 [표 1]과 같이 인가될 때의 아날로그 출력값을 [표 1]의 해당란에 기록한다.(LED의 상태로 H, L 결정)

3) 실험 결과

(1) [표 1]

Step	Digital Input (Binary Input)								Analog Output(DC)
	D7	D6	D5	D4	D3	D2	D1	D0	
0	L	L	L	L	L	L	L	L	
1	L	L	L	L	L	L	L	H	
2	L	L	L	L	L	L	H	L	
3	L	L	L	L	L	L	H	H	
4	L	L	L	L	L	H	L	L	
5	L	L	L	L	L	H	L	H	
6	L	L	L	L	L	H	H	L	
7	L	L	L	L	L	H	H	H	
8	L	L	L	L	H	L	L	L	
9	L	L	L	L	H	L	L	H	
10	L	L	L	L	H	L	H	L	
11	L	L	L	H	L	L	L	L	
12	L	L	H	L	L	L	L	L	
13	L	H	L	L	L	L	L	L	
14	H	L	L	L	L	L	L	L	
15	H	H	H	H	H	H	H	H	

비고

뢴트겐, 최초로 인체를 투시하여 보다

현재 우리는 누구나 한번쯤은 X선 사진을 찍어본 경험이 있다. 물론 의사들이 몸에 걸치고 있는 안경이나 목걸이 같은 금속물은 벗어두게 하니까 뢴트겐의 부인처럼 반지를 끼고 찍지 못하겠지만, X선이 알려졌을 때 X선의 효용성에 대해 주목한 집단은 바로 의사들이었다. 이 사진 덕택으로 X선을 통해 사람의 몸 내부를 들여다볼 수 있다는 감을 잡은 것이다.

사진은 뢴트겐이 X선을 발견한 뒤 실험을 거듭하다가 1895년 사람을 대상으로 처음으로 찍은 장면이다. 사진에 등장하는 손의 주인공은 뢴트겐이 아닌 그의 부인이었다. 이 사진을 통해 뢴트겐은 살아 있는 사람의 뼈를 X선을 통해 찍을 수 있다는 점을 처음 확인했다. 드디어 1901년에 최초의 노벨물리학상을 수상한 과학자가 되었다.

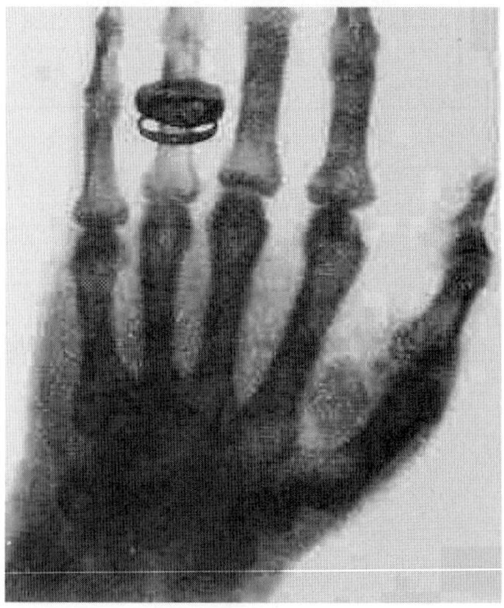

하지만 사실 X선 발견은 <20세기 물리학의 새로운 혁명의 출발점>이라고 할 만큼 중요한 사건이었다. 뢴트겐의 발견에 자극돼 프랑스의 베크렐은 우라늄에서 최초로 방사선을 발견했다. 또한 X선 발견에 결정적인 계기가 된 음극선 연구가 더욱 활발해지면서 1897년 영국의 톰슨은 음극선의 전하량과 질량의 비를 측정하는데 성공했다.

음극선의 입자성 발견은 20세기에 상대성이론이 출현되는 중요한 계기가 됐고, 이어 X선의 본성에 대한 논쟁과정에서 '빛이 파동이면서 입자라는 이중성을 갖고 있다'는 새로운 인식도 나타났다. 또한 방사선의 발견은 핵변환의 발견, 핵분열의 발견으로 이어지면서 20세기는 핵에너지 시대로 진입했다. X선의 발견은 20세기 과학의 모습을 바꾸는 결정적인 전환점이 된 것이다.

53. 주파수-전압 변환기(F/V CONVERTER)

1) 이론

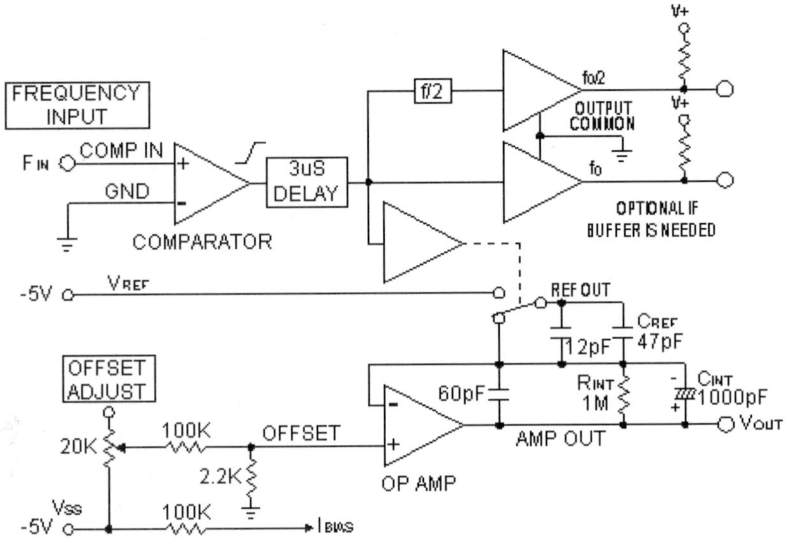

[그림 1]

주파수-전압 변환기(Frequency-Voltage Converter)란 입력된 주파수에 비례한 DC 전압 출력으로 바꾸어 주는 회로를 말하며 [그림 1]은 DC~10kHz 까지 동작할 수 있는 F-V 콘버터이다. [그림 1]에서 변환기는 입력 주파수 파형에 선형적으로 비례하는 출력전압을 발생한다. 비교기의 입력에서 F_{IN} 이 "0"이면 비교기 출력도 "0"이 되어 OP AMP의 가산접속회로에 분배되고, 이 양은 번갈아 OP AMP의 출력에서 전압 펄스를 내는 피드백 저항을 통해 흐른다. R_{INT}에 걸리는 콘덴서(C_{INT})는 이 펄스를 평균해서 입력 주파수에 선형적으로 비례하는 DC 전압으로 바꾸어 준다.

이 회로에서 입력 주파수와 출력 전압과의 관계는 다음과 같다.

$$V_{OUT} = [\, V_{REF} \cdot C_{REF} \cdot R_{INT} \,] F_{IN}$$

F_{IN}의 변화에 대한 응답속도는 R_{INT}와 C_{INT}에 의해 결정되며 V_{OUT}에 포함된 리플의 총합은 C_{INT}와 입력 주파수에 반비례한다. C_{INT}를 증가시키면 리플을 줄일 수 있는데 낮은 주파수에 대해서는 1μF~100μF가 아주 적절한 값이다. 이 회로를 단전원에서 동작시킬 때 V_{REF} 전압은 OP AMP의 OFFSET입력 단자(+)와 SW에 연결된 V_{REF} 단자와의 전압차에 의해 정해진다. 만약, 입력신호가 $\pm 200mV$ 보다 작은 경우는 비교기(Comparator)가 이 신호를 인식

하지 못하므로 최소한 이 값보다 큰 입력을 가하여야 할 것이다. 또한, 입력 주파수를 최대 100kHz까지 사용하고자 한다면 RINT의 값을 100kΩ 보다 낮은 걸로 교체하면 될 것이다. 단극의 입력신호를 사용할 경우 [그림 2]와 같이 OFFSET 회로에서 사용한 저항회로와 같은 구성을 적용하거나 결합 콘덴서를 연결하여 사용할 수 있다.

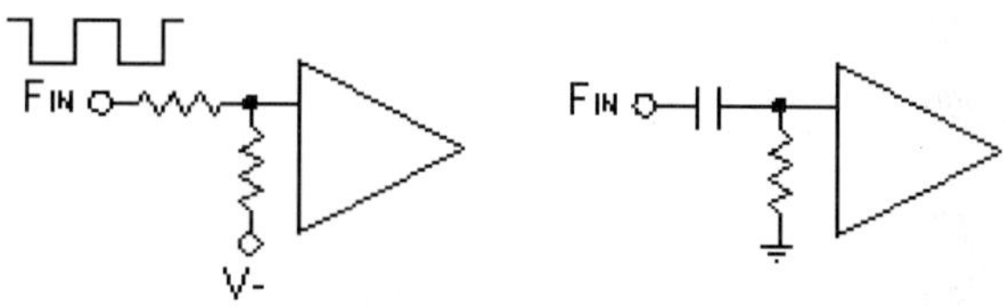

[그림 2]

f0와 f0/2는 F-V 모드에서는 일반적으로 사용하지 않는다. 만약, 이 출력에 버퍼를 부가회로로 연결하여 약간 응용한다면 f0은 입력 파형을 추종할 것이다. 단, f0은 F_{IN} 에 대해 3μs 지연되며, 회로에서 주파수 출력 f0의 한주기는 f0/2의 반주기가 될 것이다.

2) 실험 과정

(1) 실험을 위해 [그림 1]을 이용한다.
(2) 출력 전압이 0V가 되도록 R5를 조정한다.
(3) 입력신호의 주파수를 [표 1]과 같이 100Hz씩 증가시켰을 때의 출력전압을 측정하여 표의 해당란에 기록하고 입력 주파수와 출력 전압과의 선형성 여부를 검사한다. 이때, 입력 Level은 1V~3V 정도로 한다.

3) 실험 결과

(1) [표 1]

입력 주파수 [Hz]	100	200	300	400	500	600	700	800
출력 전압 [V]								

비고

저자 약력

■ 채용웅

- 1958년 8월 16일생.
- 1985년 서강대학교 전자공학과 졸업(공학사).
- 1991년 Oklahoma State University 졸업(공학석사).
- 1994년 Oklahoma State University 졸업(공학박사).
- 1985년~'88년 LG정보통신 PABX 설계팀.
- 1995년~'96년 삼성전자 통신반도체 설계팀.
- 1998년~ 현재 계명대학교 공과대학 전자공학과 학과장

의용기초전자

2010년 2월 22일 | 초판 1쇄 인쇄
2010년 2월 26일 | 초판 1쇄 발행

지은이 | 채용웅
펴낸이 | 신일희
펴낸곳 | 계명대학교출판부
704-701 대구광역시 달서구 달구벌대로 2800
전화 053-580-6233 팩스 053-583-5213
등 록 | 1970. 9. 1. (신고번호 제347-1998-1호)

ISBN 978-89-7585-504-7 93560

값 25,000원

본 교재는 교육과학기술부의 재원으로 한국연구재단의 지원을 받아 수행된 광역경제권 선도산업 인재양성사업의 연구결과입니다.